师范院校综合素养教育系列规划教材

计算机基础

主　编　王　峰
编　者　（按姓氏笔画排序）
　　　　王　峰　伍光东　李晓玲
　　　　孟步欣　赵　锐　钱　涛
　　　　高尔智

西北工业大学出版社

【内容简介】 本书依据最新《全国计算机等级考试大纲》和《安徽计算机水平考试大纲》编写,注重计算机实践应用能力的培养,具有师范院校教育特色。全书主要内容包括计算机基础知识,Windows 7 操作系统,文字处理软件 Word 2010,电子表格处理软件 Excel 2010,演示文稿处理软件 PowerPoint 2010,计算机网络和信息安全等。另配有课件、微课和在线测试系统等课程资源。

本书适合师范类院校、大中专院校学生使用,同时也可作为计算机初学者的入门参考书。

图书在版编目(CIP)数据

计算机基础/王峰主编 . —西安:西北工业大学出版社,2015.9(2020.8 重印)
师范院校综合素养教育系列规划教材
ISBN 978 - 7 - 5612 - 4600 - 9

Ⅰ.①计…　Ⅱ.①王…　Ⅲ.①电子计算机—高等学校—教材　Ⅳ.①TP3

中国版本图书馆 CIP 数据核字(2015)第 215597 号

出版发行:西北工业大学出版社
通信地址:西安市友谊西路 127 号　　邮编:710072
电　　话:(029)88493844　88491757
网　　址:www.nwpup.com
印 刷 者:陕西向阳印务有限公司
开　　本:787 mm×1 092 mm　1/16
印　　张:18.875
字　　数:459 千字
版　　次:2015 年 9 月第 1 版　　2020 年 8 月第 4 次印刷
定　　价:38.00 元

前　言

　　本书系师范院校综合素养教育系列规划教材。师范教育的质量直接决定了教育从业者的素质，关系着国家和民族的未来。为了突出信息化时代师范教育的特色，更好地满足师范院校计算机教学的实际需求，适应新时期师范教育的改革与发展，在认真、广泛调研的基础上，特编写本书。

　　"计算机基础"是一门基础性课程，各师范类学校都引导学生参加计算机等级考试，本书依据全国计算机等级考试大纲和安徽省计算机水平考试大纲编写。"计算机基础"也是一门工具性课程，现在各行各业都离不开计算机，离不开信息技术。本书更注重计算机实践应用能力的培养，结合师范教育的特色，加入了试卷排版、学生成绩处理、证书批量打印（邮件合并）、课件制作、简单电脑维护、常用网络知识以及信息安全知识等，旨在为学生日后的工作和生活打下良好的信息技术基础。

　　本书由王峰担任主编。其中，第一章"计算机基础知识"由钱涛编写，第二章"Windows 7操作系统"由赵锐编写，第三章"文字处理软件 Word 2010"由伍光东编写（实训部分由赵锐编写），第四章"电子表格处理软件 Excel 2010"由高尔智编写（实训部分由李晓玲编写），第五章"演示文稿处理软件 PowerPoint 2010"由王峰编写，第六章"计算机网络"由孟步欣编写，第七章"信息安全"由李晓玲编写。为了提高学习效果，每章还制作了课件、微课和在线测试系统等课程资源，如有需求可与出版社联系。

　　本书虽经多次修改，但由于时间仓促、水平有限，若有疏漏之处，敬请广大读者批评指正。

编　者

2015 年 7 月

目　　录

第 1 章　计算机基础知识

进入 21 世纪后,计算机已经成为人们不可或缺的主要工具之一,无论是在工作和学习中,还是在生活中,我们都已经离不开它。本章主要介绍有关计算机方面的一些基础知识,便于以后各章的学习。

1.1　计算机及信息技术的基本概念

计算机(Computer),别名电脑,如图 1.1.1 所示。计算机的计算速度非常快,能够存储信息、加工信息、传递信息和检索信息,已由以前的一种计算工具,演变成为各个领域的信息处理的综合工具。它由硬件系统和软件系统两个部分组成,没有安装软件的计算机称为裸机。计算机可分为超级计算机、工业控制计算机、网络计算机、个人计算机(PC)、嵌入式计算机五类。较先进的计算机有生物计算机、光子计算机、量子计算机等。（※考点:计算机的概念和分类）

图　1.1.1

图　1.1.2

1.1.1　认识计算机的发展历史

现代数字计算机原理与组成形式是由冯·诺依曼(见图 1.1.2)发明的。计算机是 20 世纪最先进的发明之一,对人类和社会活动产生了极其重要的影响,并取得了飞速发展。计算机的出现,最初是为军事服务的,用来计算炮弹的飞行轨迹,经过几十年的发展,迅速扩展到社会的各个领域,已形成了规模巨大的计算机产业,带动了全球技术的飞速进步。计算机已经进入普通家庭,成为信息社会中必不可少的工具之一。

1946 年 2 月 14 日,第一台电子计算机在美国的宾夕法尼亚大学诞生了,它的全称叫"电子数字积分计算机"(Electronic Numerical And Calculator,ENIAC)。ENIAC(中文名:埃尼阿克)是美国奥伯丁武器试验场为了满足计算弹道需要而研制成的,如图 1.1.3 所示。这台计算器的参数:约 17 840 只电子管,占地面积约为 80ft × 8ft (1ft=0.304 8m),重达 28t,功耗约为 170kW,进行加法运算的速度为 5 000 次/s,造价约为 487 000 美元。ENIAC 的问世具有划时代的意义,它标志着电子计算机时代的到来。在以后 60 多年里,计算机技术以惊人的速度发展。

图 1.1.3

按照计算机所采用的电子器件来划分,可将它的发展历史划分为四个阶段(见表 1.1.1)。

表 1.1.1

发展阶段	电子器件	软 件	应用领域
第一代(1946—1958)	电子管	机器语言、汇编语言	军事和科学计算
第二代(1958—1964)	晶体管	高级语言、操作系统	科学计算和事务处理为主,并开始进入工业控制领域
第三代(1964—1970)	中、小规模集成电路(MSI,SSI)	多种高级语言、完善的操作系统	开始进入文字处理和图形图像处理领域
第四代(1970—)	大规模和超大规模集成电路(LSI 和 VLSI)	数据库管理系统、网络操作系统等	从科学计算、事务管理、过程控制逐步走向家庭

随着电子器件的变化,不仅计算机主机快速更新换代,它的外部设备也跟着快速地变革。比如外存储器,由最初的汞延迟线发展到磁芯、磁鼓,以后又发展为通用的磁盘,现又出现了体积更小、容量更大、速度更快的 U 盘、移动硬盘等。

1.1.2 认识计算机的特点

计算机可以依据程序员编制好的程序接受、处理、存储数据并产生输出,其工作过程具有以下几个特点。

1. 运算速度快、精度高

现代计算机每秒能运行数百万条指令,计算机内部采用二进制运算,运算精度非常高。

2. 具有存储与记忆能力

计算机的存储设备可以把计算机整个处理过程的所有信息存储起来供以后使用。计算机的存储容量越大,可"记忆"(存储)的数据和程序就越多。

3. 具有逻辑判断能力

计算机的逻辑判断能力是计算机能够实现自动化处理能力的重要原因之一。能进行逻辑判断,使计算机不仅能对数值数据进行计算,也能对非数值数据进行处理,使计算机能广泛应用于非数值数据处理领域,如信息检索、图形识别以及各种多媒体应用等。

4.自动化程度高

当需要利用计算机解决问题时,我们只要把事先编辑好的数据和程序存储到计算机中,计算机可以自动执行,一般不需要人直接干预运算、处理和控制过程。

1.1.3　认识信息技术的概念

信息技术(Information Technology,IT),是主要用于管理和处理信息所采用的各种技术的总称。它主要是应用计算机科学和通信技术来设计、开发、安装和实施信息系统及应用软件。它也常被称为信息和通信技术(Information and Communications Technology,ICT)。主要包括传感技术、计算机技术和通信技术。(※考点:信息技术的概念)

信息技术,可以从广义、中义、狭义三个层面来定义。

广义而言,信息技术是指能充分利用与扩展人类信息器官功能的各种方法、工具与技能的总和。该定义强调的是从哲学上阐述信息技术与人的本质关系。

中义而言,信息技术是指对信息进行采集、传输、存储、加工、表达的各种技术之和。该定义强调的是人们对信息技术功能与过程的一般理解。

狭义而言,信息技术是指利用计算机、网络、广播电视等各种硬件设备及软件工具与科学方法,对文、图、声、像各种信息进行获取、加工、存储、传输与使用的技术之和。该定义强调的是信息技术的现代化与高科技含量。

信息技术的应用包括计算机硬件和软件,网络和通信技术,应用软件开发工具等。计算机和互联网普及以来,人们日益普遍地使用计算机来生产、处理、交换和传播各种形式的信息,如书籍、商业文件、报刊、唱片、电影、电视节目、语音、图形、影像等。

在企业、学校和其他组织中,信息技术体系结构是一个为达成战略目标而采用和发展信息技术的综合结构,如图 1.1.4 所示。它包括管理和技术的成分。其管理成分包括使命、职能与信息需求、系统配置和信息流程;技术成分包括用于实现管理体系结构的信息技术标准、规则等。由于计算机是信息管理的中心,因而计算机部门通常被称为"信息技术部门"。有些公司称这个部门为"信息服务"(IS)或"管理信息服务"(MIS)。另一些企业选择外包信息技术部门,以获得更好的效益。

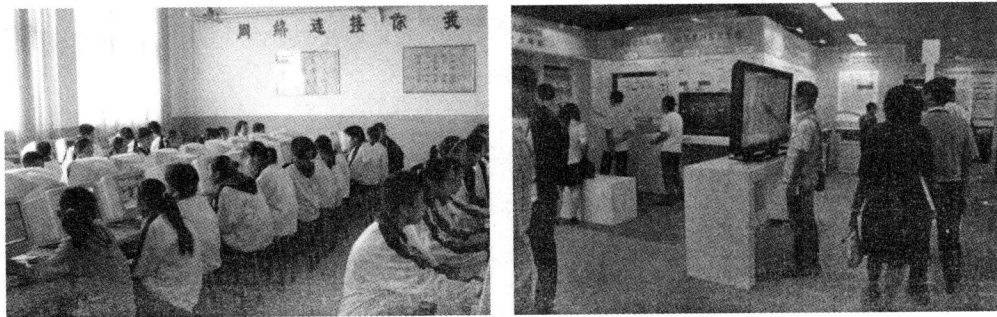

图　1.1.4

物联网和云计算作为信息技术新的高度和形态被提出、发展。根据中国物联网校企联盟的定义,物联网为当下几乎所有技术与计算机互联网技术的结合,让信息更快更准地收集、传递、处理并执行,是科技的最新呈现形式与应用。

1.2 计算机系统基本结构及工作原理

计算机是由硬件和软件两部分组成的。硬件的基本组成:运算器、控制器、寄存器、存储器、输入设备、输出设备。其中运算器、控制器和寄存器组成中央处理器(CPU)。

运算器(ALU):是对数据进行加工处理的部件,它既可以进行算术运算,也可以进行逻辑运算,所以称为算术逻辑部件。

控制器:控制器就好比计算机的"大脑",主要功能是从主存中取出指令并进行分析,控制计算机的各个部件有条不紊地完成各项操作命令。

寄存器:是一种高速存储部件,存储容量是有限的,通常用来暂存指令、数据和地址。

存储器:由内存储器和外存储器组成,通常情况下内存储器的存储速度远大于外存储器的存储速度。

输入/输出设备:是计算机的外部设备,一般通过总线和接口将主机与输入/输出(I/O)设备相连接,实现信息交换的目的。

1.2.1 计算机系统基本组成

计算机系统的基本组成如图 1.2.1 所示,其中的每个部件的组成和基本功能,我们将在后面 1.4 节中进行详细介绍。(※考点:计算机系统基本组成)

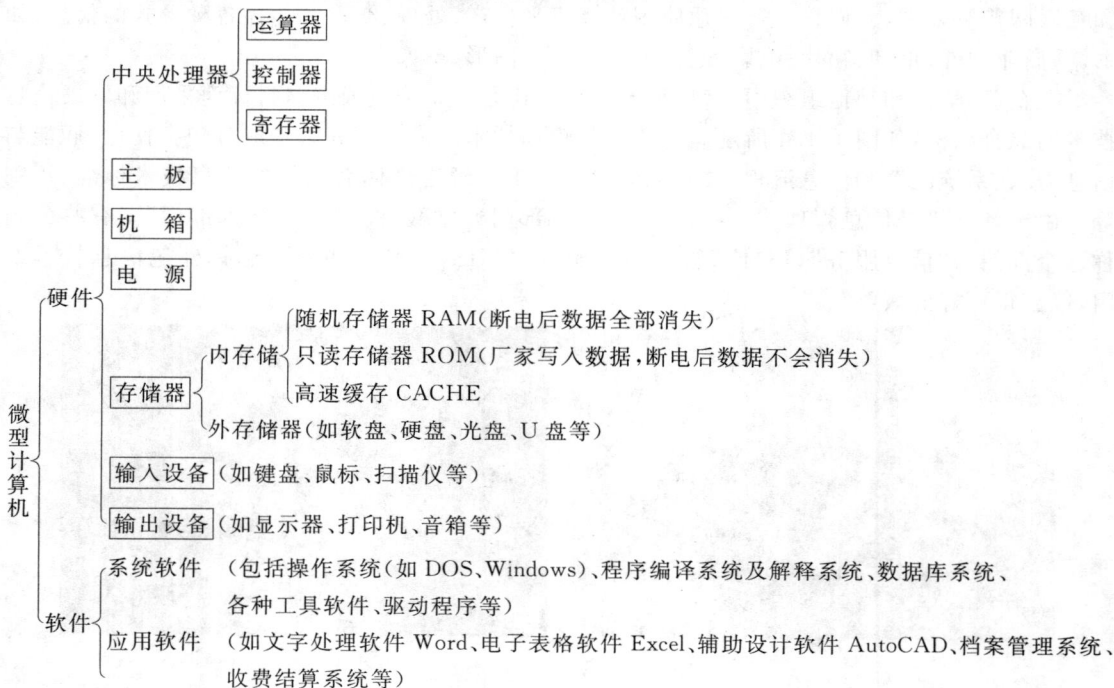

中央处理器 ┤ 运算器 / 控制器 / 寄存器

主 板
机 箱
电 源
存储器 ┤ 内存储 ┤ 随机存储器 RAM(断电后数据全部消失) / 只读存储器 ROM(厂家写入数据,断电后数据不会消失) / 高速缓存 CACHE
外存储器(如软盘、硬盘、光盘、U 盘等)
输入设备(如键盘、鼠标、扫描仪等)
输出设备(如显示器、打印机、音箱等)

硬件

微型计算机

软件 ┤ 系统软件(包括操作系统(如 DOS、Windows)、程序编译系统及解释系统、数据库系统、各种工具软件、驱动程序等) / 应用软件(如文字处理软件 Word、电子表格软件 Excel、辅助设计软件 AutoCAD、档案管理系统、收费结算系统等)

图 1.2.1

1.2.2　了解冯·诺依曼设计思想

计算机问世 70 年来,与当时的计算机相比,性能指标有了很大的提高,运算速度的加快很难用数字来体现,应用领域也无处不在,它的体积反而越来越小、重量越来越轻、价格也越来越低,但基本体系结构没有变,都属于冯·诺依曼计算机。

冯·诺依曼的设计思想可以概括为三点:

(1)计算机应包括运算器、存储器、控制器、输入设备和输出设备五大基本部件。

(2)计算机内部应采用二进制来表示指令和数据。每条指令一般具有一个操作码和一个地址码。其中,操作码表示运算性质,地址码指出操作数在存储器中的位置。

(3)将编好的程序和原始数据送入内存储器中,然后启动计算机工作,计算机应在不需操作人员干预的情况下,自动逐条取出指令和执行任务。

冯·诺依曼设计思想的核心是明确地提出了"程序存储"的概念。他的设计思想,实际上是对"程序存储"概念的具体化。

1.2.3　认识计算机系统基本结构

计算机系统的基本结构如图 1.2.2 所示,图中实线为数据流,虚线为控制流。

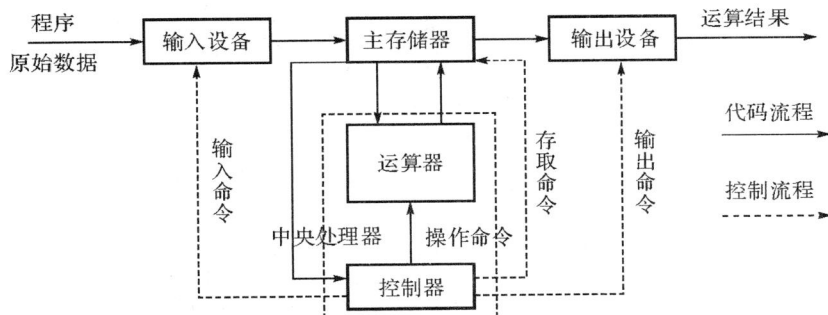

图　1.2.2

通过输入设备输入信息(程序或原始数据),并通过控制器把这些信息储存在存储器中,然后控制器从存储器中依次读出程序的每条指令,经过译码分析,发出相应的操作信号来指挥运算器、存储器等部件完成所需要的操作功能,最后由控制器发出指令,命令输出设备输出结果。这些操作过程都是由控制器依据事先存放在存储器中的程序来实现的。所以,现在人们常说,现代计算机采用的是存储程序控制方式。

1.2.4　认识计算机工作过程

计算机的工作过程,就是执行程序的过程,如图 1.2.3 所示。无论是过去的计算机还是现在的计算机,它的核心设计思想都是"程序存储"。认识了"程序存储",再去理解计算机的工作过程就会变得非常容易。如果想让计算机按照一定的方式工作,就得先把相关的程序编写出来,然后通过输入设备保存到存储器当中,这个过程就是程序存储。而后面的就是按照你的操作要求来执行程序的问题了。根据冯·诺依曼的设计,计算机应能自动执行程序,而执行程序又归结为逐条执行指令。执行一条指令又可分为以下 4 个基本操作:

（1）取出指令：从存储器某个地址中取出要执行的指令送到 CPU 内部的指令寄存器暂存。

（2）分析指令：把保存在指令寄存器中的指令送到指令译码器，译出该指令对应的微操作。

（3）执行指令：根据指令译码，向各个部件发出相应控制信号，完成指令规定的各种操作。

（4）为执行下一条指令做好准备，即取出下一条指令地址。

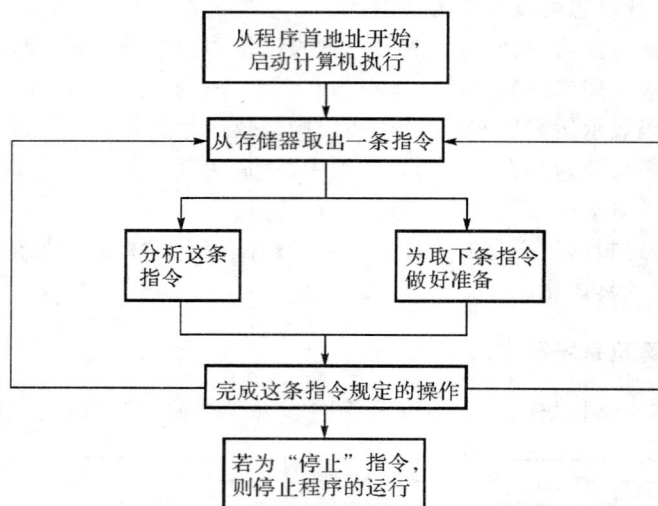

```
        ┌─────────────────────┐
        │ 从程序首地址开始，   │
        │ 启动计算机执行       │
        └─────────────────────┘
                  │
        ┌─────────────────────┐
   ┌───→│ 从存储器取出一条指令 │←───┐
   │    └─────────────────────┘    │
   │        │            │         │
   │  ┌──────────┐  ┌──────────┐   │
   │  │ 分析这条 │  │ 为取下条指令│ │
   │  │ 指令     │  │ 做好准备  │   │
   │  └──────────┘  └──────────┘   │
   │        │            │         │
   │    ┌─────────────────────┐    │
   └────│ 完成这条指令规定的操作│────┘
        └─────────────────────┘
                  │
        ┌─────────────────────┐
        │ 若为"停止"指令，     │
        │ 则停止程序的运行     │
        └─────────────────────┘
```

图　1.2.3

1.2.5　认识总线

总线是由导线组成的连接多个设备的公共通信干线，按照功能划分，计算机的总线可以划分三大类：数据总线（DB）、地址总线（AB）和控制总线（CB）。

数据总线：用于传送数据信息。数据总线是双向三态形式的总线，即它既可以把其他部件的数据传送到 CPU，也可以将 CPU 的数据传送到存储器或输入/输出接口等其他部件。

地址总线：又称位址总线，是一种计算机总线，是 CPU 或有 DMA 能力的单元，用来沟通这些单元想要访问（读取/写入）计算机内存组件/地方的物理地址。

控制总线：主要用来传送控制信号和时序信号。

1.3　计算机中的信息表示

计算机处理的信息是各式各样的，有图片、文字、符号、声音、动画等。但是计算机无法直接"理解"这些信息，所以计算机需要采用数字化编码的形式对信息进行存储、加工和传送。信息的数字化表示就是采用一定的基本符号，使用一定的组合规则来表示信息。计算机中采用是的二进制编码，其基本符号是"0"和"1"。（※考点：进制的含义及转换）

1.3.1　了解进制的含义

在日常生活中我们所采用的计数法是国际上通用的计数方法——十进制计数法。但是除了十进制外还有其他计数制,如一天 24 小时,称为二十四进制,一小时 60 分钟,称为六十进制,这些称为进位计数制。这几种进制采用的都是带权计数法,它包含两个基本要素:基数、位权。

基数是一种进位计数制所使用的数码状态的个数。如表 1.3.1 所示,十进制有 10 个数码:0,1,2,…,7,8,9,因此基数为 10。二进制有两个数码:0 和 1,因此基数为 2。

表　1.3.1

数　　制	数　　　　码	基　　数
十进制	0,1,2,3,4,5,6,7,8,9	10
二进制	0,1	2
八进制	0,1,2,3,4,5,6,7	8
十六进制	0,1,2,3,4,5,6,7,8,9,A,B,C,D,E,F	16

位权表示一个数码所在的位。数码所在的位不同,代表数的大小也不同。如十进制从右往左第一位是个位,第二位是十位,第三位是百位……"个(10^0)、十(10^1)、百(10^2)、千(10^3)……"就是十进制位的"位权"。每一位数码与该位"位权"的乘积表示该位数值的大小,如十进制中 9 在个位代表 9,在十位上代表 90。

那么进制是怎样表示的呢? 一般一个长度为 n 的二进制数 $a_{n-1}\cdots a_1 a_0$,用科学计数法表示为 $a_{n-1}\cdots a_1 a_0 = a_{n-1}\times 2^{n-1}+\cdots+a_1\times 2^1+a_0\times 2^0$。例如,二进制数 10101 用科学计数法表示:$10101=1\times 2^4+0\times 2^3+1\times 2^2+0\times 2^1+1\times 2^0$。

在计算机世界中还涉及八进制、十进制和十六进制。下面介绍这几种进制之间的转换。

1.3.2　二进制与十进制之间转换

(1)二进制转十进制:"按权展开求和"。

进位方式:逢 2 进 1,借 1 当 2。

通式:$X_{n-1}\cdots X_0.X_{-1}X_{-2}\cdots X_{-m}=X_{n-1}\times 2^{n-1}+\cdots+X_0\times 2^0+X_{-1}\times 2^{-1}+X_{-2}\times 2^{-2}+\cdots+X_{-m}\times 2^{-m}$

例:$(10011.01)_2=(1\times 2^4+0\times 2^3+0\times 2^2+1\times 2^1+1\times 2^0+0\times 2^{-1}+1\times 2^{-2})_{10}=(16+0+0+2+1+0+0.25)_{10}=(19.25)_{10}$

(2)十进制整数转二进制数:"除以 2 取余,逆序输出"。

例:$(89)_{10}=(1011001)_2$

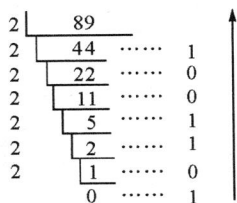

(3)十进制小数转二进制数:"乘以 2 取整,顺序输出"。

例:$(0.625)_{10}=(0.101)_2$

```
        0.625
    ×      2
        1.25    ······  1
        0.25
    ×      2
        0.5     ······  0
        0.5
    ×      2
        1.0     ······  1
        0
```

二进制数与十进制数之间的关系见表 1.3.2。

表　1.3.2

十进制数	0	1	2	3	4	5	6	7	8
二进制数	0	1	10	11	100	101	110	111	1000
十进制数	9	10	11	12	13	14	15	···	···
二进制数	1001	1010	1011	1100	1101	1110	1111	···	···

1.3.3　八进制与二进制的转换

二进制数转成八进制数:由于 8 是 2 的整数次幂,因此,一位八进制数正好相当于三位二进制数。对于整数,转换顺序是从最右三位数起,不够三位补零;对于小数,按从左向右的顺序进行。

例:将八进制的 37.416 转换成二进制数。

```
 3    7. 4    1    6
011  111.100  001  110
```

即 $(37.416)_8 = (11111.10000111)_2$。

例:将二进制的 10110.0011 转换成八进制数。

```
010  110. 001  100
 2    6 .  1    4
```

即 $(10110.011)_2 = (26.14)_8$。

八进制数与二进制数之间的关系可以用表 1.3.3 来表示,请把表中信息补充完整。

表　1.3.3

二进制数	0	1	10	11	100	101	110	111	1000
八进制数									
二进制数	1001	1010	1011	1100	1101	1110	1111	···	···
八进制数								···	···

1.3.4　十六进制与二进制的转换

二进制数转成十六进制数:由于 16 也是 2 的整数次幂,因此,一位十六进制数正好相当于四位二进制数。对于整数,转换顺序是从最右四位数起,不够四位补零;对于小数,按从左向右的顺序进行。

例:将十六进制数 5DF.9 转换成二进制数。

```
   5      D      F    . 9
 0101   1101   1111  .1001
```

即 $(5DF.9)_{16} = (10111011111.1001)_2$。

例:将二进制数 1100001.111 转换成十六进制数。

```
 0110   0001   .   1110
  6      1     .    E
```

即 $(1100001.111)_2 = (61.E)_{16}$。

十六进制数与二进制数之间的关系可以用表 1.3.4 来表示,请把表中信息补充完整。

表　1.3.4

二进制数	0	1	10	11	100	101	110	111	1000
十六进制数									
二进制数	1001	1010	1011	1100	1101	1110	1111	…	…
十六进制数								…	…

1.3.5　了解计算机的存储单位

计算机系统数据只用 0 和 1 这种表现形式(这里只表示一个数据点,不是数字),一个 0 或者 1 占一个“位”,而系统中规定 8 个位为一个字节。电脑的各种存储器的最小的存储单位是比特,也就是位(bit,简称 b),它表示一个二进制位。比位大的单位是字节(byte,简称 B),它等于 8 个二进制位。因为在存储器中含有大量的存储单元,每个存储单元可以存放 8 个二进制位,所以存储器的容量是以字节为基本单位的。每个英文字母要占一个字节,一个汉字要占两个字节。其他常用的单位还有千字节 (Kilobyte,简称 KB,1KB = 1024B)、兆字节 (Megabyte,简称 MB,1MB=1024KB)和吉字节(Gigabyte,简称 GB,1GB=1024MB)。

1.3.6　认识字符的表示

在计算机处理信息的过程中,要处理数值数据和字符数据,因此需要将数字、运算符、字母、标点符号等字符用二进制编码来表示、存储和处理。目前通用的是美国国家标准学会规定的 ASCII 码——美国标准信息交换代码(见表 1.3.5)。每个字符用 7 位二进制数来表示,共有 128 种状态,这 128 种状态表示了 128 种字符,包括大小写字母,0,…,9,其他符号,控制符。（※考点:了解 7 位 ASCII 码表和汉字编码）

表 1.3.5

$d_3 d_2 d_1 d_0$	$d_6 d_5 d_4$							
	000	001	010	011	100	101	110	111
0000	NUL	DEL	SP	0	@	P	、	p
0001	SOH	DC1	!	1	A	Q	a	q
0010	STX	DC2	"	2	B	R	b	r
0011	ETX	DC3	#	3	C	S	c	s
0100	EOT	DC4	$	4	D	T	d	t
0101	ENQ	NAK	%	5	E	U	e	u
0110	ACK	SYN	&	6	F	V	f	v
0111	BEL	ETB	'	7	G	W	g	w
1000	BS	CAN	(	8	H	X	h	x
1001	HT	EM	)	9	I	Y	i	y
1010	LF	SUB	*	:	J	Z	j	z
1011	VT	ESC	+	;	K	[	k	{
1100	FF	FS	,	<	L	\	l	|
1101	CR	GS	—	=	M	]	m	}
1110	SO	RS	.	>	N	↑	n	~
1111	SI	HS	/	?	O	←	o	Del

汉字编码是为汉字设计的一种便于输入计算机的代码。由于电子计算机现有的输入键盘与英文打字机键盘完全兼容,因而如何输入非拉丁字母的文字(包括汉字)便成了多年来人们研究的课题。汉字信息处理系统一般包括编码、输入、存储、编辑、输出和传输。编码是关键。不解决这个问题,汉字就不能进入计算机。根据应用目的的不同,汉字编码分为外码、交换码、机内码和字形码。据粗略统计,现有 400 多种编码方案,其中上机通过试验的和已被采用作为输入方式的也有数十种之多。归纳起来,不外 5 种类型:①整字输入法,②字形分解法,③字形为主、字音为辅的编码法,④全拼音输入法,⑤拼音为主、字形为辅的编码法。现在大家使用比较多的是拼音、五笔字型以及手写输入法。

1.4 计算机硬件与软件系统

计算机系统由硬件系统和软件系统组成,下面分别从这两个方面进行学习。

硬件系统通常是指能够看得见、摸得着的计算机实物,是构成计算机系统的实体和装置,如显示器、硬盘、键盘、鼠标等。硬件系统通常由中央处理器 CPU(包括运算器、控制器、寄存器)、存储器、输入设备、输出设备、接口设备等五大部分组成。下面从计算机的主要组成部分入手,简单地谈谈这些硬件的功能及选购的注意事项。(※考点:掌握硬件系统的组成)

1.4.1　认识硬件系统

1. 中央处理器 CPU

CPU 是英语"Central Processing Unit"（中央处理器）的缩写，如图 1.4.1 所示，CPU 一般由逻辑运算单元、控制单元和存储单元组成。在逻辑运算和控制单元中包括一些寄存器，这些寄存器用于 CPU 在处理数据过程中数据的暂时保存。CPU 的核心部件是运算器、控制器和寄存器。CPU 就是通过这些引脚和计算机其他部件进行通信，传递数据、指令。目前主流的 CPU 供应商有 Intel 公司和 AMD 公司（其 CPU 详细种类及型号请读者自己到网上查询）。相比之下，AMD 的 CPU 在三维制作、游戏应用、视频处理方面比同档次的 Intel 处理器有优势，而 Intel 的 CPU 则在商业应用、多媒体应用、平面设计方面有优势；在性价比方面，AMD 的处理器略优于 Intel 的。（※考点：掌握 CPU 的参数）下面来认识一下 CPU 的主要参数。

（1）主频。主频也叫 CPU 的时钟频率，简单地说就是 CPU 的工作频率，单位是 MHz，例如我们常说的 P4（奔四）1.8GHz，这个 1.8GHz（1800MHz）就是 CPU 的主频。一般说来，一个时钟周期完成的指令数是固定的，所以主频越高，CPU 的速度也就越快。主频＝外频×倍频。

（2）外频。外频即 CPU 的外部时钟频率，又叫基准频率，单位是 MHz，它决定着整块主板的运行速度。主板及 CPU 标准外频主要有 66MHz，100MHz，133MHz 几种。此外主板可调的外频越多、越高越好，特别是对于超频者比较有用。

（3）倍频。倍频则是指 CPU 外频与主频相差的倍数。例如 Athlon XP 2000＋的 CPU，其主频为 1.66GHz，外频为 133MHz，所以其倍频为 12.5。

（4）缓存。缓存就是指可以进行高速数据交换的存储器，它优先于内存与 CPU 交换数据，因此速度极快，所以又被称为高速缓存。缓存可分为 L1Cache（一级缓存）、L2Cache（二级缓存）、L3Cache（三级缓存）。

（5）位和字长。位是计算机处理的二进制数的基本单位，每个"0"和"1"表示 1 位。CPU 在单位时间内（同一时间）能一次处理的二进制数的位数叫字长。

（6）接口。接口指 CPU 和主板连接的附加装置。主要有两类，一类是卡式接口，称为 SLOT，卡式接口的 CPU 像我们经常用的各种扩展卡，例如显卡、声卡等一样是竖立插到主板上的，当然主板上必须有对应的 SLOT 插槽，这种接口的 CPU 已被淘汰。另一类是主流的针脚式接口，称为 Socket，Socket 接口的 CPU 有数百个针脚，因为针脚数目不同而称为 Socket370，Socket478，Socket462，Socket423 等。

在选购时，要避免买到假的 CPU，要注意看封装线、水印字和激光标签是否正规。对于普通用户而言，购买时最好选择推出一年到半年的 CPU 产品。

2. 主板

主板（Main Board）是安装在机箱内的一块矩形电路板，如图 1.4.2 所示，是计算机最主要的部件之一。主板上面有计算机的主要电路系统，扩充槽用于插接各种接口卡，扩展计算机的功能，如显卡、网卡等。

对于一般用户而言，选购主板时应优先挑名牌大厂或售后服务好的产品。选购时，还要观察主板的包装及板材质量：先观察包装是否正规，是否有防静电袋，然后要仔细观察主板体，主板体的厚度一般在 3～4mm 左右。另外还要注意生产日期，如芯片上的"9850"，即为 1998 年第 50 个星期生产的,一般不要相差太大,最好不要超过 3 个月,否则有可能与其他硬件不兼容。

图 1.4.1

图 1.4.2

3. 内存

内存(Memory)也被称为内存储器,用于暂时存放 CPU 中的运算数据,以及与硬盘等外部存储器交换的数据。内存是计算机中重要的部件之一,它是与 CPU 进行沟通的桥梁。计算机中所有程序的运行都是在内存中进行的,因此内存的性能对计算机的影响非常大。内存一般采用半导体存储单元,包括随机存储器(RAM),只读存储器(ROM),以及高速缓存(Cache)。(※考点:掌握内存的分类及区别)

ROM 表示只读存储器(Read Only Memory),在制造 ROM 的时候,信息(数据或程序)就被存入并永久保存。这些信息只能读出,一般不能写入,即使机器停电,这些数据也不会丢失。ROM 一般用于存放计算机的基本程序和数据,如 BIOS ROM。其物理外形一般是双列直插式(DIP)的集成块。

RAM 表示既可以从中读取数据,也可以写入数据。当机器电源关闭时,存于其中的数据就会丢失。我们通常购买或升级的内存条(SIMM)就是将 RAM 集成块集中在一起的一小块电路板,它插在计算机中的内存插槽上,以减少 RAM 集成块占用的空间。目前市场上常见的内存条有 1G/条,2G/条,4G/条等,如图 1.4.3 所示。选购内存条时要挑大厂家及售后服务好的产品。

图 1.4.3

Cache 也是我们经常遇到的概念,也就是平常看到的一级缓存(L1 Cache)、二级缓存(L2 Cache)、三级缓存(L3 Cache)。它位于 CPU 与内存之间,是一个读/写速度比内存更快的存储器。当 CPU 向内存中写入或读出数据时,这个数据也被存储进 Cache 中。当 CPU 再次需要这些数据时,CPU 就从 Cache 读取数据,而不是访问较慢的内存,当然,如需要的数据在 Cache 中没有,CPU 会再去读取内存中的数据。

计算机的存储器包括内存储器和外存储,外存储又称外存或辅存,主要存放经常使用的系统程序、应用程序、用户资料等。常见的外存有硬盘、U 盘、光盘、手机内存卡等,请把表 1.4.1 中信息补充完整。(※考点:掌握常见的外存设备)

表　1.4.1

图片		
名称		
图片		
名称		

4.硬盘

硬盘是计算机的数据存储中心,我们所使用的应用程序和文档数据几乎都是存储在硬盘上,或从硬盘上读取的,如图 1.4.4 所示。它包括存储盘片及驱动器。特点是储存量大。硬盘是计算机中不可缺少的存储设备。硬盘容量的单位为兆字节(MB)或吉字节(GB),目前的主流硬盘容量为 500GB～2TB,影响硬盘容量的因素有单碟容量和碟片数量。

选购硬盘时,要注意硬盘接口类型应与所使用的计算机相匹配(现在市场的主流接口是 SATA 接口)。选购时,注意区分"行货"与"水货"。辨认"水货"的方法是:首先看防伪标签是否正规,其次看硬盘体和代理保修单上的编号是否一致。

图　1.4.4

5. 光驱

光驱是电脑用来读/写光碟内容的机器（见图 1.4.5），也是在台式机和笔记本便携式电脑里比较常见的一个部件。随着多媒体的应用越来越广泛，光驱在计算机诸多配件中已经成为标准配置。光驱可分为 CD - ROM 驱动器、DVD 光驱（DVD - ROM）、康宝（COMBO）、蓝光光驱（BD - ROM）和刻录机等。

刻录机可以分两种：一种是 CD 刻录机，另一种是 DVD 刻录机。使用刻录机可以刻录音像光盘、数据光盘、启动盘等。

光驱或刻录机对稳定性及缓存的要求较高，因此，选购这类硬件时优先挑选大厂家（如索尼、明基、三星等）的产品。选购时还要注意光驱的接口类型与自己的计算机是否匹配。

图　1.4.5

图　1.4.6

6. 显卡

显卡也叫显示卡、图形加速卡等，如图 1.4.6 所示。其主要作用是对图形函数进行加速处理。显卡通过系统总线连接 CPU 和显示器，是 CPU 和显示器之间的控制设备。显卡实际上是用来存储要处理的图形的数据信息。目前主流显卡的显存为 1GB 以上，接口一般为 PCI - EX16 型。显卡生产厂商主要有华硕、技嘉、昂达等。在选购显卡时，注意显存要与主机性能相匹配（位宽选 128b 以上为宜）。并且要优先选择大厂家生产的或售后服务好的产品。

7. 网卡

网卡是将计算机与网络连接在一起的输入/输出设备，如图 1.4.7 所示。其主要功能是处理计算机上发往网线上的数据，按照特定的网络协议将数据分解成为适当大小的数据包，然后发送到网络上去（目前多是主板集成）。由于不同类型网卡的使用环境可能不一样，在选购时应明确网卡使用的网络及传输介质类型、与之相连接的网络设备带宽等情况。优质的网卡均采用喷锡板制作，其裸露部分为白色；而劣质的画金板网卡的裸露部分为黄色。另外，对网卡的 MAC 地址（即 ID 编号）的辨别是了解网卡优劣的最好方式。正规厂家生产的网卡的 MAC 地址一般为一组 12 位的十六进制数（前 6 位为厂商 ID，后 6 位是厂商分配给网卡的唯一 ID）。购买时，如发现商家所卖网卡上标注的 MAC 地址相同，那么，肯定是劣质产品。最后，还要看产品的做工工艺。做工工艺的优劣体现在网卡的焊点、金手指及挡板等上，优质网卡的电路板焊点均匀干净，金手指及挡板规则且有光泽，各元件分布合理且紧凑。

8. 声卡

声卡的主要功能是处理声音信号并把信号传输给音箱或耳机，使后者发出声音来的硬件，如图 1.4.8 所示。声卡的选购同网卡、显卡的选购有些相似，都要选大厂家及售后服务好的产品，还要注意接口类型是否与自己的主板相匹配。显卡的音质是判定一块显卡好坏的标准，其中包括信噪比、采样位数、采样频率、总谐波失真等指标。目前声卡的信噪比大多达到了 96dB，采样位数为 16b 以上，采样频率为 44.1kHz 以上（值越高越好）。理论上 44.1kHz 就可达到 CD 音质。此外，选购者如果只是普通应用，如看看 CD、玩一些简单的游戏等，选购一般廉价的声卡就足够了；如果是用来玩大型的 3D 游戏，就一定要选购带 3D 功能的声卡，因为 3D 音效已经成为游戏发展的潮流，现在大部分的游戏都开始支持它了。

图　1.4.7

图　1.4.8

9. 电源

电源是对电脑供电的主要配件，是将交流电压转换成直流电压的设备，如图 1.4.8 所示。电源关系到整个计算机的稳定运行，其输出功率不应小于 250W。电源的选购要注意品牌、电源的输出功率、认证、包装等。

图　1.4.8

图　1.4.9

10. 常见的输入设备

输入设备的主要作用是将外部信息（包括文字、声音、图像、程序等）转变为数据输入到电脑中进行加工、处理等。常见的输入设备有键盘、鼠标、扫描仪、触摸屏、条形码阅读器、话筒等。（※考点：掌握常见的输入设备）

（1）键盘。键盘是最常用也是最主要的输入设备，通过键盘可以将英文字母、数字、标点符号等输入到计算机中，从而向计算机发出命令、输入数据等，如图 1.4.9 所示。常见的 101 键盘可分为 4 个区：功能键区、字符键区、光标控制键区和数字键区，如图 1.4.10 所示。

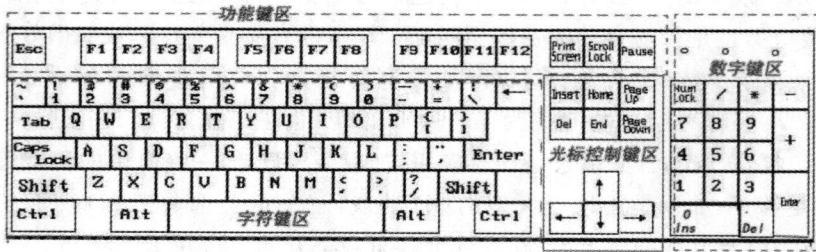

图　1.4.10

计算机的常用键符、键名及功能见表1.4.2。

表　1.4.2

键符	键名	功能及说明
A～Z（a～z）	字母键	字母键有大写和小写字符之分
0～9	数字键	数字键的下档为数字，上档为符号
Shift（↑）	换档键	用来选择双字符键的上档字符
CapsLock	大小写字母切换键	计算机默认状态为小写（开关键）
Enter	回车键	输入行结束、换行、执行 DOS 命令
Backspace（←）	退格键	删除当前光标左边一字符，光标左移一位
Space	空格键	在光标当前位置输入空格
PrtSc 或（PritScreen）	屏幕复制键	DOS 系统：打印当前屏（整屏） Windows 系统：将当前屏幕复制到剪贴板（整屏）
Ctrl 和 Alt	控制键	与其他键组合，形成组合功能键
Pause/Break	暂停键	暂停正在执行的操作
Tab	制表键	在制作图表时用于光标定位；光标跳格（8 个字符间隔）
F1～F12	功能键	各键的具体功能由使用的软件系统决定
Esc	退出键	一般用于退出正在运行的系统，不同软件其功能有所也不同
Del（delete）	删除键	删除光标后面的字符
Ins（Insert）	插入键	插入字符、替换字符的切换
Pagr Up	翻页键	翻到上一页
Page Down	翻页键	翻到下一页
Home	功能键	光标移至屏首或当前行首
End	功能键	光标移至屏尾或当前行末
PgUp（PageUp）	功能键	当前页上翻一页，不同的软件赋予不同的光标快速移动功能
PgDn（PageDown）	功能键	当前页下翻一页，不同的软件赋予不同的光标快速移动功能

（2）鼠标。鼠标是计算机的一种重要输入设备,分有线(USB 接口)和无线两种,如图 1.4.11、图 1.4.12 所示,也是计算机显示系统纵横坐标定位的指示器,因形似老鼠而得名。鼠标的主要技术指标是分辨率,单位是 d/i,分辨率越高,质量就越好,价格也就越高。

图　1.4.11

图　1.4.12

（3）扫描仪。扫描仪(scanner)是利用光电技术和数字处理技术,以扫描方式将图形或图像信息转换为数字信号的装置。扫描仪通常被用作计算机外部仪器设备,是通过捕获图像并将之转换成计算机可以显示、编辑、存储和输出的数字化输入设备。

扫描仪的主要性能指标是分辨率,单位是 d/i。

扫描仪可分为两大类型:滚筒式扫描仪和平面扫描仪。其发展速度很快。近年来又推出了便携式扫描仪(见图 1.4.13)、笔式扫描仪(见图 1.4.14)、馈纸式扫描仪、胶片扫描仪、底片扫描仪和名片扫描仪。

图　1.4.13

图　1.4.14

（4）条形码阅读器。条形码阅读器也称为条形码扫描枪、条形码扫描器,是用于读取条形码所包含的信息的一种设备,如图 1.4.15 所示。

条形码是由一组按一定规则排列的条、空符号,用来表示一定的字符、数字及符号组成的信息,又称为条码,如图 1.4.16 所示。

按光源不同,条形码阅读器可以分为红光条形码阅读器(也称为 CCD 扫描枪)和激光条形码阅读器。按应用的不同和条形码的类型条形码阅读器可分为有线式条码扫描器(一维、二维)、无线条码扫描器(一维、二维)、扫描平台。

图 1.4.15

图 1.4.16

（5）触摸屏。触摸屏（touch screen）又称为"触控屏"，是一种可接收触头等输入信号的感应式液晶显示装置，如图 1.4.17 所示。当接触了屏幕上的图形按钮时，屏幕上的触觉反馈系统可根据预先编制的程序驱动各种连接装置，可用以取代机械式的按钮面板，并借助液晶显示画面形成生动的影音效果。触摸屏作为一种最新的电脑输入设备，是目前最简单、方便、自然的一种人机交互方式。它赋予了多媒体以崭新的面貌，是极富吸引力的全新多媒体交互设备。其主要应用于公共信息的查询、办公、工业控制、军事指挥、电子游戏、点歌点菜、多媒体教学、房地产预售等。

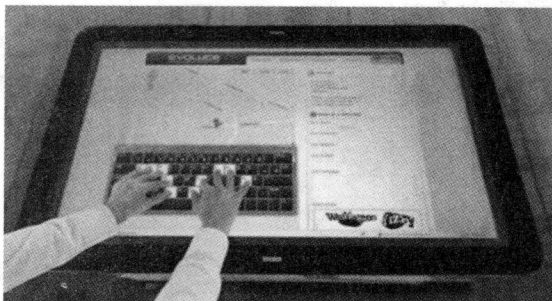

图 1.4.17

11. 常见的输出设备

输出设备的作用是把计算机的处理结果用人能够识别的方式表示出来，如方字、图片、声音、视频等。常见的输出设备有显示器、打印机、音箱、投影仪、绘图仪等。（※考点：掌握常见的输出设备）

（1）显示器。显示器通常又被称为监视器、屏幕，它是一种将一定的电子文件通过特定的传输设备显示到屏幕上，以达到人机交互为主要目的，它是用户与电脑进行交互的主要信息窗口。常见的显示器有 LCD 显示器、LED 显示器、PDP 显示器等，3D 显示器是未来显示器技术发展的终极梦想。显示器的主要性能指标有分辨率、屏幕尺寸、刷新频率、点距等。

1）分辨率。分辨率是指像素点之间的距离，从理论上讲，像素数越多，其分辨率就越高，显示的图像就越清晰，但实际上图像的显示效果还与显卡、图像本身大小有关。显示器分辨率的一般表示方法：水平显示的像素个数×水平扫描线数，如 1024×768（适宜 14in 显示器）、1280×1024（适宜 15in 显示器）、1600×1280（适宜 17in 显示器）、1600×1280（适宜 21in 显示器）。

2）屏幕尺寸。屏幕尺寸通常指显示器的显示大小，用尺寸来衡量，一般用屏幕的对角线的长度来表示,单位是 in,如 17in,21in 等。

3)点距。点距是显示器的一个非常重要的硬件指标。所谓点距,是指一种给定颜色的一个发光点与离它最近的相邻同色发光点之间的距离,这种距离不能用软件来更改,这一点与分辨率是不同的。在任何相同分辨率下,点距越小,图像就越清晰,显示出来的图像越细腻。

4)刷新频率。显示器的刷新频率指每秒钟出现新图像的数量,单位为 Hz。刷新频率越高,图像的质量就越好,闪烁越不明显,人的感觉就越舒适。

(2)打印机。打印机的功能是将计算机处理结果打印在相关介质上。衡量打印机好坏的指标有三项:打印分辨率(单位是 d/i)、打印速度和噪声。打印机的种类很多,按打印元件对纸是否有击打动作,分击打式打印机与非击打式打印机;按一行字在纸上形成的方式,分串式打印机与行式打印机;按所采用的技术来分,分柱形、球形、喷墨式、热敏式、激光式、静电式、磁式、发光二极管式等打印机。目前常见的打印机可分为喷墨式打印机、激光式打印机和针式打印机。

(3)音箱。音箱指可将音频信号变换为声音的一种设备。通俗地讲就是指音箱主机箱体或低音炮箱体内自带功率放大器,对音频信号进行放大处理后由音箱本身回放出声音,使其声音变大。音箱的分类方式有很多,按其使用场合来分,可分为专业音箱与家用音箱两大类。家用音箱一般用于家庭放音,其特点是音质细腻柔和,外型较为精致、美观,放音声压级不太高,承受的功率相对较小。专业音箱一般用于歌舞厅、卡拉 OK、影剧院、会堂和体育场馆等专业文娱场所。一般专业音箱的灵敏度较高,放音声压高,力度好,承受功率大,与家用音箱相比,其音质偏硬,外型也不甚精致。但在专业音箱中的监听音箱,其性能与家用音箱较为接近,外型一般也比较精致、小巧,所以这类监听音箱也常被家用 HI - FI 音响系统所采用。

(4)投影仪。投影仪又称投影机,是一种可以将图像或视频投射到幕布上的设备,可以通过不同的接口同计算机、VCD、DVD、BD、游戏机、DV 等相连接播放相应的视频信号。投影仪广泛应用于家庭、办公室、学校和娱乐场所,目前常见的主要有 LCD(液晶)、DLP(数字光学处理)两种类型。

根据学习和生活经验,将表 1.4.3 填写完整。

表　1.4.3

图片				
名称				
图片				
名称				

1.4.2 认识软件系统

计算机软件系统是计算机系统所使用的各种程序的总体。软件系统和硬件系统共同构成计算机系统,两者相辅相成。软件系统一般分为操作系统软件、程序设计软件和应用软件三类。(※考点:掌握软件系统的组成)

1.操作系统

计算机能完成许多非常复杂的工作,但是它却"听不懂"人类的语言,要想让计算机完成相关的工作,必须有一个"翻译官"把人类的语言翻译给计算机。操作系统软件就是这里的"翻译官"。常用的操作系统有微软公司的 Windows XP/Windows 7 操作系统,以及 Linux 操作系统、Unix 操作系统(服务器操作系统)等,如图 1.4.18 所示为 Windows 7 操作系统登录界面。

图 1.4.18

2.程序设计软件

程序设计软件是由专门的软件公司编制,用来进行编程的计算机语言。程序设计语言主要包括机器语言、汇编语言和编程语言(C++,Java 等)。

3.应用软件

应用软件是用于解决各种实际问题以及实现特定功能的程序。为了普通人能使用计算机,计算机专业人员会根据人们的工作、学习、生活需要提前编写好人们常用的工作程序,用户使用时,只需单击相应的功能按钮即可(如复制、拖动等任务)。常用的应用软件有 MS Office 办公软件、WPS 办公软件、图像处理软件、网页制作软件、游戏软件和杀毒软件等。

上网查找相关资料,把表 1.4.5 补充完整。

表 1.4.5

软件名称	软件类型	软件功能
Windows 7		
C++		
Photoshop CS5		
Office 2010		
QQ2015		

续 表

软件名称	软件类型	软件功能
迅雷		
Ghost		
Visual Basic		
暴风影音 5		

1.5　计算机传统应用及现代应用

目前,计算机已渗透到各个领域,已经改变了人们传统的学习、工作和生活方式,推动着社会的飞跃发展。下面就来简单了解一下计算机的应用领域。（※考点:掌握计算机的应用领域）

1.5.1　了解计算机传统的应用领域

计算机传统应用领域主要包括三个方面:科学计算,数据处理,过程控制。

1.科学计算(或数值计算)

科学计算是指利用计算机来完成科学研究和工程技术中提出的数学问题的计算。在现代科学技术工作中,科学计算问题是大量的和复杂的。利用计算机的高速计算、大存储容量和连续运算的能力,可以实现人工无法解决的各种科学计算问题。

2.数据处理(或信息处理)

数据处理是指对各种数据进行收集、存储、整理、分类、统计、加工、利用、传播等一系列活动的统称。据统计,80%以上的计算机主要用于数据处理,这类工作量大面宽,决定了计算机应用的主导方向。目前,数据处理已广泛地应用于办公自动化、企事业计算机辅助管理与决策、情报检索、图书管理、电影电视动画设计、会计电算化等各行各业。信息正在形成独立的产业,多媒体技术使信息展现在人们面前的不仅是数字和文字,也有声情并茂的声音和图像信息。

3.过程控制(或实时控制)

过程控制是利用计算机及时采集检测数据,按最优值迅速地对控制对象进行自动调节或自动控制。采用计算机进行过程控制,不仅可以大大提高控制的自动化水平,而且可以提高控制的及时性和准确性,从而改善劳动条件、提高产品质量及合格率。因此,计算机过程控制已在机械、冶金、石油、化工、纺织、水电、航天等部门得到广泛的应用。

1.5.2　了解计算机现代应用领域

随着计算机技术的快速发展,计算机性能的大幅度提高,计算机的应用已经渗透到各个领域。

1.辅助技术

计算机辅助技术包括计算机辅助设计(CAD)、计算机辅助制造(CAM)、计算机辅助教学(CAI)和计算机辅助测式(CAT)等,如图 1.5.1、图 1.5.2、图 1.5.3 所示。

图 1.5.1

图 1.5.2

图 1.5.3

(1)计算机辅助设计(CAD)是利用计算机系统辅助设计人员进行工程或产品设计,以实现最佳设计效果的一种技术。它已广泛地应用于飞机、汽车、机械、电子、建筑和轻工等领域。例如,在电子计算机的设计过程中,利用 CAD 技术进行体系结构模拟、逻辑模拟、插件划分、自动布线等,从而大大提高了设计工作的自动化程度。又如,在建筑设计过程中,可以利用 CAD 技术进行力学计算、结构计算、绘制建筑图纸等,这样不但提高了设计速度,而且可以大大提高设计质量。

(2)计算机辅助制造(CAM)是利用计算机系统进行生产设备的管理、控制和操作的过程。例如,在产品的制造过程中,用计算机控制机器的运行,处理生产过程中所需的数据,控制和处理材料的流动以及对产品进行检测等。使用 CAM 技术可以提高产品质量,降低成本,缩短生产周期,提高生产率和改善劳动条件。

将 CAD 和 CAM 技术集成,实现设计生产自动化,这种技术被称为计算机集成制造系统(CIMS)。它的实现将真正做到无人化工厂(或车间)。

(3)计算机辅助教学(CAI)是利用计算机系统,使用课件来进行教学。课件可以用制作工具或高级语言来开发制作,它能引导学生循环渐进地学习,使学生轻松自如地从课件中学到所需要的知识。CAI 的主要特色是交互教育、个别指导和因人施教。

2.人工智能(智能模拟)

人工智能(Artificial Intelligence,AI)是计算机模拟人类的智能活动,诸如感知、判断、理解、学习、问题求解和图像识别等。现在人工智能的研究已取得不少成果,有些已开始走向实用阶段。例如,能模拟高水平医学专家进行疾病诊疗的专家系统,具有一定思维能力的智能机器人等,如图 1.5.4 所示。

图　1.5.4

3.网络应用

计算机技术与现代通信技术的结合促生了计算机网络。计算机网络的建立,不仅解决了一个单位、一个地区、一个国家中计算机与计算机之间的通信,各种软、硬件资源的共享,也大大促进了国际间的文字、图像、视频和声音等各类数据的传输与处理。

随着计算机技术的深入、广泛应用,计算机技术的未来发展主要趋势是集成化、网络化、智能化和标准化。未来计算机的主要研究开发热点体现在三维超变量化技术、基于知识工程的CAD 技术、计算机辅助创新技术、虚拟现实技术(VR)等方面。

1.6　计算机简单组装与维修

现在,计算机已经基本上走进了各家各户,那我们在选购计算机的过程中需要注意哪些问题? 而买回来的计算机在日常使用中不可避免地会出现一些问题,而对于常见的问题我们应该怎样处理? 下面就来进行简单的说明。(※考点:掌握计算机的组装流程)

1.6.1　计算机简单组装——裸机的安装

(1)拆开机箱:常见的机箱背后有两颗螺丝,去掉就可打开机箱,如图 1.6.1 所示。

图　1.6.1

图　1.6.2

(2)安装电源:将电源放到机箱的指定位置,用螺丝刀将螺丝固定起来,注意电源的风扇要朝机箱的外面,这样才能正常散热,如图 1.6.2 所示。等其他部件安装好了,再把电源线与之一一连接。

（3）安装中央处理器 CPU：先将主板上的 CPU 插槽上的把手打开（轻轻向外拨，再向上拉到垂直位置），然后对准插槽，轻轻地插入 CPU，一定要对准、轻插，不然有可能会损坏 CPU，如图 1.6.3 所示。插好了再在 CPU 上涂上散热硅胶，使之与下面要安装的风扇上的散热片粘在一起。

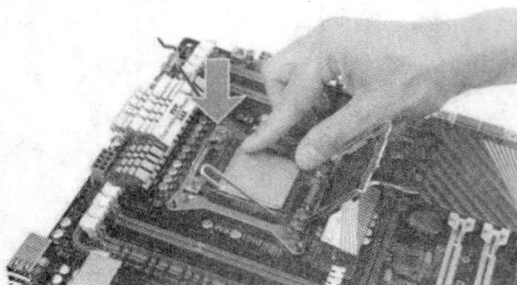

图　1.6.3

图　1.6.4

（4）安装 CPU 风扇：先要比对好风扇与 CPU 的位置，然后将风扇上的挂钩扣在 CPU 插座两端的固定位置，如图 1.6.4 所示。插好风扇的电源线（一般都是在 CPU 附近）。

（5）安装主板：先在机箱上固定好定位螺丝，然后把主板的 I/O 端口对准机箱的背面，主板与机箱上的螺丝孔对好，用螺丝刀把螺丝固定在机箱上，如图 1.6.5 所示。注意上螺丝的时候不要用力过猛，也不要把螺丝固定的太死了，以防止主板变形。

（6）安装内存条：先找到内存条插槽（两边带把手），然后掰开两边的把手，比对好内存条缺口与插槽缺口位置，垂直压下内存条，听到"咔"的一声即可，如图 1.6.6 所示。下压的时候用力不能过大，以免内存条缺口与插槽缺口位置比对不正确，而损坏了内存条。

图　1.6.5

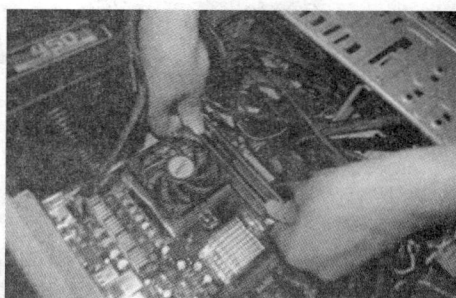

图　1.6.6

（7）安装硬盘：首先把硬盘固定在盘盒内，再用螺丝刀固定在机箱上，如图 1.6.7 所示。把数据线的一头连在硬盘上，另一头与主板的 IDE 接口连接，最后插上电源线。注意：不要把数据线接反了。

（8）安装光驱：安装光驱的方法与安装硬盘的方法差不多，同学们在老师的指导下完成即可。

（9）安装显卡：如果需要安装独立显卡，把准备好的显卡对准主板上的 PCI 插槽插下，然后用螺丝刀固定在机箱上即可，如图 1.6.8 所示。

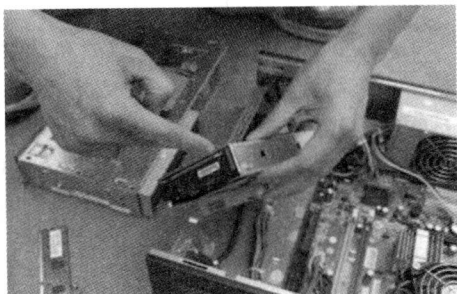

图　1.6.7

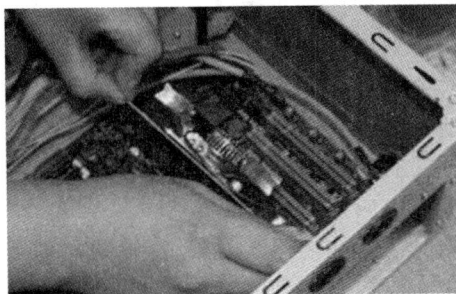

图　1.6.8

(10)连接控制线：按照主板上的英文提示符，找到机箱面板上的指示灯和按键在主板上的连接位置，看好正负极再连接。将机箱面板上的 Speaker（主板喇叭）、PWR SW（开关电源）、Keylock（键盘锁接口）、PowerLED（主板电源灯）、HDD LED（硬盘灯）和 Reset（复位）等连接在主板上的金属引脚上。

(11)外部设备连接：主要包括显示器、鼠标、键盘、音箱、网线等外部设备的连接。具体的连接方法比较简单，请同学们在老师的指导下完成相关的操作。

(12)连接好了以后，就可以接通电源了，观察计算机的运行情况，然后根据具体情况作出相应的调整，如果需要调整的话，一定要先关机，切断电源后再操作，防止触电。

1.6.2　计算机简单故障维修

安装好一台电脑后，难免会出现这样或那样的故障，这些故障可能是硬件的故障，也可能是软件的故障。一般情况下，刚刚安装的机器出现硬件故障的可能性较大，机器运行一段时间后，其故障率相对降低。对于硬件故障，只要了解各种配件的特性及常见故障的发生，就能逐个排除故障。（※考点：认识计算机的常见故障及处理方法）

　1.接触不良的故障

接触不良一般反映在各种插卡、内存、CPU 等与主板的接触不良，或电源线、数据线、音频线等的连接不良。其中各种接口卡、内存与主板接触不良的现像较为常见，通常只要更换相应的插槽位置或用像皮擦一擦金手指，就可排除故障。

　2.未正确设置参数

CMOS 参数的设置主要有硬盘、软驱、内存的类型，以及口令、机器启动顺序、病毒警告开关等等。由于参数没有设置或没有正确设置，系统都会提示出错。如病毒警告开关打开，则有可能无法成功安装 Windows 7。

　3.硬件本身故障

硬件出现故障，除了本身的质量问题外，也可能是负荷太大或其他原因引起的，如电源的功率不足或 CPU 超频使用等，都有可能引起机器的故障。

　4.软件故障

软件故障通常是由硬件驱动程序安装不当或是病毒破坏引起的。

驱动程序或驱动程序之间产生冲突，则在 Windows 7 下的资源管理器中可以发现一些标记，其中"?"表示未知设备，通常是设备没有正确安装，"!"表示设备间有冲突，"×"表示所安装的设备驱动程序不正确。

病毒对电脑的危害是众所周知的,轻则影响机器速度,重则破坏文件或造成死机。为方便随时对电脑进行保养和维护,必须准备工具如干净的 DOS 启动盘或 Windows 7 启动盘,以及杀毒软件和磁盘工具软件等,以应付系统感染病毒或硬盘不能启动等情况。此外还应准备各种配件的驱动程序,如光驱、声卡、显卡、MODEM 等的驱动程序。软驱和光驱的清洗盘及其清洗液等也应常备。

相对于其他电器产品来说,电脑是一个容易出现故障的产品。电脑出故障了,是许多电脑爱好者头痛的事情,该如何来应对及解决我们所遇到的电脑故障呢? 一般情况下我们遵循下面原则:先看电源,后看主机;先清洁,后检修;先查阅资料,后动手治疗;先查软件,后查硬件。

1.7 计算机信息录入

我们这里面讲的计算机信息录入是它狭义的定义,是怎样利用计算机输入文字、数字等信息。现在利用计算机来输入文字信息的工具很多,常见的有拼音输入法、五笔字型输入法、手写输入法等等。我们这里以搜狗拼音输入法为例,讲解怎样利用拼音输入法输入信息。(※考点:学会利用搜狗输入法输入信息)

1.7.1 搜狗拼音输入法的五大基本原则

1.全拼

全拼输入是拼音输入法中最基本的输入方式,如图 1.7.1 所示。你只要用 Ctrl+Shift 键切换到搜狗输入法,在输入窗口输入拼音即可输入。然后依次选择你要字或词即可。你可以用默认的翻页键逗号(,)和句号(。)来进行翻页。

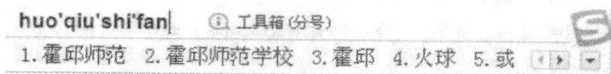

图 1.7.1

2.简拼

简拼是输入声母或声母的首字母来进行输入的一种方式,如图 1.7.2 所示。有效地利用简拼,可以大大提高输入的效率。搜狗输入法现在支持的是声母简拼和声母的首字母简拼。例如:你想输入"霍邱师范",你只要输入"hqshf"或者"hqsf"都可以。

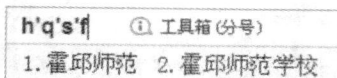

图 1.7.2

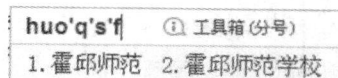

图 1.7.3

同时,搜狗输入法支持简拼、全拼的混合输入,如图 1.7.3 所示。例如:你输入"huoqsf""hqiusf""hqshif"都可以得到"霍邱师范"。打字熟练的人会经常使用全拼和简拼混用的方式。

3.英文输入

搜狗输入法默认是按下"Shift"键就切换到英文输入状态,再按一下"Shift"键就会返回中文状态。用鼠标点击状态栏上面的中字图标也可以切换。

除了"Shift"键切换以外,搜狗输入法也支持在中文状态下回车输入英文和 V 模式输入英文。在输入较短的英文时使用能省去切换到英文状态下的麻烦。具体使用方法:

回车输入英文:输入英文,直接敲回车即可。

V 模式输入英文:先输入"V",然后再输入你要输入的英文,可以包含@＋＊／－等符号,然后敲空格即可。

4. 网址输入模式

网址输入模式是特别为网络设计的便捷功能,让你能够在中文输入状态下就可以输入几乎所有的网址,如图 1.7.4 所示。其规则:

输入以 www. http：ftp：telnet：mailto：等开头的字符串时,自动识别进入到英文输入状态,后面可以输入例如 www.ahhqsf.cn,ftp://sogou.com 类型的网址。

图　1.7.4

输入非 www. 开头的网址时,可以直接输入,例如输入 ahhqsf.cn 就可以了,如图 1.7.5 所示。(但是不能输入 hq123.ty 类型的网址,因为句号还被当作默认的翻页键。)

输入邮箱时,可以输入前缀不含数字的邮箱,例如 qttyz@163.com,如图 1.7.6 所示。

图　1.7.5

图　1.7.6

5. 插入当前日期时间

【插入当前日期时间】的功能可以方便地输入当前的系统日期、时间、星期,并且你还可以用插入函数自己构造动态的时间。例如在回信的模板中使用。此功能是用输入法内置的时间函数通过【自定义短语】功能来实现的。由于输入法的自定义短语默认不会覆盖用户已有的配置文件,所以你要想使用下面功能,需要恢复【自定义短语】的默认配置(就是说:如果你输入了 rq 而没有输出系统日期,请打开【选项卡】→【高级】→【自定义短语设置】→点击【恢复默认配置】即可)。注意:恢复默认配置将丢失自己已有的配置,请自行保存手动编辑。输入法内置的插入项有:

(1)输入【rq】(日期的首字母),输出系统日期【2015 年 6 月 28 日】;

(2)输入【sj】(时间的首字母),输出系统时间【2015 年 6 月 28 日 10：49：34】;

(3)输入【xq】(星期的首字母),输出系统星期【2015 年 6 月 28 日 星期日】;

自定义短语中的内置时间函数的格式请见自定义短语默认配置中的说明。

1.7.2　搜狗拼音输入法的其他原则

搜狗拼音输入法除了上述五大基本输入原则以外,还有很多其他输入原则,下面列举出了一些平时有可能会用到的几个原则,请大家结合自己切身体会,利用网络资源把下面内容补充完整。

1. 双拼

什么是双拼：_____
_____。

举例子：_____
_____。

特殊拼音的双拼输入规则：_____
_____。

2. 模糊音

什么是模糊音：_____
_____。

举例子：_____
_____
_____
_____。

搜狗支持的模糊音有：_____
_____
_____
_____。

声母模糊音：_____
_____。

韵母模糊音：_____
_____。

3. 搜狗输入法的其他原则：

繁体：_____
_____。

U 模式笔画输入：_____
_____。

V 模式中文数字：_____
_____。

1.7.3　练习拼音输入法

1. 单字练习

矮	网	望	忘	危	围	为	喂	位	文	闻	问	我	握	屋	五	午	舞	物
误	务	希	息	习	喜	洗	系	细	下	夏	先	险	箱	想	响	像	向	消	笑
校	些	鞋	写	谢	辛	新	心	星	行	幸	姓	兴	需	须	许	续	学	雪	宜	呀	椅
研	言	颜	演	宴	验	羊	阳	扬	样	要	药	也	夜	业	页	一	也	宜	椅	邮
已	以	艺	亿	意	易	译	因	音	阴	银	英	应	赢	迎	影	永	泳	用	院
游	有	友	右	又	鱼	愉	雨	语	遇	预	育	元	原	圆	员	园	远	愿	院

月　乐　云　运　杂　再　在　咱　澡　责　怎　增　展　站　张　章　着　找　照　者
这　真　整　正　政　只　织　支　知　直　指　纸　治　志　中　钟　种　重　周　猪
住　注　祝　助　装　准　桌　自　字　子　总　走　租　足　族　组　嘴　最　昨　左
做　作　坐

2. 连音词练习

彼岸　病案　不安　办案　保安　惨案　长安　嫦娥　堤岸　低凹　低昂　档案　定案
定额　东岸　方案　反感　反戈　公安　骨癌　互爱　磺胺　昏暗　饥饿　煎熬　骄傲　敬爱
金额　巨额　激昂　酷爱　空额　困厄　立案　里昂　南岸　皮袄　配额　配偶　平安　破案
奇案　请安　前额　亲爱　善恶　上腭　甚而　上岸　熟谙　提案　图案　天鹅　恩爱　相爱
心爱　心安　喜爱　西岸　西安　西澳　预案　沿岸　延安　阴暗　因而　银耳　憎恶　障碍
珍爱　钟爱　总额　罪恶

3. 模糊音练习

后楼　收购　漏斗　走狗　走漏　娇小　唠叨　骚扰　报表　吵闹　高潮　报道　刀子
车子　孙子　丫头　后头　胳膊　抽屉　姑娘　师傅　苍蝇　哆嗦　他们　朋友　时候　黄瓜
记得　心思　知识　扎实　软和　那边　在乎　老婆　模糊　月亮　洒脱　似的　亲家　簸箕
进项　便宜　别扭　拨弄　直溜　硬朗　花褂　桂花　过错　活捉　阔绰　火炬　我们　华山
雀跃　决绝　啰嗦　哆嗦　学科　祸乱　活佛　落魄　花朵　话说　划拨　华佗　帛画　国画
火花　说话　本色儿　好好儿　拈阄儿　拔尖儿　冰棍儿　老头儿　豆角儿　蝈蝈儿　纳闷儿
墨水儿　围脖儿　一块儿　照片儿　玩儿命　起名儿　中间儿　小曲儿　片儿汤　一会儿
做活儿

4. 文章练习

　　我想，我眼见你慢慢倒地，怎么会摔坏呢，装腔作势罢了，这真可憎恶。车夫多事，也正是自讨苦吃，现在你自己想法去。车夫听了这老女人的话，却毫不踌躇，仍然搀着伊的臂膊，便一步一步的向前走。我有些诧异，忙看前面，是一所巡警分驻所，大风之后，外面也不见人。这车夫扶着那老女人，便正是向那大门走去。我这时突然感到一种异样的感觉，觉得他满身灰尘的后影，刹时高大了，而且愈走愈大，须仰视才见。而且他对于我，渐渐的又几乎变成一种威压，甚而至于要榨出皮袍下面藏着的"小"来。我的活力这时大约有些凝滞了，坐着没有动，也没有想，直到看见分驻所里走出一个巡警，才下了车。

　　巡警走近我说，"你自己雇车罢，他不能拉你了。"我没有思索的从外套袋里抓出一大把铜元，交给巡警，说，"请你给他。"

　　风全住了，路上还很静。我走着，一面想，几乎怕敢想到自己。以前的事姑且搁起，这一大把铜元又是什么意思？奖他么？我还能裁判车夫么？我不能回答自己。

　　这事到了现在，还是时时记起。我因此也时时煞了苦痛，努力的要想到我自己。几年来的文治武力，在我早如幼小时候所读过的"子曰诗云"一般，背不上半句了。独有这一件小事，却总是浮在我眼前，有时反更分明，教我惭愧，催我自新，并且增长我的勇气和希望。

　　5. 利用金山打字通练习打字（上机指导）

1.8 实 训

理 论 实 训

一、单项选择题

1. 笔记本电脑属于( )。
(A)便携式计算机 (B)卧式计算机 (C)立式计算机 (D)台式计算机

2. 计算机意外断电后,数据会丢失的存储器是( )。
(A)RAM (B)硬盘 (C)ROM (D)光盘

3. 下面四个选项中,用来描述计算机显示器性能指标的是( )。
(A)可靠性 (B)分辨率 (C)亮度 (D)精度

4. 在计算机内部,数据是以( )进制进行加工处理和传送的。
(A)八 (B)十 (C)十六 (D)二

5. 操作系统的作用是( )。
(A)便于进行文件夹管理 (B)控制和管理系统资源的使用
(C)把源程序编译成目标程序 (D)高级语言和机器语言

6. 第一台电子计算机诞生于( )年。
(A)1945 (B)1944 (C)1946 (D)1947

7. 一个字节由相邻的( )个二进制位组成。
(A)16 (B)8 (C)4 (D)6

8. 世界上第一台电子计算机诞生于( )。
(A)德国 (B)日本 (C)美国 (D)中国

9. 计算机技术在 70 余年中虽有翻天覆地的变化,但至今仍遵循着一位科学家提出的基本原理,他就是( )。
(A)牛顿 (B)爱因斯坦 (C)冯·诺依曼 (D)爱迪生

10. CAM 表示( )。
(A)计算机辅助设计 (B)计算机辅助制造
(C)计算机辅助教学 (D)计算机辅助测试

11. CAT 表示( )。
(A)计算机辅助设计 (B)计算机辅助制造
(C)计算机辅助教学 (D)计算机辅助测试

12. CPU 不能直接访问的存储器是( )。
(A)CD - ROM (B)ROM (C)RAM (D)Cache

13. 下列属于输出设备的是( )。
(A)扫描仪 (B)鼠标 (C)显示器 (D)光笔

14. 下列属于输入设备的是( )。
(A)音箱 (B)鼠标 (C)显示器 (D)投影仪

15. 某单位自行开发的工资管理系统,按计算机应用的类型划分,它属于(　　)。

(A)实时控制　　　　　　(B)数据处理　　　　　(C)辅助设计　　　　　(D)科学计算

16. 微型计算机使用的键盘中,Shift 键是(　　)。

(A)退格键　　　　　　　(B)换档键　　　　　　(C)回车键　　　　　　(D)空格键

17. (　　)不是微型机算计必需的工作环境。

(A)恒温　　　　　　　　　　　　　　　(B)光线好

(C)远离强磁场　　　　　　　　　　　(D)稳定的电源电压

18. 将十进制数 16.625 转换成八进制数为(　　)。

(A)2.5　　　　　　　　(B)20.5　　　　　　(C)12.10　　　　　(D)2.05

19. 下列字符中,ASCII 码最小的是(　　)。

(A)M　　　　　　　　　(B)b　　　　　　　　(C)h　　　　　　　(D)H

20. 将二进制数 121 转换成十六进制数为(　　)。

(A)77　　　　　　　　　(B)78　　　　　　　(C)79　　　　　　(D)80

21. 将二进制数 10010001.0111 转换成十六进制数为(　　)。

(A)91.C　　　　　　　　(B)91.D　　　　　　(C)91.F　　　　　(D)91.E

22. 经过(　　) 把高级语言的源程序变为目标程序。

(A)编译　　　　　　　　(B)解释　　　　　　(C)编辑　　　　　　(D)汇编

23. 微型计算机中的辅助存储器,可以与下列(　　)部件直接进行数据传送。

(A)控制器　　　　　　　(B)微处理器　　　　(C)运算器　　　　　(D)内存储器

24. 下列设备不是输入设备的是(　　)。

(A)U 盘　　　　　　　　(B)显示器　　　　　(C)数码相机　　　　(D)鼠标

25. ROM 与 RAM 的主要区别是(　　)。

(A) ROM 是内存储器,RAM 是外存储器

(B) ROM 是外存储器,RAM 是内存储器

(C)断电后,RAM 内保存的信息会丢失,而 ROM 则可长期保存,不会丢失

(D)断电后,ROM 内保存的信息会丢失,而 RAM 则可长期保存,不会丢失

26. CD-ROM 是一种大容量的外部存储设备,其特点是(　　)。

(A) 只能读不能写　　　　　　　　　(B) 处理数据速度低于软盘

(C) 只能写不能读　　　　　　　　　(D) 既能写也能读

27. 操作系统是一种(　　)。

(A)应用软件　　　　　　(B)工具软件　　　　(C)管理软件　　　　(D)系统软件

28. 向计算机输入信息的最常用设备是(　　)。

(A)显示器　　　　　　　(B)键盘　　　　　　(C)音箱　　　　　　(D)打印机

29. 计算机与外部设备进行信息交换的设备是(　　)。

(A)输入/输出(I/O)设备　(B)磁盘　　　　　　(C)显示器　　　　　(D)打印机

30. 鼠标是(　　)。

(A)显示设备　　　　　　(B)输入设备　　　　(C)存储设备　　　　(D)输出设备

31. (　　)是人与计算机进行交流的窗口,用户可以通过它与计算机交换信息。

(A)键盘　　　　　　　　(B)Windows　　　　(C)输入/输出设备　　(D)显示器

32.存储器容量单位常用 B,KB,MB 表示,5KB 表示（　　　）。

(A)5 000 个字　　　　　　　　　　　　　(B)5 000 个字节

(C)5 120 个字　　　　　　　　　　　　　(D)5 120 个字节

33.通常一个英文字母占（　　　）个字节。

(A)1　　　　　　　(B)2　　　　　　　(C)1.5　　　　　　　(D)0.5

34.第一台电子计算机使用的主要逻辑元件是（　　　）。

(A)集成电路　　　　　　　　　　　　　(B)晶体管

(C)电子管　　　　　　　　　　　　　　(D)大规模集成电路

35.计算机中信息存储的最基本单位是（　　　）。

(A)位　　　　　　　(B)字节　　　　　　　(C)字　　　　　　　(D)字长

36.计算机中信息存储的最小单位是（　　　）。

(A)位　　　　　　　(B)字节　　　　　　　(C)字　　　　　　　(D)字长

37.计算机的 CPU 主要由（　　　）组成。

(A)控制器,运算器,寄存器　　　　　　　(B)控制,内存储器,驱动器

(C)控制器,运算器,内存储器　　　　　　(D)内存储器,驱动器,显示器

38.计算机系统的存储器通常指（　　　）。

(A)内存储器和外存储器　　　　　　　　(B)内存储器和运算器

(C)外存储器和运算器　　　　　　　　　(D)内存储器、外存储器和 Cache

39.Pentium III/850、Pentium IV/1500 中的 850 和 1500 的含义是（　　　）。

(A)CPU 的字长　　　　　　　　　　　　(B)CPU 的主频

(C)CPU 的运算速度　　　　　　　　　　(D)CPU 的 Cache 容量

40.计算机软件系统一般包括（　　　）和应用软件。

(A)工具软件　　　　(B)管理软件　　　　(C)系统软件　　　　(D)编辑软件

41.通常人们称一个计算机系统是指（　　　）。

(A)硬件和固定件　　　　　　　　　　　(B)计算机的 CPU

(C)硬件系统和软件系统　　　　　　　　(D)系统软件和数据库

42.下面数据中最小的是（　　　）。

(A)$(1001)_{16}$　　　　(B)$(1101)_8$　　　　(C)$(1001)_{10}$　　　　(D)$(1011)_2$

43.在计算机系统中,基本字符编码是（　　　）。

(A)拼音码　　　　　(B)机内码　　　　　(C)汉字码　　　　　(D)ASCII 码

44.计算机的硬盘与内存相比,（　　　）。

(A)容量大,速度慢　　　　　　　　　　(B)容量小,速度慢

(C)容量大,速度快　　　　　　　　　　(D)容量小,速度快

45.下列控制键中,字母大小写转换的是（　　　）。

(A)Num Lock　　　　(B)Prt scrn　　　　(C)Caps Lock　　　　(D)Scroll Lock

46.个人计算机的简称是（　　　）。

(A)PDA　　　　　　(B)PC　　　　　　(C)NC　　　　　　(D)HOME

47.关于计算机语言,下列叙述正确的是（　　　）。

(A)高级语言是与计算机型号无关的计算机语言

(B)低级语言学习使用很难,运行效率也低,所以已被淘汰

(C)汇编语言程序是最早出现的高级语言

(D)计算机能够直接理解、执行汇编语言程序

48.计算机的内存容量通常是指(　　　)。

(A)RAM 的容量　　　　　　　　　　　　(B)ROM 的容量

(C)RAM 的容量与 ROM 的容量总和　　　(D)RAM 与硬盘的容量总和

49.计算机应用的最早领域是(　　　)。

(A)过程控制　　　　　　　　　　　　　(B)科学计算

(C)信息管理　　　　　　　　　　　　　(D)计算机辅助系统

50.一个字节由 8 个二进制位组成,它所能表示的最大的十进制数为(　　　)。

(A)256　　　　　　(B)253　　　　　　(C)254　　　　　　(D)255

51.办公室中所用的打印机,一般使用(　　　)打印机。

(A)针式　　　　　(B)喷墨　　　　　(C)点阵　　　　　(D)激光

52.各种笔记本电脑、掌上电脑的大量使用,是计算机(　　　)的一个标志。

(A)巨型化　　　　(B)网络化　　　　(C)智能化　　　　(D)微型化

53.计算机中,运算器的主要功能是(　　　)。

(A)与或运算　　　　　　　　　　　　　(B)加减乘除运算

(C)算术和逻辑运算　　　　　　　　　　(D)初等函数运算

54.(　　　)是主板中最重要的部件,是主板的灵魂,决定了主板所能够支持的功能。

(A)总线　　　　　(B)电源　　　　　(C)芯片组　　　　(D)扩展槽

55.计算机自动地按照一定的模式进行工作的最基本思想是(　　　)。

(A)存储程序　　　　　　　　　　　　　(B)采用逻辑器件

(C)识别控制代码　　　　　　　　　　　(D)计算机网络通信

56.标准的 ASCII 码是(　　　)位码。

(A)7　　　　　　　(B)8　　　　　　　(C)16　　　　　　(D)32

57.(　　　)总线是一种新型接口标准,目前广泛地应用于计算机、摄像机、数码相机和手机等多种数码设备上。

(A)USB　　　　　(B)AGP　　　　　(C)PCI　　　　　(D)IEEE 1394

58.下列关于信息的说法中错误的是(　　　)。

(A)同一个信息也可以用不同形式的数据表示

(B)数据包括文字、字母和数字等,还包括图形、图像、音频、视频等多媒体数据

(C)信息是对数据进行加工后得到的结果

(D)信息是数据的载体

59.(　　　)是计算机各功能部件之间传送信息的公共通信干线,它是由导线组成的传输线束。

(A)总线　　　　　(B)扩展槽　　　　(C)芯片　　　　　(D)接口卡

60.Cache 是指(　　　)。

(A)高速缓冲存储器　　　　　　　　　　(B)同步动态存储器

(C)动态存储器　　　　　　　　　　　　(D)可擦除可再编程只读存储器

二、多项选择题

1. 下列电子产品中,可以作为计算机的输入设备的是(   )。

(A)打印机   (B)绘图仪   (C)扫描仪   (D)数码相机

2. 下列有关 U 盘格式化的叙述中,正确的是(   )。

(A)只能对新盘作格式化,不能对旧盘作格式化

(B)只有格式化后的 U 盘才能使用,对旧盘格式化会抹去盘中原有的信息

(C)新盘不作格式化照样可以使用,但格式化可以使磁盘的容量增大

(D)U 盘格式化将划分磁道和扇区

3. 在使用硬盘过程中,下列说法正确的是(   )。

(A)主频越高,运算速度越快   (B)使用时避免频繁开关机器

(C)在搬动时轻拿轻放   (D)可以随意格式化

4. 下列关于第一台电子计算机 ENIAC 的描述,不正确的有(   )。

(A)是 1948 年在美国发明的

(B)主要工作原理是存储程序和程序控制

(C)主要元件是电子管和继电器

(D)主要作用是数据处理

5. 按照读音还是字形的编码规则,汉字输入码可分为(   )。

(A)自然码   (B)音码   (C)形码   (D)音形结合码

6. 下列四个选项中,可能是八进制数的有(   )。

(A)146   (B)267   (C)511   (D)B23

7. 实现资源共享是计算机网络化的主要目的,这里的"资源共享"是指(   )等。

(A)信息资源   (B)数据资源   (C)计算资源   (D)存储资源

8. 下列四个选项中,影响显示器性能的主要指标有(   )。

(A)分辨率   (B)屏幕尺寸   (C)点距   (D)刷新频率

9. 下列说法中正确的是(   )。

(A)一个字是由一个字节组成

(B)计算机内部的数据是以二进制形式表示和存储的

(C)计算机处理的对象可以分为数值数据和非数值数据

(D)计算机的运算部件同一时间处理二进制数的位数称为字长

10. 下列对数制的描述,正确的有(   )。

(A)十六进制的基数为 16

(B)八进制采用的基本数码是 1,2,3,…,7

(C)在计算机内都是用二进制数码表示各种数据的

(D)二进制数各位的位权是以 2 为底的幂

11. 下列说法正确的有(   )。

(A)世界上第一台计算机于 1946 年诞生于英国

(B)将指令和数据同时存放在存储器中,是冯·诺依曼计算机设计的主要思想

(C)内存储器又称为主存储器

(D)冯·诺依曼提出的计算机体系结构奠定了现代计算机的结构理论

12.根据计算机的规模划分,可以分为(　　　)等几类。

(A)微型机　　　　　　(B)小型机　　　　　　(C)大型机　　　　　　(D)巨型机

13.按照功能划分,计算机可分为(　　　)。

(A)数字计算机　　　　(B)通用计算机　　　　(C)专用计算机　　　　(D)模拟计算机

14.按照处理的数据类型划分,计算机可分为(　　　)。

(A)数字计算机　　　　(B)模拟计算机　　　　(C)混合计算机　　　　(D)通用计算机

15.下列关于二进制的描述,正确的有(　　　)。

(A)借一当二　　　　　　　　　　　　　　(B)由 0,1 这 2 个数码组成

(C)逢二进一　　　　　　　　　　　　　　(D)二进制数各位的位权是以 10 为底的幂

16.下列可以作为存储设备的有(　　　)。

(A)DVD - RW　　　　　(B)U 盘　　　　　　　(C)移动硬盘　　　　　(D)网络硬盘

17.从第一台计算机问世到现在,可以将计算机的发展分为(　　　)等几个阶段。

(A)中小规模集成电路计算机　　　　　　　(B)电子管计算机

(C)大规模、超大规模集成电路计算机　　　(D)晶体管计算机

18.下列数据中,比十进制数 99 大的有(　　　)。

(A)53H　　　　　　　(B)1100011B　　　　　(C)7EH　　　　　　　(D)1111110B

19.关于计算机算法的描述,正确的有(　　　)。

(A)算法首先必须是正确的,即对于任意的一组输入,包括合理的输入与不合理的输入,
　　总能得到预期的输出

(B)算法必须是由一系列具体步骤组成的,并且每一步都能够被计算机所理解和执行,而
　　不是抽象和模糊的概念

(C)每个步骤都有确定的执行顺序,即上一步在哪里,下一步是什么,都必须明确,无二
　　义性

(D)无论算法有多么复杂,都必须在有限步之后结束并终止运行,即算法的步骤必须是有
　　限的

20.下列属于音码的汉字输入法有(　　　)。

(A)谷歌拼音　　　　　(B)搜狗拼音　　　　　(C)QQ 五笔　　　　　(D)智能 ABC

21.下列对微型计算机性能指标的描述,正确的有(　　　)。

(A)字长越长,运算速度越快　　　　　　　(B)CPU 主频越高,运算速度越快

(C)内存容量越大,运算速度越快　　　　　(D)存取周期越小,运算速度越快

22.描述微型计算机的主要技术指标有(　　　)。

(A)字长　　　　　　　(B)运算速度　　　　　(C)存储容量　　　　　(D)价格高低

23.按存储介质的不同,计算机的外存储器可分为(　　　)。

(A)电存储器　　　　　　　　　　　　　　(B)光存储器

(C)半导体存储器(闪存)　　　　　　　　　(D)磁表面存储器

24.下列软件中,属于应用软件的有(　　　)。

(A)办公软件 Office 2010　　　　　　　　(B)三维动画软件 3Dmax

(C)即时通信软件 QQ、微信等　　　　　　(D)Windows 7

25.下列四个选项中,是我国自主品牌的计算机有(　　　)。

(A)联想　　　　　　　(B)清华同方　　　　(C)方正　　　　　　　(D)浪潮

26.下列四个选项中,不可能是十进制数码的是(　　)。

(A)8　　　　　　　　　(B)K　　　　　　　　(C)10　　　　　　　　(D)E

27.下列四个选项中,属于高级语言的是(　　)。

(A)C 语言　　　　　　(B)Java　　　　　　　(C)机器语言　　　　　(D)VB

28.与传统的 CRT 显示器相比,液晶显示器的优点有(　　)。

(A)辐射大　　　　　　(B)体积小　　　　　　(C)耗电量低　　　　　(D)美观

29.为了防止电脑硬件被损坏,开机后应该注意的是(　　)。

(A)不要插系统部件　　　　　　　　　　　(B)可插所需的系统部件

(C)可拔不需的系统部件　　　　　　　　　(D)不要拔系统部件

30.下列计算机应用领域中属于计算机辅助领域的是(　　)。

(A)CAD　　　　　　　(B)CAI　　　　　　　(C)CAM　　　　　　　(D)CAT

上 机 实 训

实验一　文字录入

【实验目的与要求】

1.熟练掌握英文的录入技巧。

2.熟练掌握中文的录入技巧。

【实验内容与步骤】

1.指法练习——按字母表顺序,输入 26 个英文字母。(10 秒钟)

2.汉字输入练习——任选一个输入法,输入本书前言内容。(15 分钟)

实验二　计算机拆卸与组装

【实验目的与要求】

1.熟练掌握微型计算机的组成部分及分布位置。

2.熟练掌握微型计算机的拆卸流程及注意事项。

3.熟练掌握微型计算机的组装流程及注意事项。

【实验准备 】

平口螺丝刀一把,十字螺丝刀一把,尖嘴钳一把,纸盒子一个,组装好的微型计算机若干台。

【实验内容与步骤】

整机拆卸

先让学生把一台组装好的计算机完整地拆卸下来,学生就能够很轻松地了解到计算机的组成部分以及每个部件的分布位置,从而为后面的计算机组装铺平道路,学生在学习的过程中也就很容易掌握了。

1.关闭电源

为了保证整个拆机过程的安全性,首先要切断电源,千万不要带电操作,对于显示器、电源等不得让学生自行拆开,因为它们是高压设备,即使在断电的情况下,如果操作不当,都可能会发生触电事故。

2.卸掉外部设备

首先认识一下外部接口,如图 1.8.1 所示。

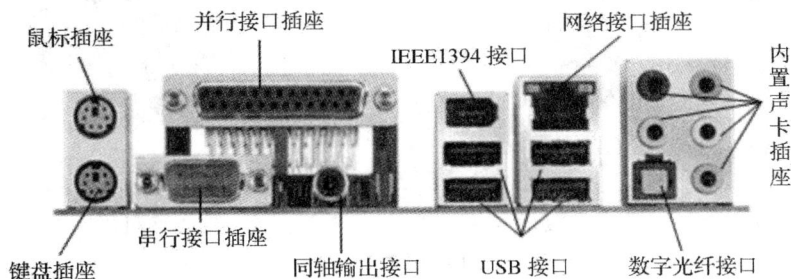

图中标注:
- 鼠标插座
- 并行接口插座
- 网络接口插座
- IEEE1394 接口
- 内置声卡插座
- 键盘插座
- 串行接口插座
- 同轴输出接口
- USB 接口
- 数字光纤接口

图　1.8.1

(1)拧开显示器与主机箱显卡的连接线,用力旋开左右螺丝,拔出连接线。(串行接口插座)

(2)拔掉网线,网线通过水晶头与网卡连接,带有一个卡子,需要注意的是一定要捏紧卡子才能拔出网线。(网络接口插座)

(3)拔除其他外围设备:键盘线、鼠标线(注意鼠标线有的是 USB 接口)、音箱线等。

注意:在拔线的过程中,千万不能用蛮力,也不要直接拉着线强行拔出,否则有可能造成连接线缆与内部金属线接触不良或断开现象。

3.打开机箱

首先认识机箱,如图 1.8.2 所示。

图中标注:
- 电源固定架
- 5 寸固定架
- 散热孔
- 主板固定孔
- 后挡板
- 底板
- 3 寸固定架
- 扩充挡板
- 指示灯连接线

图　1.8.2

打开机箱比较容易,如果有两个大螺母,直接逆时针旋转去掉螺母,稍用力向后拔就可打开。但学校机房所用的电脑机箱基本上都是小螺母,直接用手没办法用力,用十字螺丝刀按逆时针方向拧下螺丝,并把卸下来的小螺丝放在准备好的纸盒子里面。

4.拔掉电源线并卸掉电源

认识电源线接口,如图 1.8.3 所示。

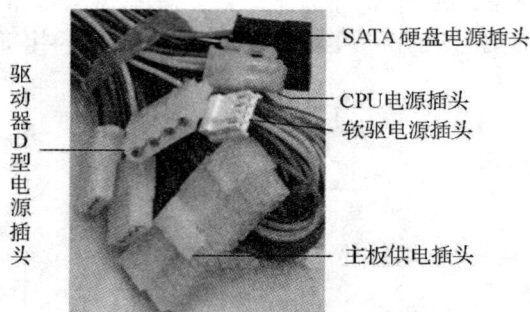

SATA 硬盘电源插头

驱动器 D 型电源插头

CPU电源插头
软驱电源插头

主板供电插头

图 1.8.3   图 1.8.4

首先找到电源与各个部件连接的位置,稍用力按住卡槽,向上或向后拔掉电缆线(主板、硬盘、光盘、指示灯等),然后用螺丝刀拧开机箱电源后侧的固定螺丝,再用手扶住电源,拧下螺丝将电源拆除,如图 1.8.4 所示。按照同样的方法拔掉其他的线缆。

5.拔除扩展卡

拆卸显卡、网卡等,用螺丝刀拧开螺丝,稍用力拔出,注意用力力度。

6.拆卸硬盘和光驱

硬盘的拆除的方法与电源的拆除方法基本一致,只是要先拆除机箱左侧板。光驱和软驱的拆除方法与硬盘也基本一样,区别在于光驱和软驱是从机箱前面板取出的。

7.卸掉主板

认识主板,如图 1.8.5 所示。

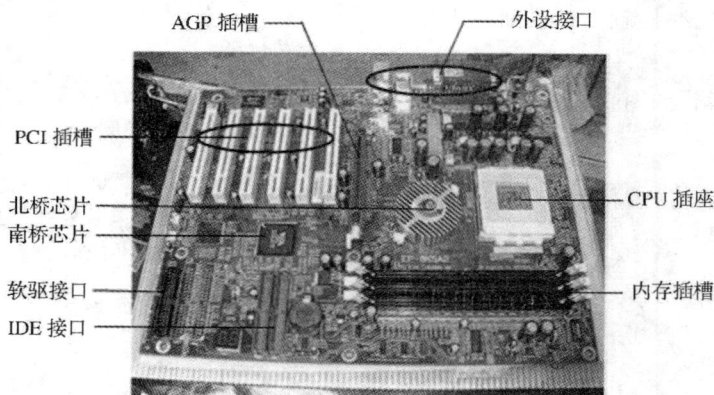

AGP 插槽   外设接口

PCI 插槽

北桥芯片
南桥芯片

软驱接口

IDE 接口

CPU 插座

内存插槽

图 1.8.5

用螺丝刀拧掉五个螺丝,注意用力力度,取出并放在小盒子里面。用尖嘴钳子捏紧塑料主板固定帽,轻力抬起主板。在拆卸的过程中一定要注意用力力度,在取出主板时,双手捏住主板两边,尽量不要触摸主板的其他位置,而且要小心地平放在操作台的垫子上。

8. 拔出内存

用左右手轻按内存插槽两侧的按钮,等到内存条自动弹出后,双手按住内存条两侧边缘,稍用力向上拔出即可。

9. 卸下 CPU 散热器并取出 CPU

老款扣件式散热器两边的形状是不同的,如图 1.8.6 所示。一头是简单的镂空小环,另一头是带有扶手的镂空小钩。下按带扶手的一侧,使其脱离 CPU 插座上的凸块,调整位置使另一端的小环也脱离凸块。捏住散热片,稍微用力上提即可卸除。散热器与 CPU 之间涂抹的硅脂具有一定的黏性,若卸除散热器时遇阻力,可尝试先捏住散热片轻微用力转动。

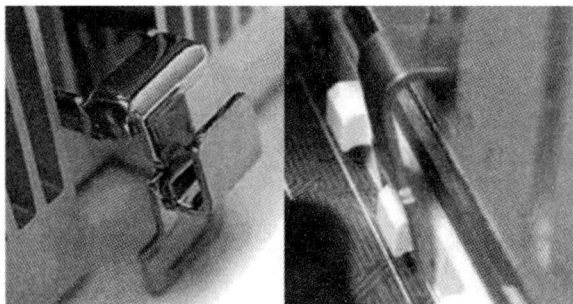

图　1.8.6

对于新款散热器的拆除,直接拧下固定在主板上的散热器支架的螺丝,将散热器与支架一起卸下即可。

卸下 CPU 散热器后,就能够看到固定在插座上的 CPU 了。拆卸 CPU 时,首先应将 CPU 插座旁边的 ZIF 拉杆外扳,如图 1.8.7 所示。离开设计在 CPU 插座旁边卡住拉杆的凸块后,将拉杆扳起至与主板垂直位置,然后捏住 CPU 陶瓷基板的两侧,微力上提即可取出 CPU。取出过程中应注意始终保持基板与主板的水平,切勿将 CPU 一角提前撬起,造成 CPU 针脚弯曲。取出的 CPU 应背板贴工作台面放置,防止针脚弯曲。图 1.8.8 所示为 Intel 处理器。

图　1.8.7

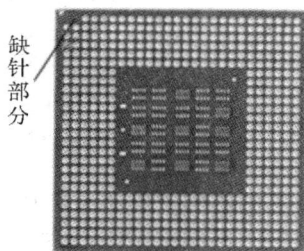

图　1.8.8

将拆下的各部件摆放整齐,除光驱等具有坚固外壳的设备允许叠放外,其他设备最好单独放置,收集的螺丝应全部放在小零件盒中。

【练习】微型计算机组装

在学会了整机拆卸后,整机组装就不难了,下面只是简单地列出了组装的步骤,请同学们结合教师指导,完成下列操作,并写出注意事项。

1. 安装机箱电源

操作流程：_____
_____
_____

注意事项：_____
_____
_____

2. 安装主板

操作流程：_____
_____
_____

注意事项：_____
_____
_____

3. 安装 CPU 和散热器

操作流程：_____
_____
_____

注意事项：_____
_____
_____

4. 安装内存条

操作流程：_____
_____
_____

注意事项：_____
_____
_____

5. 安装主板的电源线并连面板各按钮和指示灯插头

操作流程：_____
_____
_____

注意事项：_____
_____
_____

6. 安装显卡、声卡、网卡

操作流程：_____
_____
_____

注意事项：_____
_____
_____

7. 安装硬盘、光驱

操作流程：_____
_____
_____

注意事项：_____
_____
_____

8. 安装外部设备

操作流程：_____
_____
_____

注意事项：_____
_____
_____

9. 开机自检

开机后若安装正确，可检测出声卡和光驱的存在，硬盘要进入 BIOS 中查看，在自动检测硬盘(IDE HDD AUTO DETECTION)画面中即可看到安装的硬盘有关信息。

10. 整理机箱内的连线

(1)电源线捆在一起。

(2)面板上的信号线捆在一起。

(3)音频线单独捆在机箱上且离电源线远一些。

(4)装好机箱。

第 2 章 Windows 7 操作系统

由前面我们可以知道,计算机的系统包括硬件系统和软件系统,两者相辅相成,缺一不可,其中作为软件系统中的操作系统(Operating System,OS)就是管理和控制计算机硬件与软件资源的计算机程序,其他所有应用软件都必须依靠操作系统的支持才能运行。它是计算机系统中重要的系统软件,管理系统中各种软件和硬件资源,使其充分利用,提高资源利用率,并为用户提供一个方便的交互环境。操作系统在计算机系统中的地位如图 2.1.1 所示。

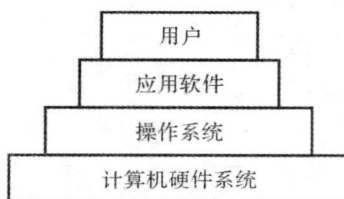

图 2.1.1

2.1 操作系统的基本概念

2.1.1 操作系统的功能

由图 2.1.1 可知,操作系统位于计算机硬件与应用软件、用户之间,是所有应用软件运行的平台,只有在操作系统的支持下,整个计算机系统才能正常运行。

操作系统的主要功能是资源管理、程序控制和人机交互等。计算机系统的资源可分为设备资源和信息资源两大类。设备资源指的是组成计算机的硬件设备,如中央处理器,主存储器,磁盘存储器,打印机,磁带存储器,显示器,键盘输入设备和鼠标等。信息资源指的是存放于计算机内的各种数据,如文件,程序库,知识库,系统软件和应用软件等。

一般来说,操作系统可以分为五大管理功能部分。

1. 处理器管理

处理器管理是操作系统的重要组成部分,它负责调度、管理和分配处理器并控制程序的执行。

2. 作业管理

作业管理主要是负责人机交互,图形界面或者系统任务的管理。

3. 文件管理

文件管理主要负责文件的逻辑组织和物理组织管理等。

4. 设备管理

设备管理主要是负责内核与外围设备的数据交互,实质是对硬件设备的管理,包括对输入输出设备的分配,初始化,维护与回收等。

5. 存储管理

存储管理主要负责数据的存储方式和组织结构管理等。（※考点:操作系统的功能）

2.1.2　操作系统的分类

操作系统有各种不同的分类标准,常用的分类标准如下:

1. 按使用范围

按使用范围,操作系统可分为通用操作系统和专用操作系统。前者可适应多种硬件平台,可安装在多个厂家生产的计算机上,如 Linux,Windows;后者只能在特定的系统上工作,如 IBM OS/360。

2. 按能够支持的用户数

按能够支持的用户数,操作系统可以分为单用户操作系统和多用户操作系统

3. 按使用环境

按使用环境,操作系统可分为批处理操作系统、分时操作系统和实时操作系统（※考点:操作系统的分类）

2.1.3　常用的操作系统

1. Windows 操作系统

Microsoft Windows 是美国微软公司研发的操作系统,于 1985 年问世,起初仅仅是 Microsoft - DOS 模拟环境,后续的系统版本由于微软不断的更新升级,简单易操作,慢慢地成为人们喜爱的操作系统,也是目前世界上使用最广泛的操作系统。

Windows 采用了图形化模式 GUI,与最早 DOS 需要键入指令使用相比更为人性化。随着电脑硬件和软件的不断升级,微软的 Windows 也在不断更新换代,从架构的 16 位、32 位再到 64 位,甚至 128 位,系统版本从最初的 Windows 1.0 到后来的 Windows 98,Windows ME,Windows 2000,Windows 2003,Windows XP,Windows Vista,Windows 7,Windows 8,Windows 8.1,Windows 10（预览版）和 Windows Server 服务器企业级操作系统,不断持续更新,微软一直在致力于 Windows 操作系统的开发和完善,如图 2.1.2 所示。2015 年 6 月 1 日,微软官方博客宣布 Windows 10 将于 7 月 29 日面向 190 个国家发布,并至少发布 7 个版本。

2. Linux 系统

Linux 最初由芬兰人 Linus Torvalds 开发,其源程序在 Internet 上公开发布。由此引发了全球计算机爱好者的开发热情,许多人下载该源程序并按自己的意愿完善某一方面的功能,再发回网上,由于不断完善和发展,Linux 也因此逐渐成为一个最稳定的、最有发展前景的操作系统。

图 2.1.2

目前,Linux 正在全球各地迅速普及推广,各大软件商(如 Oracle,Sybase,Novell 和 IBM 等)均发布了 Linux 版的产品,许多硬件厂商也推出了预装 Linux 操作系统的服务器产品。另外,还有不少公司或组织有计划地收集有关 Linux 的软件,组合成一套完整的 Linux 发布版本上市,比较著名的有 Redhat(即红帽子,其 Linux 界面见图 2.1.3)和 Slackware 等公司。目前较为流行的版本有 Redhat Linux、红旗 Linux 等。Linux 系统现在应用也越来越广泛。

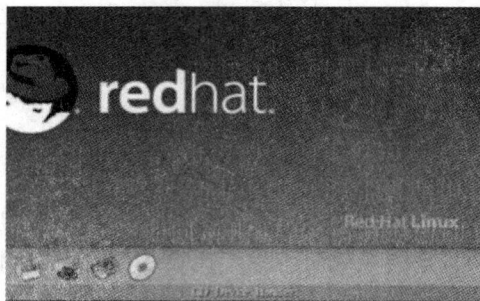

图 2.1.3

3. Unix 系统

Unix 系统是 1969 年问世的,最初是在中小型计算机上运用。最早移植到 80286 微机上的 Unix 系统,称为 Xenix。Xenix 系统的特点是短小精干、系统开销小、运行速度快。经过多年的发展,Xenix 已成为十分成熟的网络操作系统,最新版本的 Xenix 是 SCO Unix(见图 2.1.4)和 SCO CDT。当前的主要版本是 Unix 3.2 V4.2 以及 ODT 3.0。(※考点:常用的操作系统)

图 2.1.4

2.1.4　Windows 操作系统的主要特点

Windows 操作系统模拟了现实世界的行为,是窗口操作,易于理解、学习和使用。

1. 用户界面统一、友好

Windows 应用程序大多符合 IBM 公司提出的 CUA (Common User Acess)标准,所有的程序拥有相同的或相似的基本外观,包括窗口、菜单、工具条等。用户掌握其中的一个,就不难学会其他软件,从而减少了用户培训学习的费用。

2. 丰富的图形操作

Windows 的图形设备接口(GDI)提供了丰富的图形操作函数,可以绘制出诸如线、圆、框等的几何图形,并支持各种输出设备。

3. 多任务

Windows 是一个多任务的操作环境,允许用户同时运行多个应用程序,或者在程序中同时做几件事情。每个程序占用屏幕上的一个矩形区域,这个区域被称为窗口,该窗口可以重叠。用户可以移动这些窗口,并可以在不同的应用程序之间切换。

虽然在同一时间,计算机可以运行多个应用程序,但只有一个是活动的,并突出显示标题栏。一个活动程序是指在当前可接受用户键盘输入的程序。(※考点:Windows 操作系统的主要特点)

2.2　Windows 7 操作系统的基本操作

2.2.1　Windows 7 操作系统的特点

Windows 7 主要围绕以下五个方面进行设计:针对笔记本电脑的特有设计,基于应用服务的设计,用户的个性化,视听娱乐的优化,用户易用性的新引擎。跳跃列表、系统故障快速修复等,这些新功能令 Windows 7 成为最易用的 Windows。

1. 安全

Windows 7 包括了改进的安全和功能合法性,还会把数据保护和管理扩展到外围设备。Windows 7 改进了基于角色的计算方案和用户账号管理,在数据保护和坚固协作的固有冲突之间搭建沟通桥梁,同时也会开启企业级的数据保护和权限许可。

2. 易用

Windows 7 简化了许多设计,如快速最大化、窗口半屏显示、跳转列表(Jump List)、系统故障快速修复等。

3. 简单

Windows 7 将会让搜索和使用信息更加简单,包括本地、网络和互联网搜索功能,直观的用户体验将更加高级,还会整合自动化应用程序提交和交叉程序数据透明性。

4. 效率

Windows 7 中,系统集成的搜索功能非常强大,只要用户打开"开始"菜单并开始输入搜索内容,无论是要查找应用程序还是文本文档等,搜索功能都能自动运行,给用户的操作带来极大的便利。

5.小工具

Windows 7 的小工具更加丰富,小工具可以放在桌面的任何位置,从而为用户带来方便。(※考点:Windows 7 操作系统的特点)

2.2.2 Windows 7 操作系统的基本操作

1.Windows 7 操作系统的启动与退出

(1)启动 Windows 7(先开显示器电源,再开主机电源)。

(2)Windows 7 的退出(计算机的关闭):鼠标左键单击屏幕左下角"开始"按钮→"开始"菜单→"关机"如图 2.2.1 所示,系统自动切断主机箱电源,然后用户关闭显示器电源开关(※考点:Windows 7 操作系统的启动与退出)

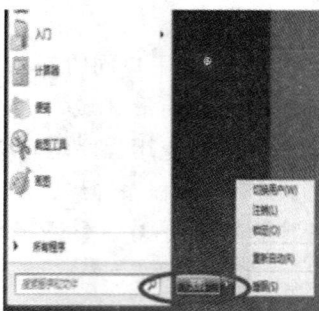

图 2.2.1

2.Windows 7 桌面的操作

(1)任务栏。任务栏一般在桌面的下方,位置可调整。
包括"开始"按钮、快速启动区、应用程序图标、"计划任务程序"按钮、输入法状态、时钟等基本元素,如图 2.2.2 所示。

图 2.2.2

任务栏的最左边是"开始"按钮。单击该按钮,出现"开始"菜单。

"开始"按钮具有打开应用程序、进行系统设置(如控制面板、打印机、文件夹等)、打开文档数据、查找文件、运行应用程序文件,以及关闭 Windows 7 视窗等功能。

任务栏的左边部分是"快速启动"工具栏按钮,默认情况不显示。任务栏的中间部分是活动程序的最小化的应用程序,因为 Windows 7 是多任务操作系统,计算机可以同时运行几个程序,运行的程序会在任务栏中显示相应的任务按钮。

任务栏的右边是音量、输入法、时间等显示开关及计算机设置状态的图标和系统日期与时间的显示,最右边是显示桌面。

通过右键单击任务栏,选择任务栏属性,在"任务栏"选项卡中,有"锁定任务栏"、"自动隐藏任务栏"、"使用小图标"、"任务栏位置"、"任务栏按钮"等 5 个选项可供选择,如图 2.2.3 所示。(※考点:Windows 7 任务栏)

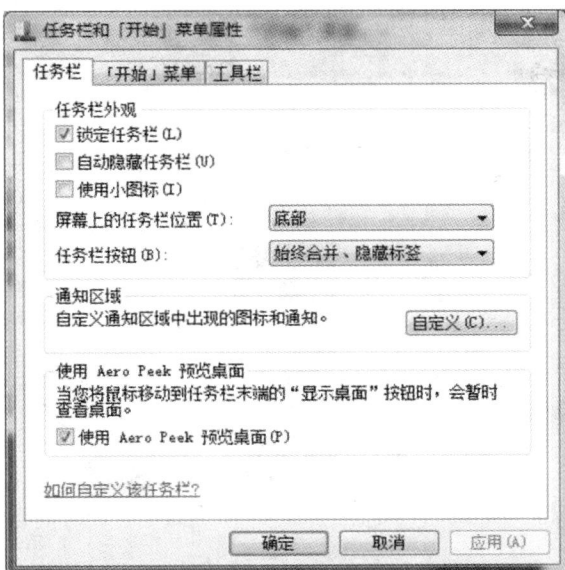

图　2.2.3

（2）Windows 7 桌面。

1）桌面图标组成：桌面上显示一系列图标，如图 2.2.4 所示。

图　2.2.4

2）系统组件图标：我的电脑、我的文档、网上邻居、Internet Explorer、回收站、我的公文包等。

3）快捷方式图标：用户在桌面上创建的应用程序的图标。

4）文件和文件夹图标：用户在桌面上创建的文件或文件夹。

（3）Window 7 桌面图标的基本操作。

1）更改桌面图标：右键单击桌面→快捷菜单中"个性化"命令→"个性化"窗口→"更改桌面图标"按钮，如图 2.2.5 所示。

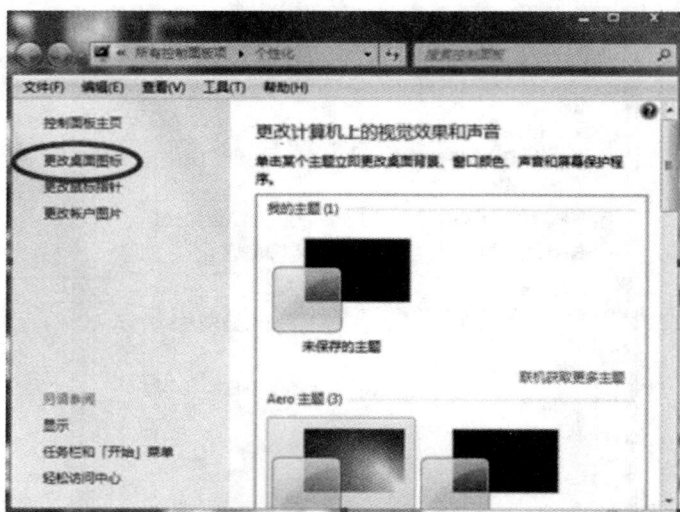

图　2.2.5

2)创建桌面图标:右键单击桌面→快捷菜单中"新建"命令→选择"文件夹",如图 2.2.6 所示。

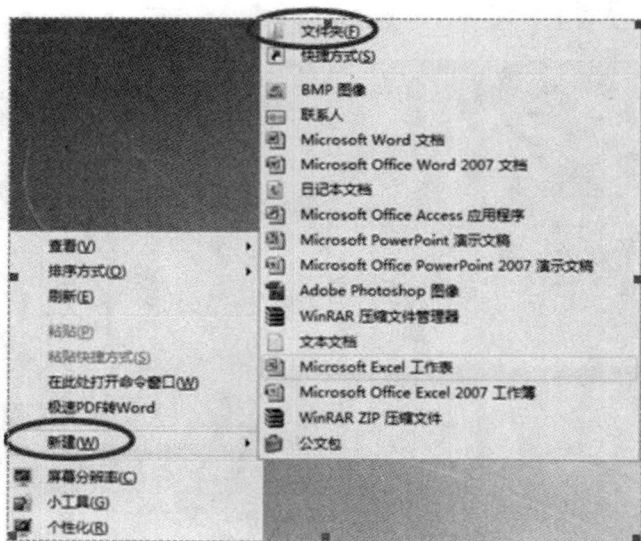

图　2.2.6

3)图标重命名:选择对象→右键快捷菜单选择"重命名"命令,如图 2.2.7 所示。

4)图标删除:选择对象→右键快捷菜单中选择"删除"命令或在键盘上按下"Delete"键。

5)图标排列:右键单击桌面→快捷菜单中选择"排序方式"命令→选择"排序方式"命令(※考点:Windows 7 桌面)

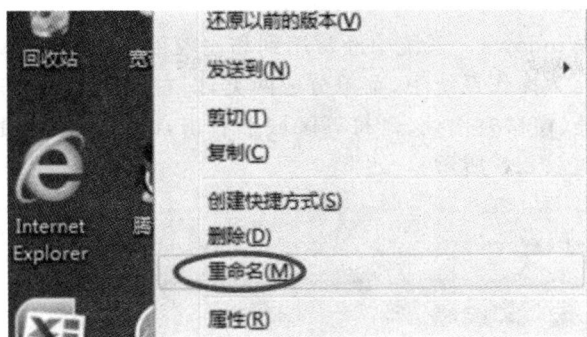

图　2.2.7

3.鼠标操作

鼠标的基本操作主要有移动、单击、双击、右击、拖曳五种操作。

(1)移动:通过移动鼠标使屏幕上的光标作同步移动。

(2)单击:移动鼠标指针指向对象,然后快速按下鼠标左键并弹起的过程。用于选取某个对象。

(3)双击:移动鼠标指针指向对象,连续两次单击鼠标左键并弹起的过程。用于打开窗口或启动某个程序。

(4)右击:也称为右键单击,移动鼠标指针指向对象,快速按下鼠标右键并弹起的过程。用于弹出快捷菜单。

(5)拖曳:移动鼠标指针指向对象,按住鼠标左键的同时移动鼠标指针到其他位置,然后释放鼠标左键的过程。用于在屏幕上移动某个对象。(※考点:鼠标的基本操作)

4. Windows 7 窗口操作

(1)移动窗口:鼠标指向标题栏,按下鼠标左键同时拖动,如图 2.2.8 所示。

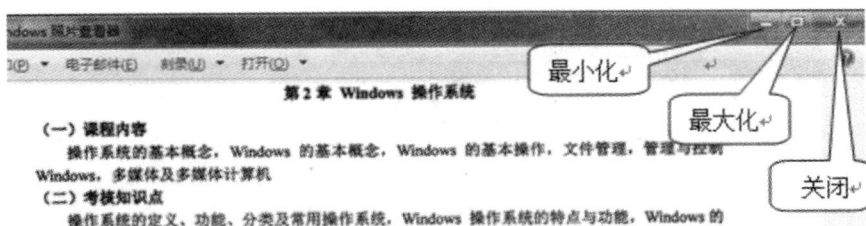

图　2.2.8

(2)最小化窗口:单击窗口右上角的"最小化"按钮。

(3)最大化窗口:单击窗口右上角的"最大化"按钮。

(4)恢复窗口:单击窗口右上角的"还原"按钮。

(5)改变窗口大小:鼠标指向窗口边界,单击并移动鼠标。

(6)关闭窗口:单击窗口右上角的"关闭"按钮。

注意:只有在窗口最大化的情况下,才有"还原"按钮。(※考点:窗口的基本操作)

5. Windows 7 对话框和控件

除了窗口以外，在 Windows 7 系统中经常用到和比较重要的组件还有菜单和对话框。

（1）菜单。Windows 7 操作系统中，菜单分成两类，即右键快捷菜单和下拉菜单。

在文件、桌面空内处、窗口空白处、盘符等区域上右击，即可弹出快捷菜单，其中包含对选择对象的操作命令，如图 2.2.9 所示。

图　2.2.9

另外一种菜单是下拉菜单，用户只需单击不同的菜单，即可弹出下拉菜单。例如在【计算机】窗口中单击【查看】菜单，即可弹出一个下拉菜单，如图 2.2.10 所示。

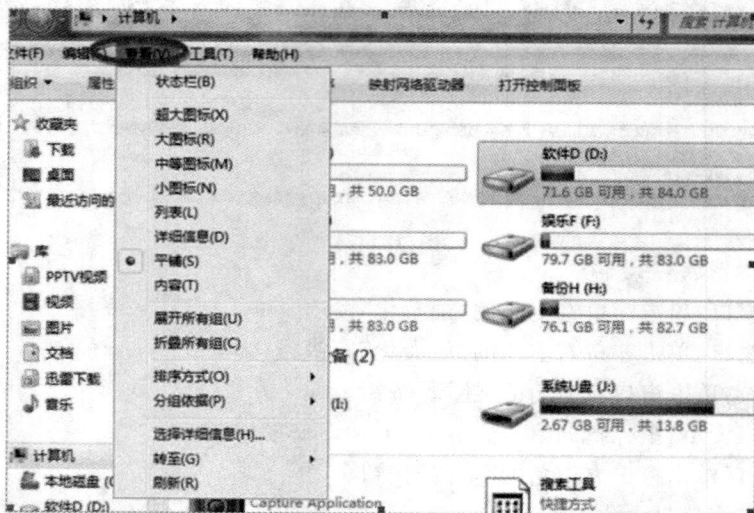

图　2.2.10

（2）Windows 7 对话框。在 Windows 7 操作系统中，对话框是用户和计算机进行交流的桥梁。用户通过对话框的提示和说明，可以对计算机系统或软件进行进一步操作。

一般情况下，对话框中包含多种选项，以"系统属性"为例，说明如下：

1）选项卡。选项卡大多用于对一些比较多的选项分页，单击选项卡可以实现页面的切换，如图 2.2.11 所示。

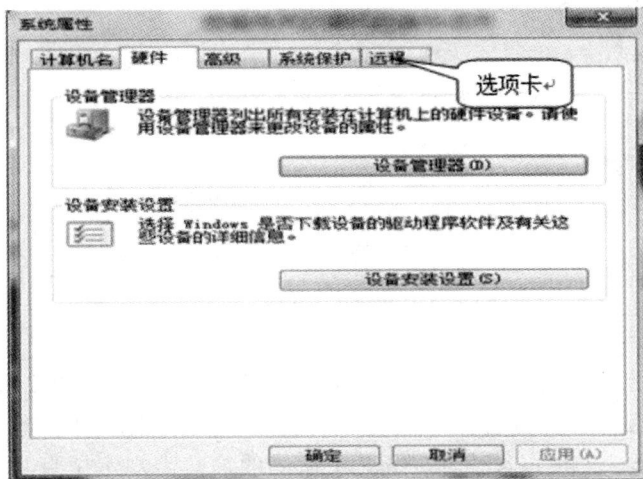

图 2.2.11

2）文本框。文本框可以让用户输入和修改文本信息。如图 2.2.12 所示，通过文本框可以添加计算机描述。

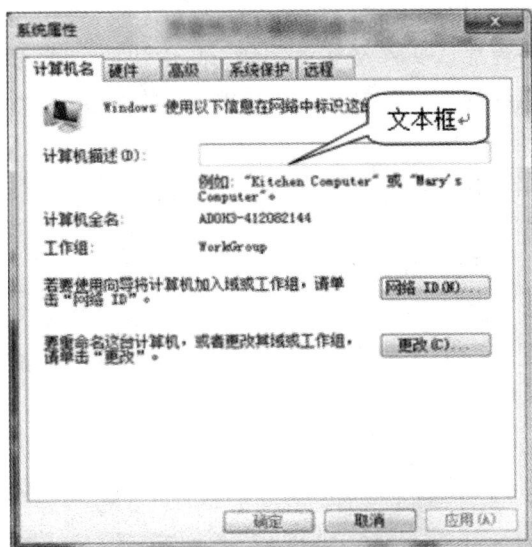

图 2.2.12

3）按钮。按钮在对活框中用于执行某项命令，通过单击按钮可实现某项功能。如图 2.2.13 所示，通过"设置"按钮，可以对"性能"进行下一步的操作。

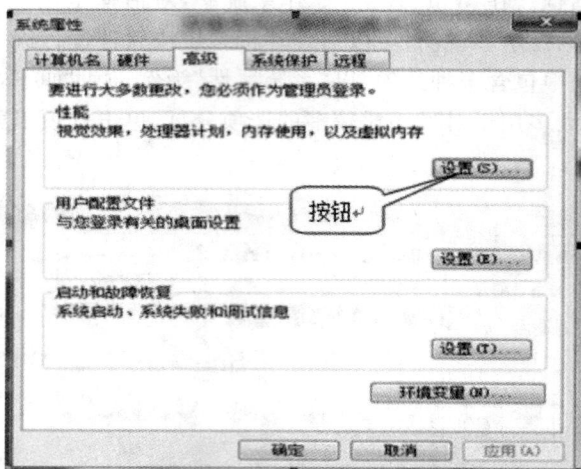

图 2.2.13

注意：Windows 控件指的是 Windows 系统预定义的标准控件，如按钮控件、编辑控件和列表控件等。这些预定义控件实际是一种特殊的子窗口，主要供用户同应用程序的交互之用。和普通窗口类一样，每一个预定义控件也都是由所属的窗口类规定了自身的外观属性和具有的功能。（※考点：Windows 7 对话框）

6. Windows 7 快捷方式

快捷方式是 Windows 系统提供的一种快速启动程序、打开文件或文件夹的方法，快捷方式的扩展名为 * . lnk。

给程序、文件、文件夹新建快捷方式通常有两种方法。

方法一：右键点击某个程序或文件夹→发送到→桌面快捷方式，就会在桌面生成这个程序或文件夹的快捷方式，在图标的左下角显示一个小箭头，表示其是一个快捷方式，如图 2.2.14 所示。

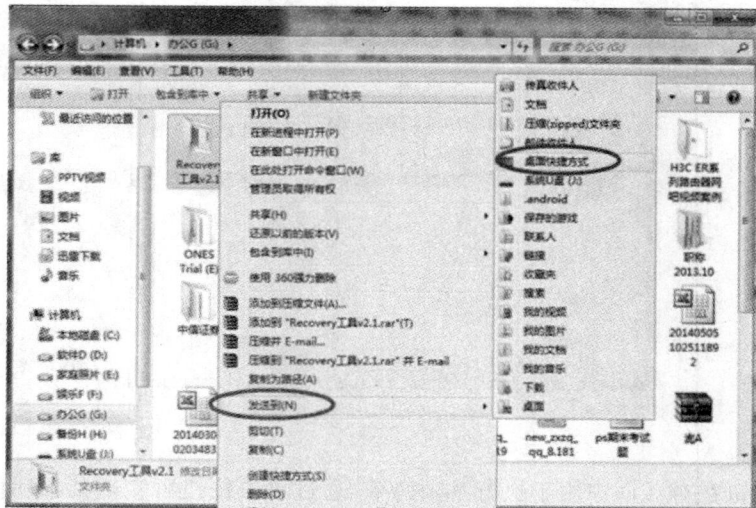

图 2.2.14

方法二：在桌面空白处单击右键，在弹出的菜单中选择新建→快捷方式，如图 2.2.15 所示。

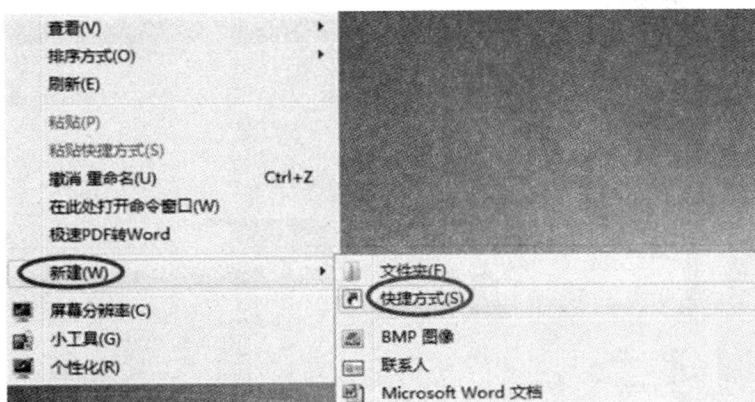

图　2.2.15

在弹出的窗口中，单击"浏览"，选择需要建立的程序或文件夹，即可为所需要的程序或文件新建快捷方式，如图 2.2.16 所示。

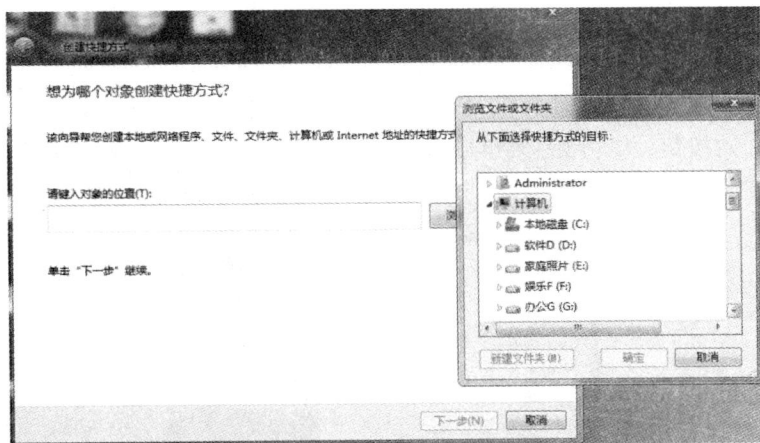

图　2.2.16

注意：有的人为了方便，经常把文件直接放在桌面上，这样是否可行呢？理论上是可以的，但是因为桌面就是一个系统文件夹，一开机系统会将桌面上原有的文件复制进来，如果桌面保存很多文件，且容量又很大，就会严重影响开机速度。而快捷方式文件本身很小，不会对桌面的正常运行造成很大的负担，且便于管理。在系统崩溃无法开机时，也不至于把重要的文件丢失。（※考点：Windows 7 快捷方式的使用）

7. 回收站及其应用

在 Windows 系统中，为了方便管理计算机的文件，很多文件需要定期清理或删除，但对某个文件进行删除操作时，此时文件并没有被真正删除，而是进入了回收站。如果想恢复被丢弃的文件，可以打开回收站，将删除的文件进行还原；如果确定要删除，以释放磁盘空间，则在回收站窗口选中文件,按〈Delete〉键即可删除;若需全部删除,按"清空回收站"按钮,即可把回收站清空。如图 2.2.17 所示。

图　2.2.17

注意:清空回收站后,此对象将从计算机硬盘中彻底删除,所以在清空回收站时应该谨慎操作。(※考点:回收站的使用)

8. Windows 7 控制面板

为了方便用户查看并操作计算机,Windows 系统提供了控制面板,点击 Windows 7 桌面左下角的圆形开始按钮,从"开始"菜单中选择"控制面板"即可打开 Windows 7 系统的控制面板,如图 2.2.18 所示。

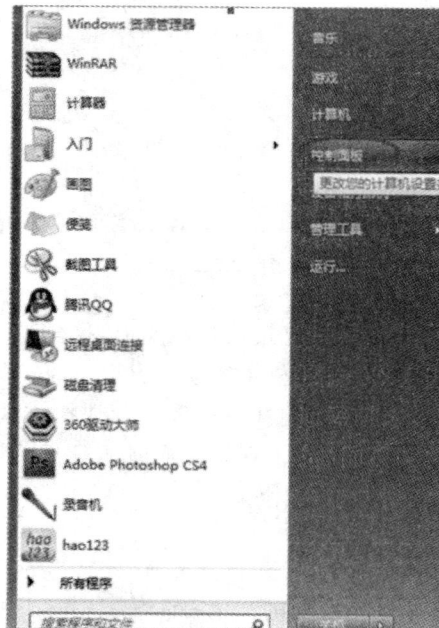

图　2.2.18

Windows 7 系统的控制面板缺省以"类别"的形式来显示功能菜单,分为系统和安全、用户账户和家庭安全、网络和 Internet、外观和个性化、硬件和声音、时钟语言和区域、程序、轻松访问等类别,每个类别下会显示该类的具体功能选项,如图 2.2.19 所示。

图　2.2.19

另外,控制面板中还提供了方便的搜索功能,只要在控制面板右上角的搜索框中输入关键词,回车后即可看到控制面板功能中相应的搜索结果,这些功能按照类别作了分类显示,一目了然,极大地方便用户快速查看功能选项。

常用的系统配置有"显示"设置 、"日期/时间"设置 、"键盘"设置 、"鼠标"设置 、添加新硬件 、添加/删除程序 、网络设置、用户账户管理等。

(1)"显示"设置。单击"开始"→"控制面板"→"显示",打开"显示"选项,可以在此进行"调整分辨率""设置自定义文本大小"等设置,如图 2.2.20、图 2.2.21 所示。

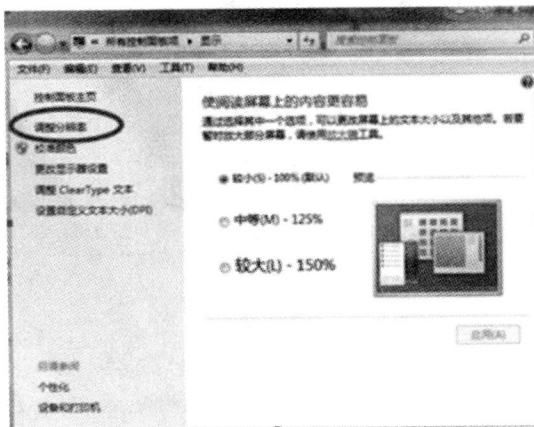

图　2.2.20

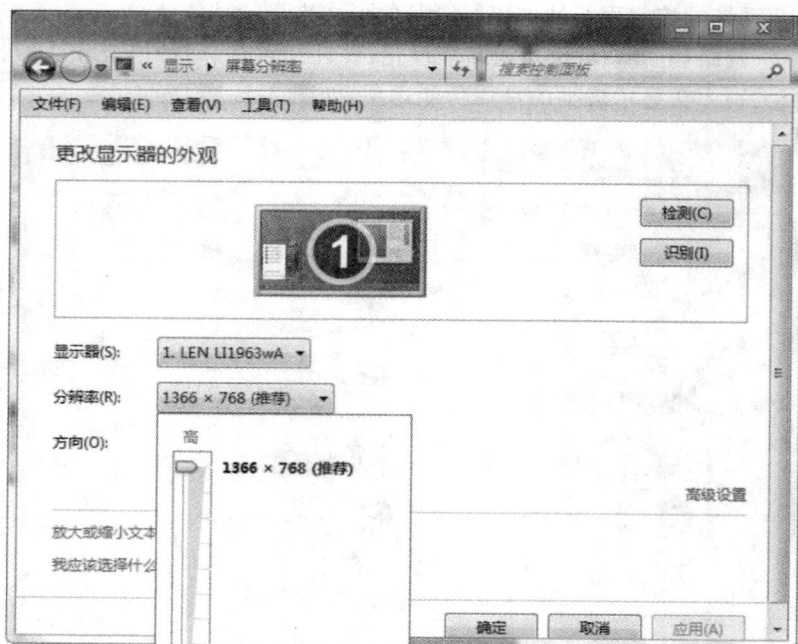

图 2.2.21

(2)"日期/时间"设置。单击"开始"→"控制面板"→"日期和时间",如图 2.2.22 所示,更改日期和时间如图 2.2.23 所示,更改时区如图 2.2.24 所示。

(3)鼠标设置。单击"开始"→"控制面板"→"鼠标",如图 2.2.25 所示,可以进行"鼠标键设置"(见图 2.2.25)、"指针设置"(见图 2.2.26)、"指针选项设置"(见图 2.2.27)等。

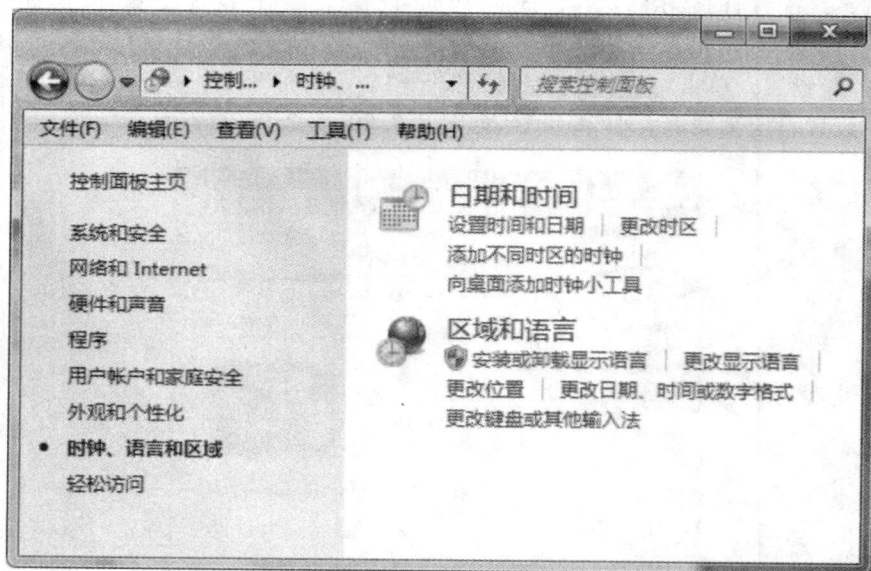

图 2.2.22

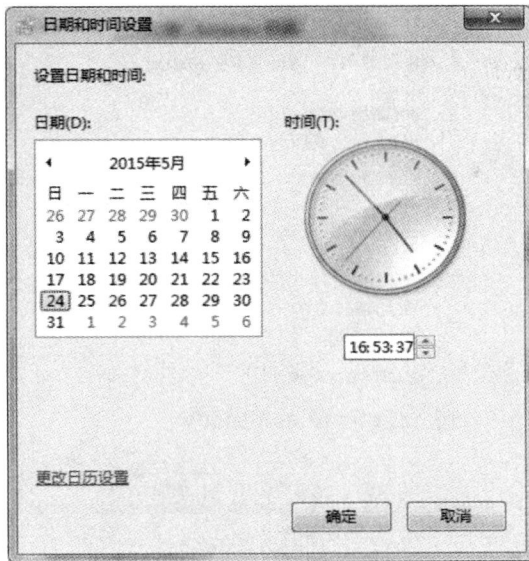

图　2.2.23

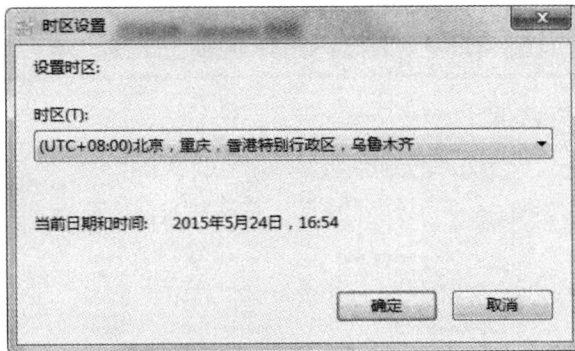

图　2.2.24

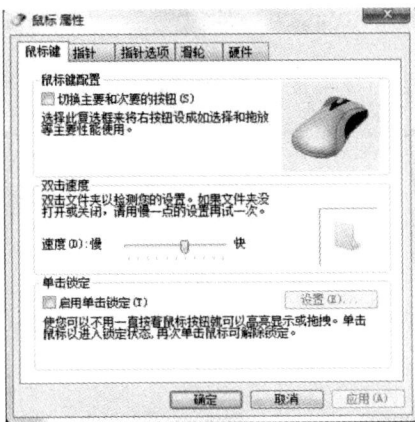

图　2.2.25

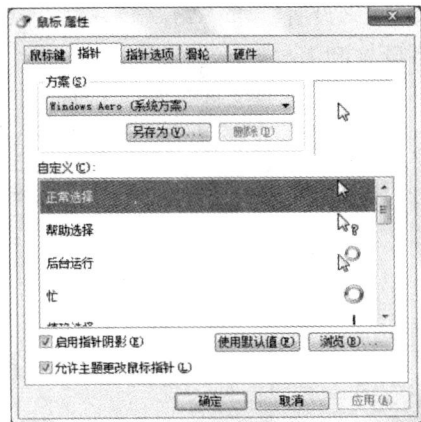

图　2.2.26

图 2.2.27

(4)删除程序。单击"开始"→"控制面板"→"程序和功能",如图 2.2.28 所示,若要卸载某个程序,可以从列表中将其选中,然后单击"卸载"。

图 2.2.28

(5)网络设置。单击"开始"→"控制面板"→"网络和 Internet",如图 2.2.29 所示,可以进行网络设置和 Internet 选项设置。

图 2.2.29

(6)用户管理。建立新用户,操作步骤如下:

1)单击"开始"→"控制面板"→"用户账户和家庭安全"→"用户账户",单击"添加或删除用户账户",如图 2.2.30 所示。

图　2.2.30

2)在对话框中为新账户添加一个名字,并在该对话框中选择"管理员"或"标准用户",设置完成后单击"创建帐户",即可完成新账户的创建,如图 2.2.31 所示。(※考点:控制面板的基本使用)

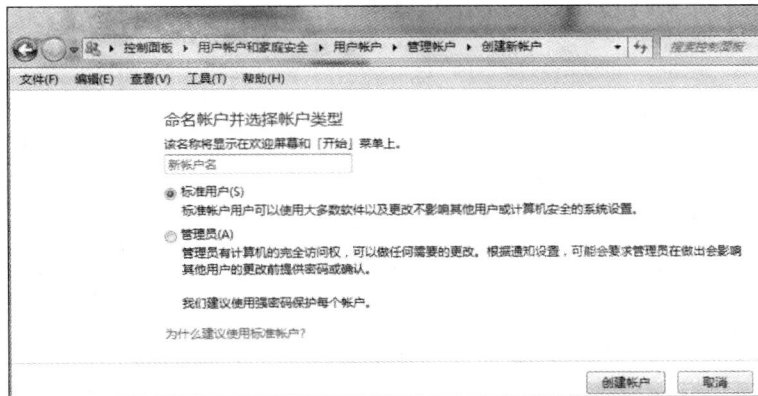

图　2.2.31

2.3　Windows 7 文件管理

2.3.1　文件和文件夹的概念

1.文件和文件夹

文件是有名称的一组相关信息的集合,任何程序和数据都是以文件的形式存放在计算机的外存储器(如磁盘、光盘等)上的。每个文件都有一个文件名,文件名是计算机存取文件的依据,即按名存取。

文件夹是用来协助人们管理计算机文件的,每一个文件夹对应一块磁盘空间,Windows 7

采用树型结构以文件夹的形式组织和管理文件,如图 2.3.1 所示。

图 2.3.1

2.文件和文件夹的命名规则

(1)在文件名或文件夹名中最多可以有 255 个字符。

(2)文件的文件名由"文件名.拓展名"组成,拓展名通常由系统自动给出。

(3)文件名或文件夹名中不能出现以下字符:/ \ : * ? " < > |。

(4)不区分大小写字母,例如,ABC 和 abc 是同一个文件名。

(5)文件名和文件夹名可以由字母、数字、汉字或下划线等组成。

注意:在同一个文件夹目录中不能有相同的子文件夹名,但是不同文件夹中可以有相同的子文件夹名。(※考点:文件和文件夹概念)

2.3.2 文件和文件夹的基本操作

1.新建文件或文件夹

新建文件或文件夹的方法有 3 种:

(1)单击工具栏上的"新建文件夹"命令。

(2)右窗格空白处单击右键→快捷菜单中单击"新建"→新建系统提供可供使用的类型文件,如图 2.3.2 所示。

(3)"文件"菜单→"新建"命令→新建文件夹或各种文件。

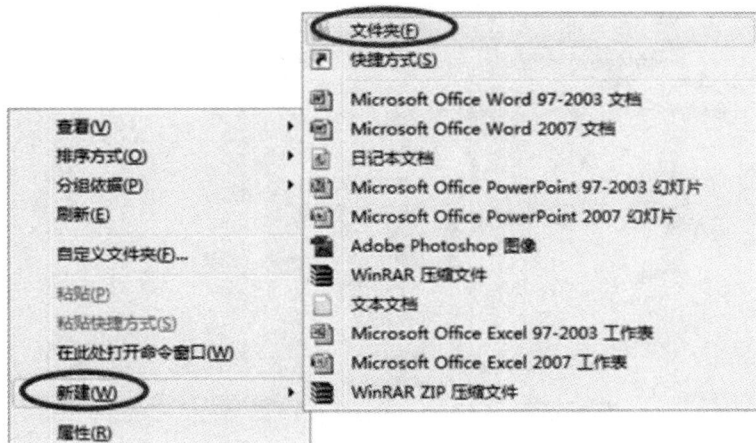

图　2.3.2

2.选取文件或文件夹

(1)单个:单击。

(2)连续多个:Shift+单击或者按住鼠标左键不放拖动选择。

(3)不连续多个:Ctrl+单击,如图 2.3.3 所示。

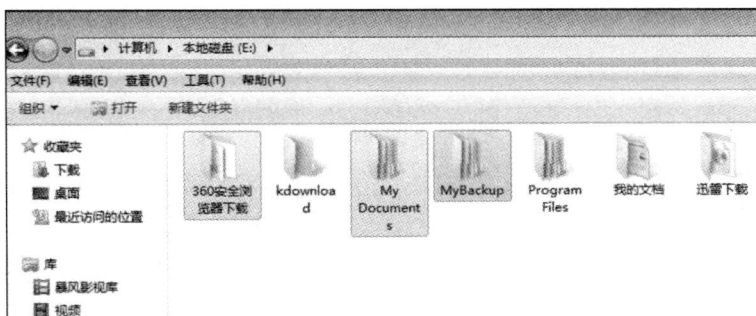

图　2.3.3

(4)全部选择对象:Ctrl+A。

(5)撤销选择。

1)全部撤销:单击其他地方。

2)撤销一个:按住 Ctrl,单击要撤销的文件。

3.重命名文件或文件夹

重命名文件或文件夹的方法有 3 种:

(1)右窗格空白处单击右键→快捷菜单中连接"重命名"命令,如图 2.3.4 所示。

(2)"文件"菜单→"重命名"命令。

(3)两次单击文件名→输入新文件名。

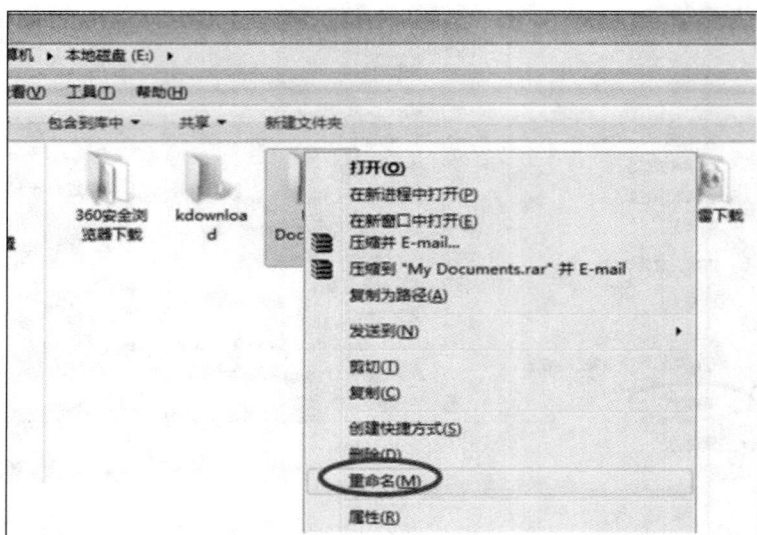

图 2.3.4

4.复制、剪切文件或文件夹

(1)复制:选择文件或文件夹,右击选择"复制"(Ctrl+C),打开目标位置,右击选择"粘贴"(Ctrl+V)命令,即可完成复制,如图2.3.5所示。

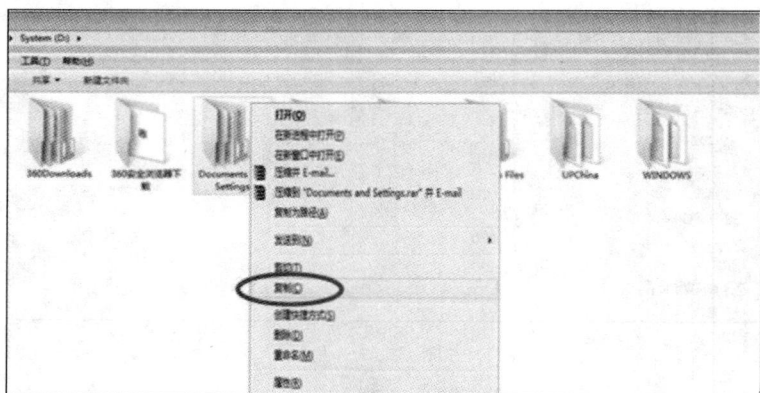

图 2.3.5

(2)剪切:选择文件或文件夹,右击选择"剪切"(Ctrl+X),打开目标位置,右击选择"粘贴"命令,则把目标文件或文件夹粘贴到新的位置。

注意:复制和剪切的区别是,复制是相当于把你想要的文件放到另一个地方,但是两个地方都有这个文件,得到的是内容一样的文件。剪切是把你想要的文件移动到另一个地方,原来的文件就不存在了,相当于换了一个位置。

5.删除文件或文件夹

(1)选中需要删除的文件,在右键快捷菜单中选中"删除"命令→在"确认文件删除"对话框中进行选择。

（2）选中需要删除的文件，"文件"菜单→"删除"命令。

（3）选中需要删除的文件，按键盘上的"Delete"键。，

注意：桌面上打开"回收站"→选中对象→单击回收站工具栏上"还原此项目"按钮，将该文件还原到原来位置；单击工具栏上的"清空回收站"按钮，在弹出的确认删除对话框中单击"是"，将回收站的内容彻底清空，这样被删除的文件将不能再恢复。

6. 查找文件和文件夹

为方便用户查找文件和文件夹，Windows 7 系统提供了搜索查找功能。

打开"计算机"（即"我的电脑"），点击右上角"搜索 计算机"。把需要搜索的文件或文件夹的文件名输入进去，即可进行搜索，如图 2.3.6 所示。

例如：在搜索框里输入"路由器"，就会把与路由器有关的文件（文件夹）"全部搜索出来，如图 2.3.7 所示。

图　2.3.6

图　2.3.7

对于不能确定的文件或文件夹，可以使用通配符"＊"和"?"。其中"?"表示一个字符，"＊"表示一个字符串，如图 2.3.8 所示。

图 2.3.8

7.设置属性

文件夹的"属性"有只读、隐藏、存档三项,如图 2.3.9 所示。

只读:文件设置"只读"属性后,用户不能修改。

隐藏:文件设置"隐藏"属性后,文件将被隐藏起来。通过"工具"→"文件夹选项"→"查看"→"显示隐藏的文件、文件夹和驱动器"可以把隐藏的文件显示出来。

存档:检查该对象自上次备份以来是否被修改。（※考点:文件和文件夹的基本操作）

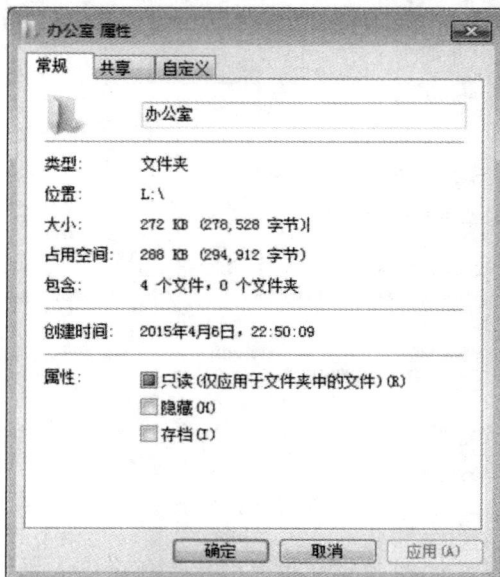

图 2.3.9

2.3.3　资源管理器

1. "资源管理器"窗口的组成

"资源管理器"窗口包括标题栏、菜单栏、工具栏、地址栏、左窗格、右窗格、状态栏、滚动条等。

2. 启动资源管理器

单击"开始"→"所有程序"→"附件"→"Windows 资源管理器"选项,启动资源管理器,如图 2.3.10 所示。

图　2.3.10

可以发现,启动资源管理器后,打开了一个"库",库是在 Windows 7 中引入的概念,与 XP 系统中的"我的文档"类似,分文档、图片、音乐、视频四个库,库是一个虚拟文件夹,操作与普通的文件夹一样,是"我的文档"的进一步加强。(※考点:资源管理器)

2.3.4　Windows 7 磁盘管理

1. 查看磁盘的常规属性

打开"计算机",右键单击某磁盘→在弹出的快捷菜单中选择"属性"命令→在弹出"磁盘属性"对话框中查看此盘的基本信息,如总容量、已用空间、可用空间等,如图 2.3.11 所示。

2. 磁盘碎片整理程序

磁盘碎片整理程序是一种用于分析本地卷以及查找和修复碎片文件和文件夹的系统实用程序。产生磁盘碎片的主要原因是 Windows 内存管理程序对硬盘频繁地读/写,从而产生大量的碎片。另外,系统或应用程序频繁生成的临时文件,也会产生磁盘碎片,例如:浏览器在浏览网页时,由于需不断地进行缓存,就会产生大量的磁盘碎片。碎片越多,计算机的文件输入/输出系统性能就越低,过多的磁盘碎片,会造成硬盘磁头读/写隶属一个文件的数据时不断地在不同的地方搜索和读取,由此降低了系统运行的效率和速度,时间久了,也会降低硬盘的使用寿命。所以在日常使用计算机的过程中,有必要定期对磁盘碎片进行分析和整理,以提高磁盘的利用效率。如图 2.3.12、图 2.3.13 所示。

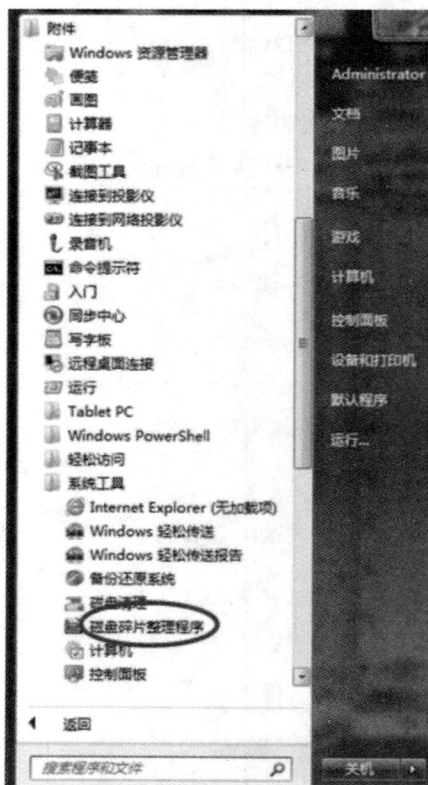

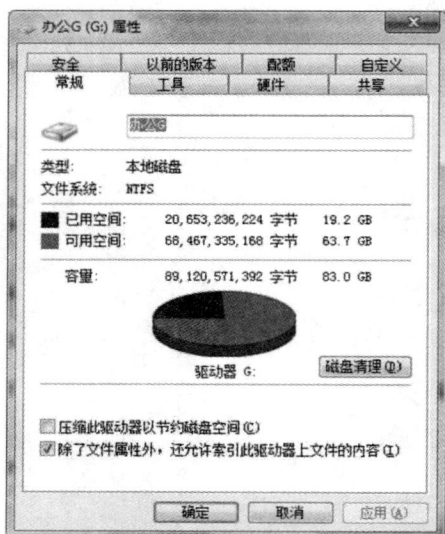

图　2.3.11　　　　　　　　　　　　　　　　　　图　2.3.12

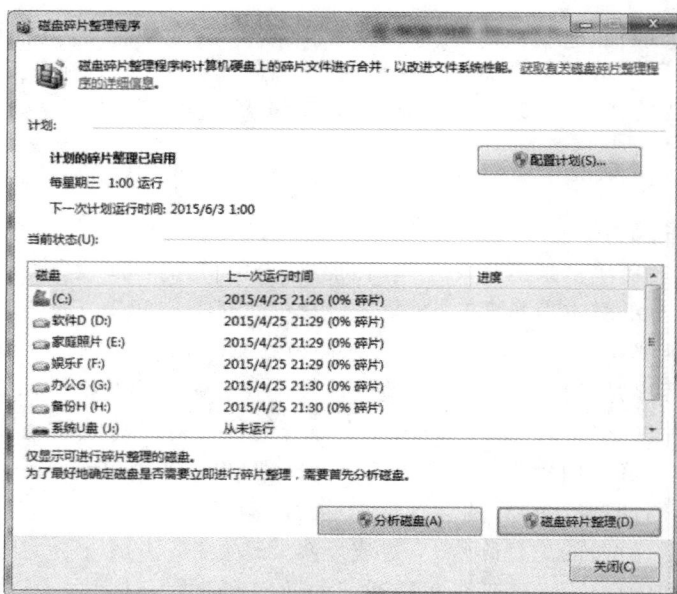

图　2.3.13

3.清理磁盘空间

磁盘清理程序帮助释放硬盘驱动器空间。磁盘清理程序搜索驱动器,然后列出临时文件、Internet 缓存文件和可以安全删除的不需要的程序文件。可以使用磁盘清理程序将这些文件部分或全部删除。适当的清理可以加速电脑系统的运行速度。

打开磁盘清理的步骤:开始→附件→系统工具→磁盘清理,如图 2.3.14~图 2.3.16所示。

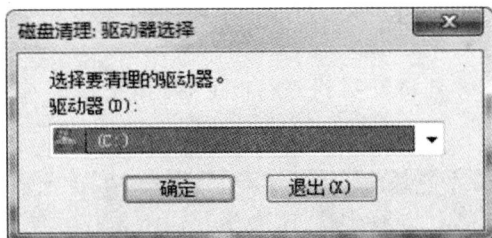

图　2.3.14

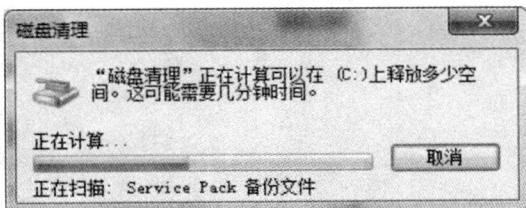

图　2.3.15

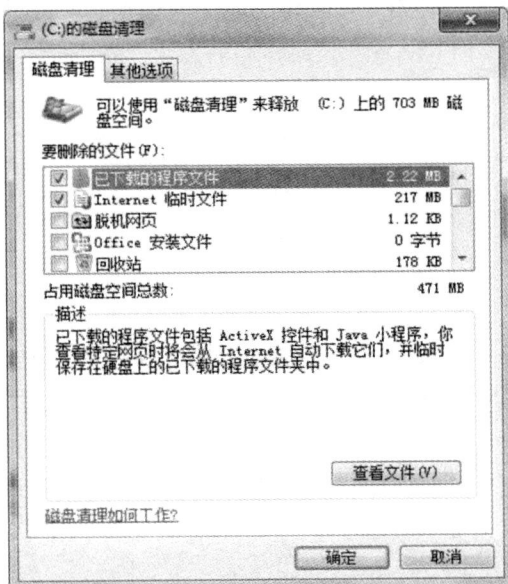

图　2.3.16

（※考点:Windows 7 磁盘管理）

2.3.5 使用剪贴板

剪贴板是指 Windows 操作系统提供的一个暂存数据，并且提供共享的模块。剪贴板在后台起作用，占用内存的空间，是操作系统设置的一段存储区域，普通用户先使用 Ctrl＋C 把内容复制到剪贴板里面，再使用 Ctrl＋V 把其粘贴出来。新的内容送到剪贴板后，将覆盖旧内容，即剪贴板只能保存当前最新的一个数据内容，电脑关闭重启后，存在剪贴板中的内容将丢失。

1. 拷贝整个屏幕

按下 Print Screen，整个屏幕将复制到剪贴板上，可以把该图片粘贴到画图、Word 等软件程序中，如图 2.3.17 所示。

图　2.3.17

2. 拷贝活动窗口

按 Alt＋Print Screen，则将当前活动的窗口复制到剪贴板中，如图 2.3.18 所示。

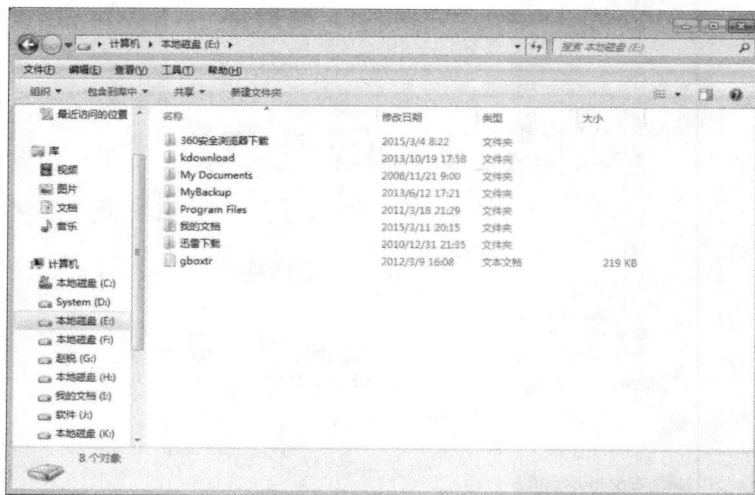

图　2.3.18

注意：截取屏幕的软件有很多，如红蜻蜓抓图精灵、屏幕截图精灵等，也可以用 QQ 截图工具。（※考点：剪贴板的使用）

2.4　Windows 7 常用附件的使用

Windows 系统提供一些小程序方便用户使用，如记事本、写字板、计算器、画图、录音机、媒体播放器等。

1.记事本

依次单击"开始"→"所有程序"→"附件"→"记事本"应用程序，可以在记事本中输入文字，如图 2.4.1 所示。

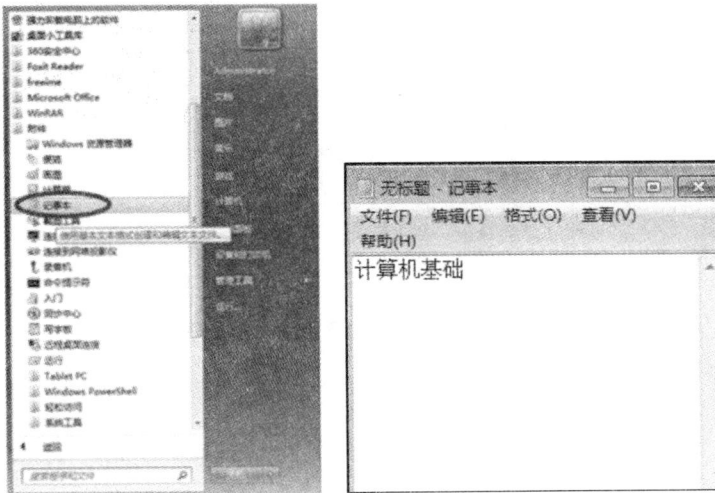

图　2.4.1

2.画图程序

依次单击"开始"→"所有程序"→"附件"→"画图"应用程序，可在打开的界面中进行绘画，如图 2.4.2 所示。

图　2.4.2

3.录音机

在录音之前,先将麦克风与电脑正确连接。

依次单击"开始"→所有程序"→"附件"→"录音机"。

单击面板中带红色圆点标识的"开始录制"按钮,开始录音后,该按钮变成"停止录制",单击时停止录音,再出现保存文件窗口,将所录制的声音以".WAV"保存。

4.计算器

依次单击"开始"→"所有程序"→"附件"→"计算器"应用程序,如图 2.4.3 所示。(※考点:常用附件的使用)

图 2.4.3

2.5 Windows 7 及常用软件的安装

我们知道,计算机的正常运行需要安装操作系统,用来管理和支配计算机的软、硬件资源,并且在日常使用计算机的过程中,需要安装一些辅助软件,以提高计算机的使用水平,这样可以更方便、更有效地利用计算机来工作,大大提高工作效率。常用的软件有聊天、视频、音频、图形图像、输入法、文字处理软件等。

2.5.1 U 盘安装 Windows 7 操作系统

计算机的维护,不仅需要定期杀毒、清理垃圾等,有时可能需要重新安装操作系统,那么如何安装操作系统呢? 现在很多情况下都使用 U 盘安装操作系统,用 U 盘安装操作系统,具有简单、方便、快捷等特点。在使用 U 盘安装系统前,需要先把普通的 U 盘制作成一个启动盘,这样才可以从 U 盘引导,安装操作系统。

(1)从互联网上下载并安装 U 盘制作软件——大白菜 U 盘制作工具 V5.1 装机版(U 盘制作工具有很多,比如一键 U 盘安装系统、U 大师等,用户可以根据自己爱好进行选择)。

(2)安装下载好的 U 盘制作工具软件后,打开大白菜 U 启动盘制作工具 V5.1 装机版,并插入 U 盘,该程序将自动识别并发现 U 盘,如图 2.5.1 所示。

图　2.5.1

（3）点击"一键制作 USB 启动盘，将弹出一个警告对话框：本操作将会删除 U 盘上的所有数据，且不可恢复。若想继续，请单击"确定"，若想退出，请单击"取消"。点击"确定"，如图 2.5.2 所示。

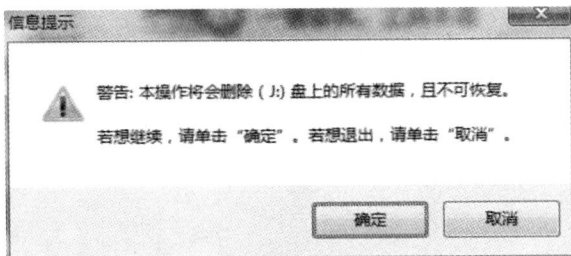

图　2.5.2

（4）U 盘将会格式化，并把启动程序写入 U 盘中（在制作 U 盘启动盘时，一定要备份好 U 盘中的数据，以免格式化 U 盘致使数据丢失），如图 2.5.3 所示。

（5）数据写入完毕后，U 盘中将会出现一个 GHO 的文件夹，把准备好的系统文件（.gho 或 iso 格式）复制到此文件夹中，如图 2.5.4 所示。至此，U 盘就可以作为一个启动盘安装系统了。

图 2.5.3

图 2.5.4

(6)启动盘制作成功后,把 U 盘插入计算机,重新启动计算机,开机过程中按 F12(有的计算机按 F2 或者 Del,计算机型号不同,选择的功能键有所不同),选择 U 盘启动,进入如图 2.5.5所示界面,选择 02 或 03 项。

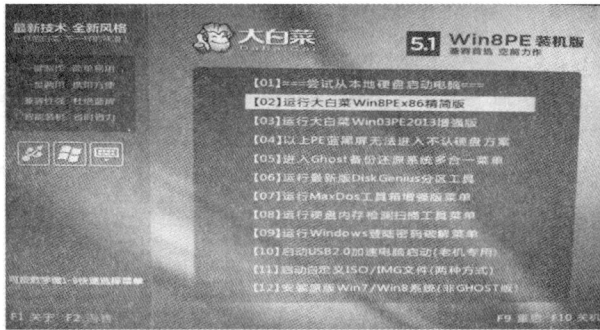

图　2.5.5

(7)进入 PE 系统,点击"大白菜一键装机"如图 2.5.6 所示,点击"更多",选择 Windows 7 镜像文件,并选择还原的分区(默认情况下选择第一个分区 C 盘)。

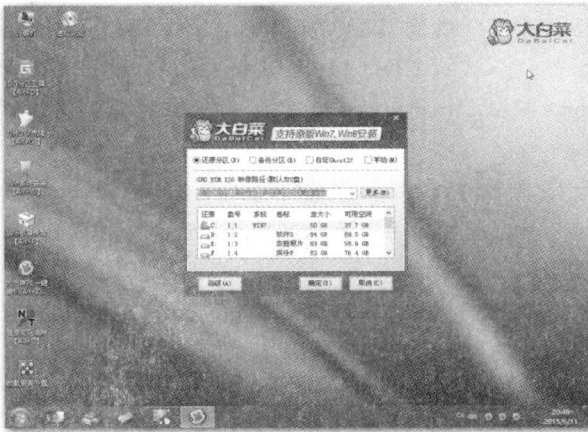

图　2.5.6

(8)点击确定,将进入还原界面,如图 2.5.7 所示,当还原进度到 100% 时,计算机将重启,安装驱动、常用的应用程序等。这样就完成了系统的安装。

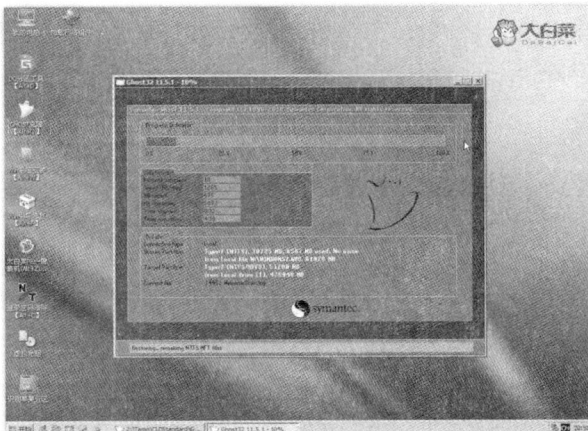

图　2.5.7

2.5.2　图形图像文件

图像文件基本上可以分为两类：一类为位图文件，另一类为矢量图文件。位图以点阵形式描述图形图像，构成位图的基本单位是像素，一般文件体积较大，且文件放大时会失真；矢量类图像文件是以数学方法描述的一种图形图像，一般文件较小，并且任意缩放不会改变图像质量，不会失真。常用的图像文件格式有 bmp 格式、gif 格式、jpeg 格式、tiff 格式、psd 格式、png 格式、swf 格式等。（※考点：常用图形图像文件）

2.5.3　音频文件

要在计算机内播放或是处理音频文件，则需要对声音文件进行数/模转换，转换成计算机能够处理的信息，这个过程由采样和量化构成，因人耳所能听到的声音频率范围是20Hz～20kHz，因此音频文件格式的最低频率不低于 20Hz，最大频率不能超过 20kHz。

1. 常见的音频文件格式

常见的音频文件格式有 CD 格式、WAVE 格式、AIFF（Audio Interchange File Format）格式、MP3 格式、MPEG － 4 格式、MIDI（Musical Instrument Digital Interface）格式、WMA（Windows Media Audio）格式、RealAudio 格式等。（※考点：常用音频文件）

2. 常用的音频软件

常用的音频软件有格式工厂、音频转换专家、mp3 剪切器、cool edit pro 等软件。使用音频软件可以很方便地进行音乐格式转换、音乐截取、音乐合并等操作。下面以"音频转换专家"为例进行介绍。

双击下载的 setup. exe 文件，点击"下一步"，如图 2.5.8、图 2.5.9 所示。

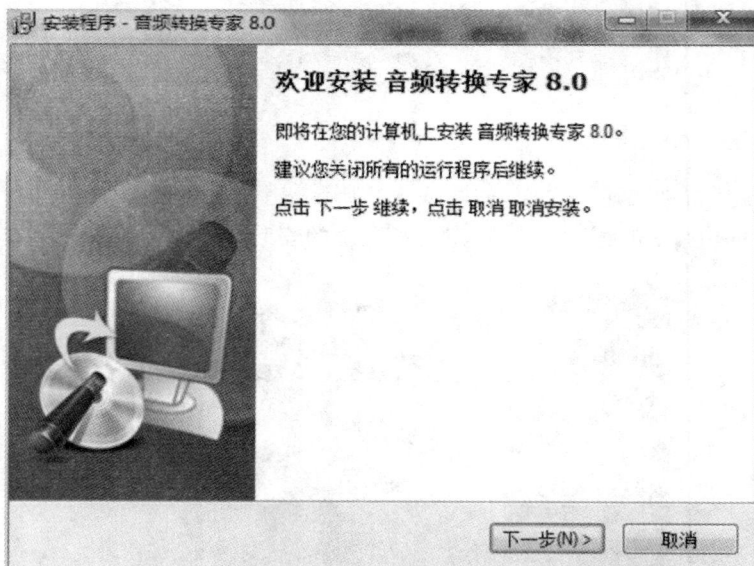

图　2.5.8

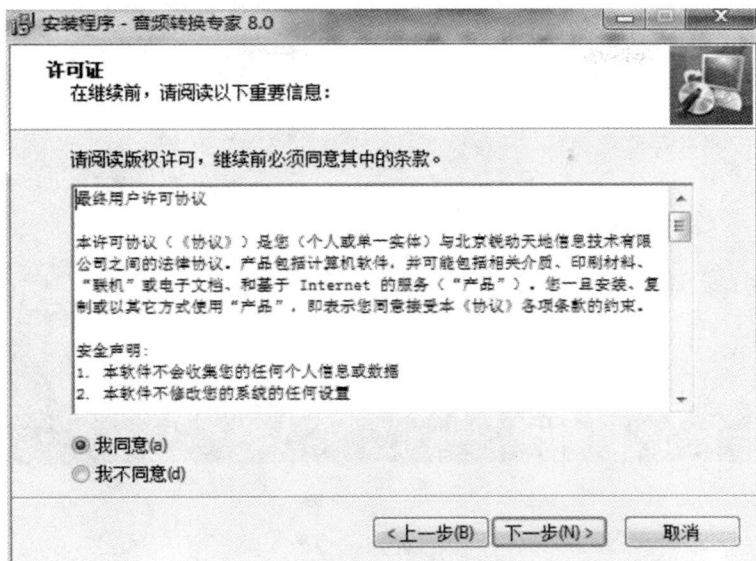

图　2.5.9

选择安装程序的文件夹,单击"下一步",即可安装此音频转换软件,如图 2.5.10 所示。

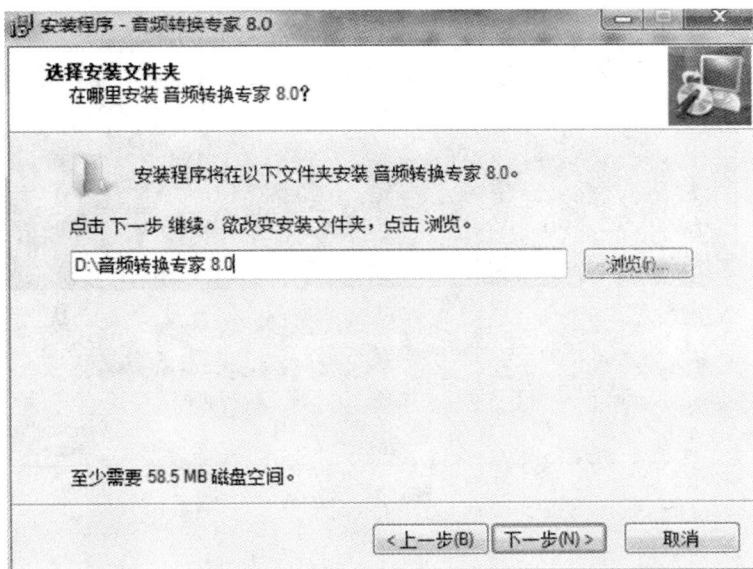

图　2.5.10

点击"音乐截取",然后"添加文件",把需要截取的音乐文件添加进去,如图 2.5.11 所示。确定"开始时间"和"结束时间",即可把所需要的片段截取下来,如图 2.5.12 所示。

图　2.5.11

图　2.5.12

2.5.4　常用视频剪辑软件

视频剪辑软件是对视频源进行非线性编辑的软件，属多媒体制作软件范畴。软件通过对加入的图片、背景音乐、特效、场景等素材与视频进行重混合，对视频源进行切割、合并，通过二次编码，生成具有不同表现力的新视频，适合于很多家庭和爱好者进行视频处理。

常用的视频文件格式有 MPEG（运动图像专家组）、AVI 音频视频交错（Audio Video Interleaved）、ASF（Advanced Streaming format 高级流格式）、WMV（Windows Media

Video)、3GP、FLV(FLASH VIDEO)RM(RealMedia)、RMVB 等,常用的视频剪辑软件有超级转换秀、会声会影、Adobe Premiere、狸窝全能视频转换器等。(※考点:常用视频文件)

本章小结:Windows 操作系统是世界上应用最广的操作系统,具有简单、易操作等优点。本章主要讲述了 Windows 7 系统的特点和基本操作,如桌面、窗口、任务栏等基本概念,以及文件、文件夹、控制面板、快捷方式、回收站等基本操作。通过本章的学习,应该学会 Windows 7 的基本操作,会用资源管理器管理计算机的软件和硬件资源。

2.6　实　　　训

理 论 实 训

一、单项选择题

1.下列( )不是微软公司开发的操作系统。
(A)Windows server (B)Windons 7 (C)Linux (D)Vista

2.文件的类型可以根据( )来识别。
(A)文件的大小 (B)文件的用途
(C)文件的扩展名 (D)文件的存放位置

3.在下列软件中,属于计算机操作系统的是( )。
(A)Windows 7 (B)Word 2010
(C)Excel 2010 (D)Powerpint 2010

4.Windows 7 文件目录结构采用树型目录结构,其优势主要表现在( )。
(A)可以对文件重命名
(B)有利于对文件实行分类管理
(C)提高检索文件的速度
(D)能进行存取权限的限制

5.扩展名为.jpeg 的文件类型是( )。
(A)音频文件 (B)视频文件 (C)图形文件 (D)可执行文件

6.在 Windows 7 中删除某程序的快捷键方式图标,表示( )。
(A)既删除了图标,又删除该程序
(B)只删除了图标而没有删除该程序
(C)隐藏了图标,删除了与 该程序的联系
(D)将图标存放在剪贴板上,同时删除了与该程序的联系

7.Windows 7 中,被放入回收站中的文件仍然占用( )。
(A)硬盘空间 (B)内存空间 (C)软件空间 (D)光盘空间

8.下列那些快捷键不会用到剪贴板的是( )
(A)Ctrl＋V (B)Ctrl＋X (C)Ctrl＋C (D)Ctrl＋A

9.计算机操作系统通常具有的五大功能是( )。

(A)CPU 管理、显示器管理、键盘管理、打印机管理和鼠标器管理

(B)硬盘管理、软盘驱动器管理、CPU 的管理、显示器管理和键盘管理

(C)处理器(CPU)管理、存储管理、文件管理、设备管理和作业管理

(D)启动、打印、显示、文件存取和关机

10. 下列关于活动窗口的描述中,正确的是(　　　)。

(A)光标的插入点在活动窗口中不会闪烁

(B)活动窗口的标题栏是高亮度的

(C)活动窗口在任务栏上的按钮处于凸出状态

(D)桌面上可以同时有两个活动窗口

11. 利用"控制面板"的"程序和功能"(　　　)。

(A)可以删除 Windows 组件

(B)可以删除 Windows 硬件驱动程序

(C)可以删除 Word 文档模板

(D)可以删除程序的快捷方式

12. 用户在运行某些应用程序时,若程序运行界面在屏幕上的显示不完整时,正确的做法是(　　　)。

(A)升级 CPU 或内存　　　　　　　　　　(B)更改窗口的字体、大小、颜色

(C)级硬盘　　　　　　　　　　　　　　(D)改系统显示属性,重新设置分辨率

13. 不是 Windows 7 默认库的是(　　　)。

(A)文件库　　　　　(B)视频库　　　　　(C)音乐库　　　　　(D)图片库

14. 利用 Windows 7"搜索"功能查找文件时,说法正确的是(　　　)。

(A)求被查找的文件必须是文本文件

(B)据日期查找时,必须输入文件的最后修改日期

(C)据文件名查找时,至少需要输入文件名的一部分或通配符

(D)用户设置为隐藏的文件,只要符合查找条件,在任何情况下都将被找出来

15. 永久删除文件或文件夹的方法是(　　　)。

(A)直接拖进回收站　　　　　　　　　　(B)按住 AIt 键拖进回收站

(C)按 Shift＋Delete 组合键　　　　　　　(D)右击对象,选择"删除"

二、多项选择题

1. 下列关于 Windows 7 的资源管理器说法,正确的有(　　　)。

(A)能通过资源管理器来格式化硬盘

(B)能通过资源管理器来整理硬盘碎片

(C)可以通过资源管理器来设置显示器的分辨率

(D)可以通过资源管理器来移动文件夹

2. 在 Windows 7 中,显示文件(夹)有(　　　)几种方式。

(A)缩略图　　　　　(B)图标　　　　　(C)列表　　　　　(D)详细资料

3. 在 Windows 7 中个性化设置包括(　　　)。

(A)主题　　　　　(B)桌面背景　　　　　(C)窗口颜色　　　　　(D)声音

4. 下列属于 Windows 7 控制面板中的设置项目的是(　　　)。

(A)Windows Update　　　　　　　　　(B)备份和还原

(C)恢复　　　　　　　　　　　　　　(D)网络和共享中心

5. 当 Windows 系统崩溃后,可以通过(　　　)来恢复。

(A)更新驱动　　　　　　　　　　　　(B)使用之前创建的系统镜像

(C)使用安装光盘重新安装　　　　　　(D)卸载程序

上 机 实 训

实验一　Windows 7 基本操作

【实验目的与要求】

(1)掌握 Windows 7 窗口的基本操作。

(2)掌握开始菜单、任务栏的使用。

(3)掌握菜单的基本操作。

(4)掌握快捷方式的设置。

【实验内容与步骤】

1. Windows 7 窗口基本操作

桌面是计算机的一个重要的特性,它是登录到 Windows 7 后看到的屏幕。桌面包含经常使用的程序、文档、文件夹、文件等。当运行程序或打开文档时,Windows 7 系统会在桌面上打开一个窗口。

(1)窗口组成及菜单。用户通过桌面向计算机发出各种操作指令,结果一般是通过窗口体现。窗口的基本操作有移动窗口、最小化窗口、最大化窗口、恢复窗口、改变窗口大小、关闭窗口。

(2)窗口的移动。把鼠标移动到窗口的标题栏,然后按住鼠标左键即可在桌面实现窗口的移动。

(3)改变窗口的大小。把鼠标定位到窗口的边缘部分,当鼠标变成双向箭头形状时按住鼠标左键拖动即可调整窗口的大小。

注意:已经最大化的窗口无法调整大小,必须先还原后才可以调整大小。

(4)窗口的最大化、最小化和还原。双击窗口的标题栏或者单击窗口标题栏中图标,可以实现窗口的最大化。单击窗口标题栏中的图标,可以最小化窗口。单击窗口标题栏中的图标,可以实现窗口的还原。也可以右击窗口的标题栏,使用"还原"、"最大化"和"最小化"命令操作。

单击任务栏通知区域最右侧的"显示桌面"按钮,将所有打开的窗口最小化,再次单击则还原窗口。

(5)多窗口的切换。在同一个屏幕中,可以同时打开多个窗口,但在这些窗口中,只有一个是当前活动窗口。

要想在打开的多个窗口中进行切换可以通过以下两种方法:①单击窗口在任务栏中的图标。②可以通过 Alt＋Tab 组合键进行切换。

(6)多窗口的排列。Windows 提供了层叠、堆叠和并排 3 种排列窗口的方式。右键单击"任务栏",在弹出的快捷菜单中选择"层叠窗口(D)"、"堆叠显示窗口(T)"或"并排显示窗口(I)"命令之一即可按照相应的方式排列多窗口。

单击窗口的标题栏,并按住鼠标左键不放,向屏幕中央拖动窗口可恢复窗口原来大小;向屏幕顶部拖动窗口可以将窗口最大化;向下拖动可将窗口恢复为原始状态。

(7)窗口的关闭。关闭窗口可以通过以下几种方法来实现:

方法一:单击窗口标题栏中的"关闭"图标。

方法二:单击"文件"菜单中"关闭"命令。

方法三:按"Ctrl＋W"组合键。

方法四:选定当前窗口,然后按"Alt＋F4"组合键。

方法五:右键单击任务栏窗口图标,选择"关闭窗口"或"关闭所有窗口"。

2.菜单的基本操作

菜单是图像用户界面的软件中提供的一组对象,位于窗口标题栏的下方。这些菜单对应着每一项子功能。当用户需要使用其中的某项功能时,通常借助于该软件提供的菜单命令来实现。Windows 7 操作系统中,菜单分成两类,即右键快捷菜单和下拉菜单。

用户可以在文件、桌面空白处、窗口空白处、盘符等区域上右击,即可弹出快捷菜单,其中包含对选择对象的操作命令,如图 2.6.1 所示。

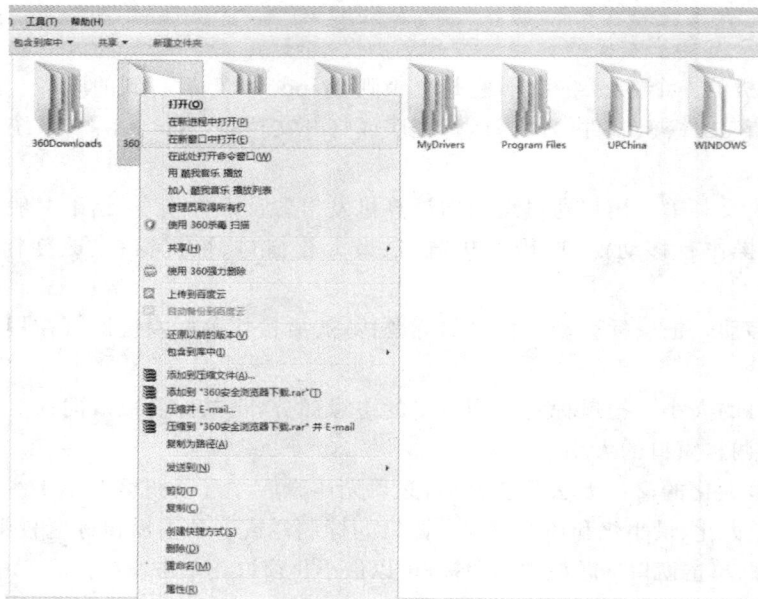

图 2.6.1

另外一种菜单是下拉菜单,用户只需单击不同的菜单,即可弹出下拉菜单。例如在【计算机】窗口中单击【查看】菜单,即可弹出一个下拉菜单,如图 2.6.2 所示。

3."开始"菜单

"开始"菜单提供了一种快速启动程序和打开文档的方式。用户也可以自定义"开始"菜单。

为方便用户使用，Windows 7 提供了定制"开始"菜单的功能，用户可以在"开始"菜单中添加或删除菜单项。

右击任务栏，选择"属性"，在弹出的"任务栏和开始菜单属性"对话框中选择"【开始】菜单"选项卡。

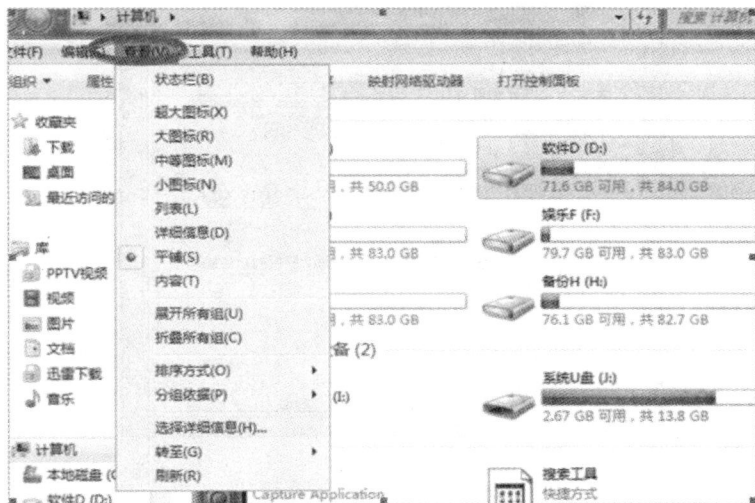

图　2.6.2

单击"自定义"按钮，弹出"自定义［开始］菜单"并进行设置即可，如图 2.6.3 所示。

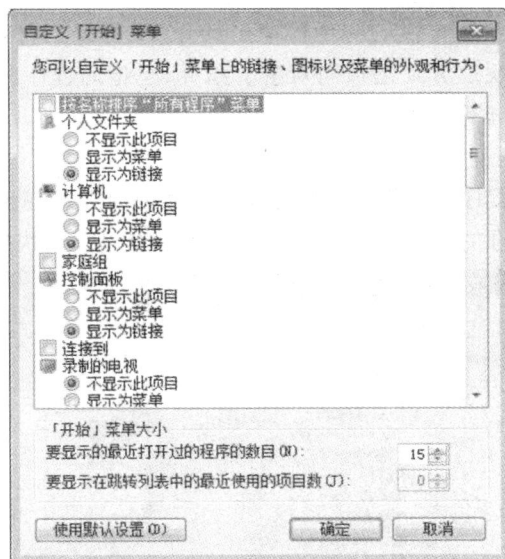

图　2.6.3

4.任务栏

默认情况下，任务栏总是位于 Windows 7 桌面的最底部，左侧是"开始"按钮，右侧是输入法和时钟按钮，中间是一些当前已启动的程序窗口。用户可以根据需要对任务栏的状况作一些调整。

用户可以在如图 2.6.4 所示的"任务栏和'开始'菜单属性"对话框中对任务栏进行设置。

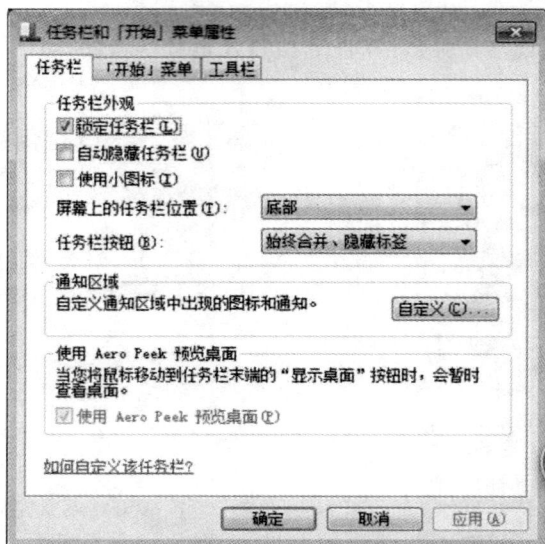

图　2.6.4

当任务栏处于非锁定状态时,也可以将鼠标指针指向"任务栏"边缘,拖动"任务栏"边框,移动到其他位置再释放等。

5.建立桌面应用程序快捷方式

快捷方式是 Windows 系统提供的一种快速启动程序、打开文件或文件夹的方法,快捷方式的扩展名为＊.lnk,由于快捷方式是指向对象的指针,是指向程序的链接,而非对象本身,因此创建或删除快捷方式,并不影响相应对象。

给程序、文件、文件夹新建快捷方式通常有以下两种方式:

方法一:右键点击这个程序或文件夹→发送到→桌面快捷方式,就会在桌面生成这个程序或文件夹的快捷方式,在图标的左下角显示一个小箭头,表示其是一个快捷方式,如图 2.6.5 所示。

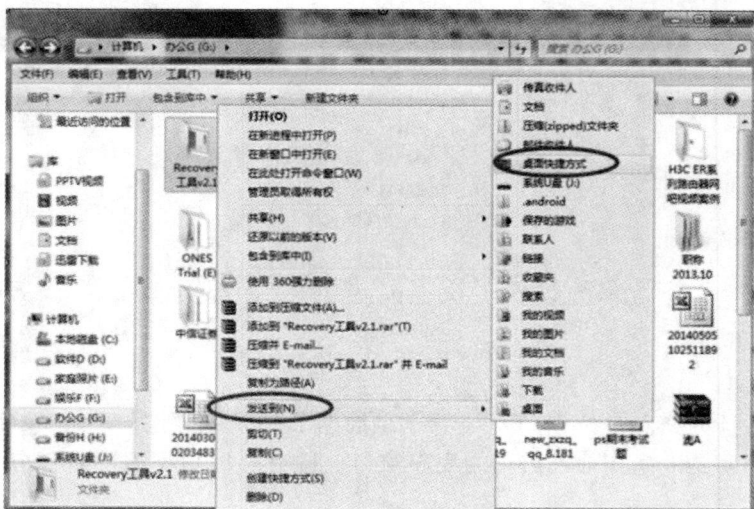

图　2.6.5

方法二:在桌面空白处右键单击,在弹出的菜单中选择新建→快捷方式,如图 2.6.6 所示。

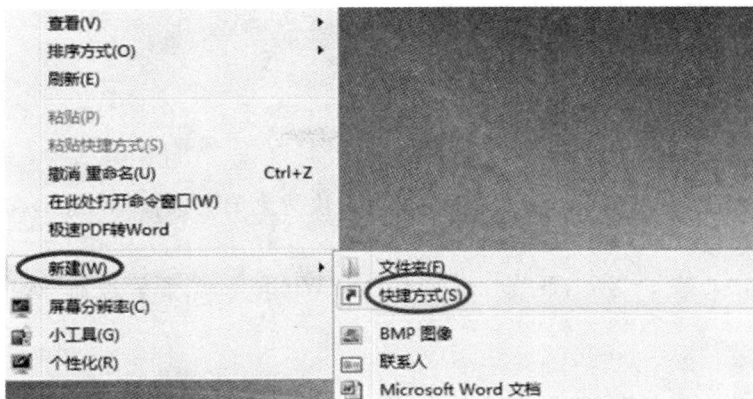

图　2.6.6

在弹出的窗口中,单击"浏览",选择需要建立的程序或文件夹,即可为所需要的程序或文件新建快捷方式,如图 2.6.7 所示。

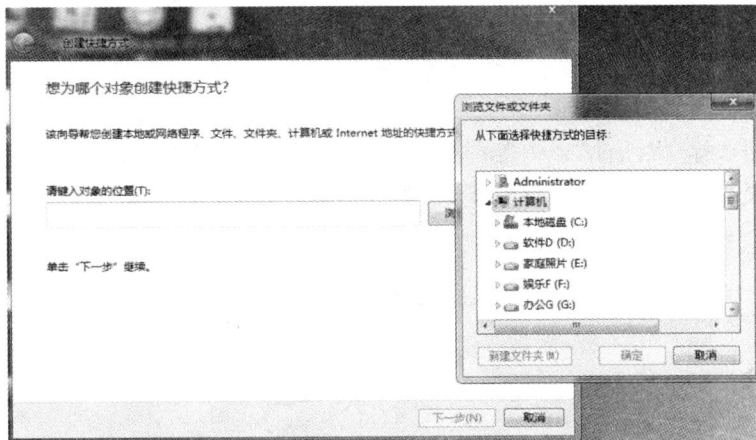

图　2.6.7

【实验思考】

1. 桌面图标与应用程序之间的关系是什么?

2. 如何隐藏任务栏? 如何把任务栏放在屏幕的不同位置?

实验二　Windows 7 文件操作

一、【实验目的与要求】

(1)了解资源管理器的功能及组成。

(2)掌握文件及文件夹的概念。

（3）掌握文件及文件夹的使用，包括创建、移动、复制、删除等。

（4）掌握文件夹属性的设置及查看方式。

（5）掌握搜索文件文件夹的方法。

二、【实验内容与步骤】

1. 打开资源管理器

方法一：右击桌面左下角"开始"按钮，在出现的快捷菜单中选择"Windows 资源管理器"，打开资源管理器窗口。

方法二：单击"开始"→"所有程序"→"附件"→"Windows 资源管理器"选项，启动资源管理器。

2. 创建文件夹

在 E 盘上创建一个名为 DJKS 的文件夹，再在 DJKS 文件夹下创建两个并列的二级文件夹，其名为 KS1 和 KS2。

方法一：打开资源管理器，在导航窗格右键选定 E:，出现一个"新建"，名称为"新建文件夹"。将"新建文件夹"改名为"DJKS"即可。

方法二：点击"计算机"→"E 盘"→"新建文件夹"，将"新建文件夹"改名为"DJKS"即可。双击 DJKS 文件夹，进入该文件夹，用上述同样方法创建文件夹"KS1"和"KS2"。

3. 设置文件（文件夹）的显示方式及排列方式

（1）改变文件夹及文件的显示方式。"计算机"→"E 盘"→"DJKS"，在空白处右键，选择"查看"菜单，分别选择"大图标"、"中等图标"、"小图标"、"平铺"、"内容"、"列表"、"详细信息"菜单项，可以改变文件夹及文件的排列方式，如图 2.6.8 所示。

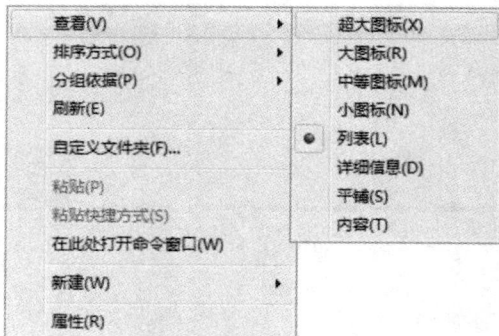

图　2.6.8

（2）改变文件夹及文件的图标排序方式。选择菜单项"查看|排序方式"，或鼠标右击，在快捷菜单中选择"排序方式"，选择按"名称"或"大小""类型"等，图标的排列顺序随之改变。

4. 复制、剪切、移动文件

在 D 盘中任选 3 个不连续的文件，将它们复制到 E 盘 DJKS 文件夹中。

（1）选中多个不连续的文件：按住"Ctrl"键不放手，单击需要的文件（或文件夹），即可同时选中多个不连续的文件（或文件夹）。

（2）复制文件：选中"编辑→复制"菜单，或者右击鼠标，在快捷菜单中选"复制"，或者按组合键"Ctrl＋C"。

（3）粘贴文件：单击 DJKS 文件夹，进入 DJKS 文件夹，选择"编辑→粘贴"菜单命令，或者右击鼠标，在快捷菜单中选"粘贴"，或者按组合键"Ctrl＋V"，即可将复制的文件粘贴到当前文件夹中。

剪切文件（文件夹）时，选择文件（夹），按住"Ctrl＋X"，在目标文件夹中，按住"Ctrl＋V"，则可将剪切的文件（夹）粘贴到目标文件夹中，可以发现源文件夹中的文件（夹）已经不存在了。

5．隐藏、显示文件（文件夹）

（1）打开 DJKS 文件夹，右击文件夹 KS1→"属性"→勾选"隐藏"，点击确定。选择"工具→文件夹选项"菜单，选择"查看"选项卡，在"隐藏文件和文件夹"下选择"不显示隐藏的文件、文件夹或驱动器"，单击"确定"按钮。打开 DJKS 文件夹，KS1 文件夹被隐藏起来，如图 2.6.9 所示。

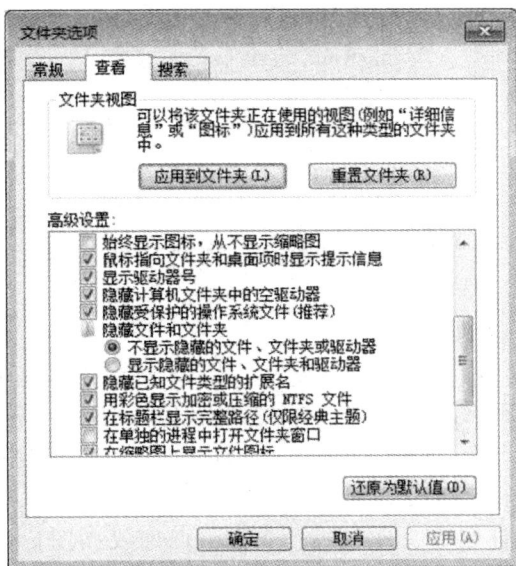

图　2.6.9

（2）显示文件（夹）。选择"工具→文件夹选项"菜单，选择"查看"选项卡，在"隐藏文件和文件夹"下选择"显示隐藏的文件、文件夹或驱动器"，单击"确定"按钮。打开 DJKS 文件夹，则 KS1 文件夹显示出来。

6．文件重命名

（1）修改文件名。打开 E 盘 DJKS 文件夹，在任意空白处单击鼠标右键，在快捷菜单中选择"新建→文本文档"，新建一个文本文档，此文件名处于编辑状态，输入新文件名"WB1"，按回车键或在空白处点击，则该文本文件被命名为"WB1.TXT"。

选中文件 WB1.TXT，在文件名处右击，选择"重命名"，则可以对该文本文件进行重新命名。

（2）修改扩展名。在如图 2.6.10 所示的窗口中，对"隐藏已知文件类型的扩展名"选项去掉勾选，资源管理器中将显示文件的全名（主文件名.扩展名），此时即可修改文件的扩展名（文件类型),如将 WB1. TXT 改名为 WD1. DOC。

注意:修改文件的扩展名时,一定要让扩展名显示出来并修改,有的同学经常会犯的一个错误:把 WB1. TXT 改为 WD1. DOC,因为扩展名被隐藏,并没有把扩展名修改,直接改为 WD1. DOC,实际上该文件名仍然为 TXT 格式,文件名为 WD1. DOC. TXT。

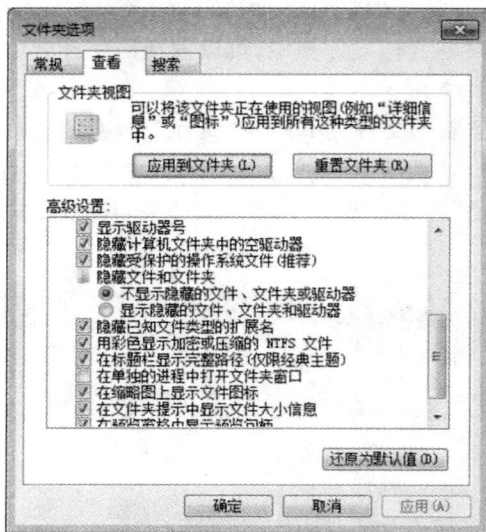

图　2.6.10

7. 文件(夹)的删除与恢复

(1)删除文件至"回收站"。打开文件夹 E:,鼠标右键选中文件 WB1. TXT,右键快捷菜单中选择"删除",显示确认删除信息框,单击"是"按钮,确认删除。

(2)删除文件夹"KS1"至"回收站"。打开文件夹 E:,鼠标右键选中文件 KS1. TXT,右键快捷菜单中选择"删除",显示确认删除信息框,单击"是"按钮,确认删除。

(3)从"回收站"恢复被删除文件(夹)。双击桌面回收站图标,打开回收站,选中文件夹"WB1. TXT";右键菜单中选择"还原"命令,即可恢复被删除的文件;

同理,可恢复被删除的文件 KS1。

(4)永久删除一个文件夹或文件。选中待删除的文件(夹),按 Delete 键或者右键"删除",在确认删除框中单击"是",即可彻底删除该文件(夹)。

8. 文件和文件夹的搜索

打开"计算机"(即"我的电脑"),点击右上角"搜索 计算机"。把需要搜索的文件或文件夹的文件名输入进去,即可进行搜索。如图 2.6.11 所示。

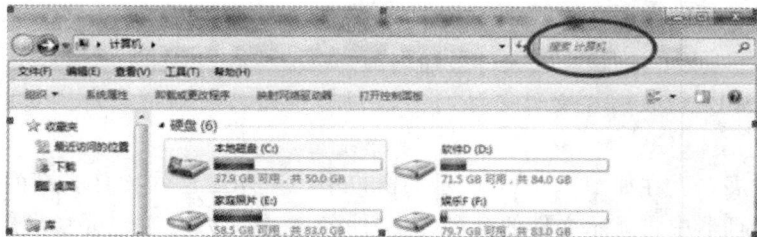

图　2.6.11

例如：在搜索框里输入"KS1"，则会把文件夹 KS1 搜索出来，如图 2.6.12 所示。同理，可以查找出需要的目标文件。

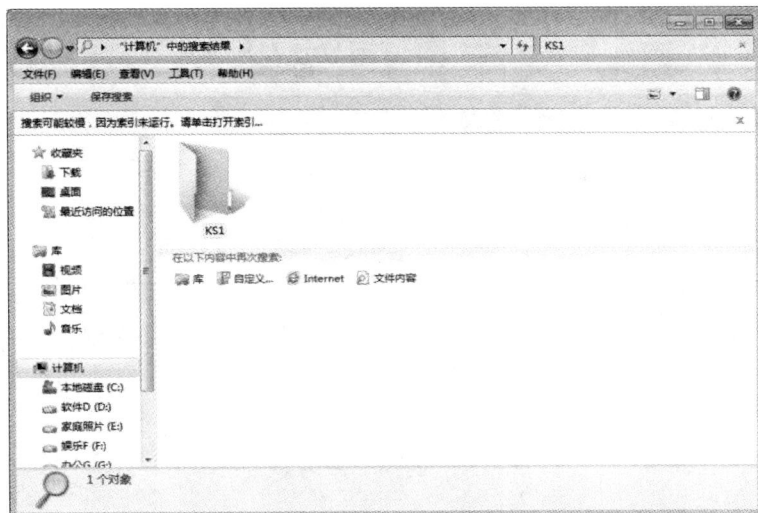

图　2.6.12

若对于不能确定的文件或文件夹，可以使用通配符"＊"和"?"。其中"?"表示一个字符，"＊"表示一个字符串。

第 3 章 文字处理软件 Word 2010

Word 2010 是 Microsoft(微软)公司开发的 Office 2010 办公组件之一,它可以轻松、高效地进行文字、图片、表格等多种类型文档的编辑与排版,深受全世界用户的喜爱。要想使用 Word 2010 制作出各种实用文档,首先必须熟练掌握它的基本操作方法和技巧。

3.1 Word 概述

Word 2010(Microsoft Office Word)是美国微软公司出品的办公软件系列重要组件之一。用户不仅可以在计算机中完成文档编辑,还可以将其打印出来,以纸制形式广为传播,如图 3.1.1和图 3.1.2 所示。

图 3.1.1

图 3.1.2

3.1.1 启动 Word 2010

启动一个程序有可以有若干种不方法,初次接触办公软件可以按以下几种方法启动 Word 2010。(※考点:Word 的启动与退出)

方法一:左键双击桌面上名称为"Microsoft Word 2010"的程序图标,启动 Word 程序。

方法二:从开始菜单的所有程序中查找"Microsoft Office"下的"Microsoft Word 2010",单击启动。

方法三:在开始菜单的运行对话框中输入"winword"命令启动。

方法四:在桌面空白处单击右键选择"新建"→"Microsoft Word 文档",再左键双击打开新建的文件启动 Word 2010。

3.1.2　认识窗体组成

Office 办公软件的工作界面及菜单、功能按钮都很相似。Word 2010 和之前的版本窗体上最明显区别是改变下拉菜单为形象的可视化功能区按钮，这是软件界面的发展趋势，要尽早适应。如图 3.1.3 所示，Word 文档窗体名称及其功能简介如下：（※考点：认识窗体组成、窗体中的菜单及按钮工具的使用）

（1）快速访问工具栏：快捷命令，如保存、撤销、恢复等，可按个人喜好对工具栏单击右键进行添加和删除设置。

（2）标题栏：显示正处于编辑状态的文档名称。

（3）文件选项卡：基本命令，如保存、打开、最近使用、新建和打印等。

（4）功能区：常用功能、命令按钮组，它是形像化设计的"菜单"选项。

（5）编辑窗口：文档编辑区域。

（6）滚动条：滑动以调整文档显示位置。

（7）状态栏：显示该文档的相关信息。

（8）视图显示按钮：快速调节文档显示模式。

（9）缩放滑块：快速调节文档显示比例。

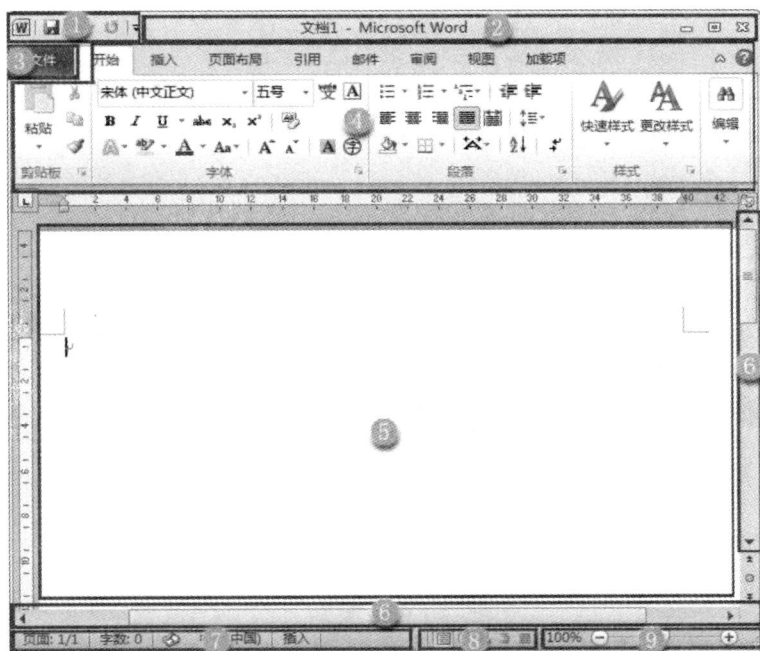

图　3.1.3

3.1.3　调整视图

Word 2010 有五种视图模式：页面视图、阅读版式视图、Web 版式视图、大纲视图和草稿视图。在功能区"视图"选项或右下方的视图显示按钮均可调整视图模

式。（※考点：视图的类型）

（1）页面视图：最常用的默认视图，基本显示文档的打印结果样式。

（2）阅读版式视图：以图书样式显示文档，隐藏文件、功能等区域以最大化阅读文本内容，左上角还有各种工具辅助阅读。

（3）Web 版式视图：以网页形式显示文档，可以创建网页和发送电子邮件。

（4）大纲视图：设置文档标题的层级结构，当文档较长时可以折叠和展开各种层级标题内容。

（5）草稿视图：只显示标题和正文，隐藏页面边距、分栏、页眉页脚和图片等元素，降低计算机系统运行消耗。

3.2　文字录入与格式编辑

3.2.1　文档操作

1.新建文档

操作快捷键为 Ctrl＋N，或是执行"文件→新建"命令，然后双击"空白文档"，或是使用 Office 提供的各种预制文档模板，用户只需要填充及修改内容即可完成文档编辑。

2.保存文档

操作快捷键为 Ctrl＋S，执行"文件→保存"，或是"另存为"，将文件以副本形式存储到其他位置，默认情况下快速访问工具栏中有保存按钮可用。

3.关闭文档

操作快捷键为 Alt＋F4，或是直接单击 Word 软件关闭按钮，文档如果有更改则会弹出是否保存对话框，如果没有更改则会直接关闭软件。

4.打开文档

执行"文件→打开"命令，找到需要编辑的文档保存目录，左键双击直接打开或是对着该文档单击右键选择"选定"命令。

（※考点：文档的保存、打开）

3.2.2　字符录入

通常情况下我们会先将文档的所有文字内容全部打出来然后再进行各种格式编辑或是图文排版。

1.文字录入

鼠标左键单击文档编辑区域，会看到有光标在闪烁，选择好输入法，便可以进行文字录入了，按回车键可另起一自然段进行录入，按退格键可以删除光标左边字符，按 Delete 键可以删除光标右边字符。

2.插入符号

（1）键盘符号：键盘按键上只有一个符号的可以直接按下打出该符号，当有上下两个符号时，直接按下打出位于下方的符号，若想按出上方符号，则需先按住上档键（Shift 键）不放，再按下该键即可。

（2）输入法符号：对着输入法设置按钮中的软键盘单击右键，如图 3.2.1 所示，选择你想要输入的符号类型，再单击软键盘中的符号。左键单击软键盘按钮停止输入。

（3）字体符号：执行"插入→符号→其他符号"命令，打开符号对话框，在这里可以找到更多符号，如图 3.2.2 所示。

注意：部分符号（如标点符号）在中、英文两种输入状态下是不一样的，全角和半角状态下也会有字符宽度等区别。（※考点：文档内容的编辑）

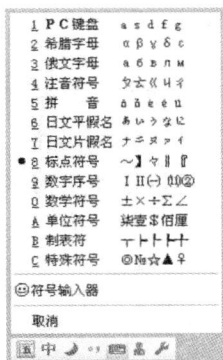

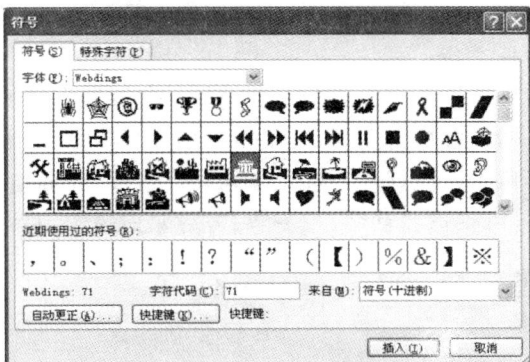

图　3.2.1　　　　　　　　　　　图　3.2.2

3.2.3　文字的选择

1.光标定位

在文字录入过程中，某段文字少打了需要补充，可以将鼠标移动到需要补充之处单击，便可接着录入。如果发现在你打字的同时后面文字被删除了，则需要单击状态栏中的"改写"按钮，将它改为"插入"状态。光标的定位还可以使用键盘上的方向键"↑↓ ←→"进行单个文字位置移动以及使用"Home""End"键进行单行左右移动。

2.选择文字

鼠标移动到文字前方，按下左键不松向右拖动，即可看到被选中文字出现浅色底纹，选择好之后松开鼠标左键便可进行修改、移动和删除等操作。快捷选择：鼠标移动到每行文字的左侧（靠近页面边界但不超出），当鼠标指针变成右倾方向箭头时，单击左键选中本行，双击选中段落，三连击选中全文。

3.其他选择

在起始文字前单击鼠标左键，按住 Shift 键不放，然后在终点文字后单击鼠标左键，再松开 Shift 键，即可选择从起始文字到终点文字之间的所有连续文字。按住 Alt 键不放在起始文字前按住鼠标左键不放，向下移动到终点位置处松开左键，即可选择从起始文字到终点文字之间的矩形区域所有文字。选中一段文字之后，按住 Ctrl 键不放，松开鼠标移到别处，继续用鼠标左键拖选，即可同时选择多处不连续文字。执行"开始→编辑→选择→选择所有格式类似的文本"命令即可选择本文档中与光标处文字格式相似的所有文本。

（※考点：文字的选择）

3.2.4　文字的基本操作

下面介绍一些关于文字的常用基本操作,推荐从一开始学习就尽量使用快捷键操作。

1. 快捷键操作

首先按照上一任务的方法选中需要操作的部分文字或是全部文字(全选快捷键 Ctrl＋A),执行剪切快捷键操作(Ctrl＋X)或是复制(Ctrl＋C),再将鼠标移动到目标位置按粘贴快捷键(Ctrl＋V),进行粘贴操作,非常实用。（※考点:复制、粘贴）

2. 剪贴板操作

选中需要操作的文字,切换到"开始→剪贴板"功能区,选择"剪切"或"复制"按钮,然后移动鼠标在目标位置单击左键,再单击剪贴板功能区的"粘贴"按钮即可完成操作。单击剪贴板功能区右下角的按钮打开"显示'Office 剪贴板'任务窗格",这里可以选择之前多次复制操作的所有内容,可供选择粘贴。（※考点:剪贴板的使用）

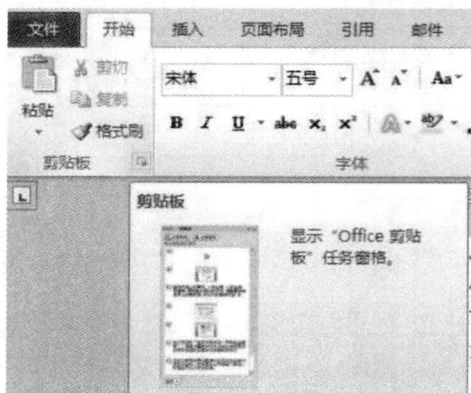

图　3.2.3

图　3.2.4

3. 拖动操作

对着选中的目标文字按下鼠标左键不放,将其拖动到目标位置,即可完成剪切(移动)操作,在拖动的过程中按住 Ctrl 键即可完成复制操作。（※考点:移动）

4. 选择性粘贴

复制操作完成之后可以执行"开始→剪贴板→粘贴"命令,如图 3.2.5 所示,或者单击鼠标右键,在弹出的菜单中"粘贴选项"下方可以选择粘贴的类型,"保留源格式"为保留所复制文字的格式,"合并格式"为所复制文字格式与当前段落文字格式全都应用,"只保留文本"为放弃格式只复制文本内容。（※考点:选择性粘贴）

5. 撤销和恢复

在文档编辑过程中一旦发现上一次操作错误,可以按下快捷键 Ctrl＋Z,撤销上一步操作,连续按 Ctrl＋Z,可以撤销多步操作,如果发现撤销过了头,还可以按下快捷键 Ctrl＋Y 恢复操作,新手必备。在快速工具栏也可以找到撤销和恢复的快捷按钮。

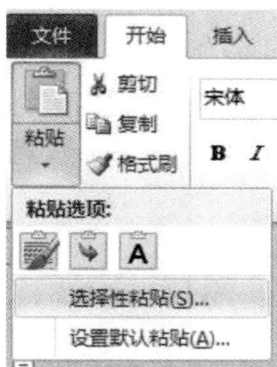

图 3.2.5

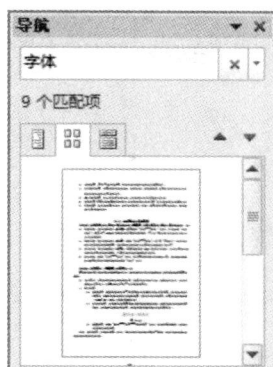

图 3.2.6

6.查找和替换

执行"开始→编辑→查找",弹出查找导航,输入需要查找的字符即可进行查找或单击导航预览页面查看,如图 3.2.6 所示。执行"开始→编辑→替换",弹出查找和替换对话框,在"查找内容"和"替换为"文本框中输入相应的内容便可将文档中的错误字符"替换"或"全部替换"为正确字符,如图 3.2.7 所示。依次点击"更多→格式"按钮还可以分别设置替换和被替换文字的格式,然后再进行文字格式的替换操作,如图 3.2.8 所示。(※考点:查找、替换(内容、格式))

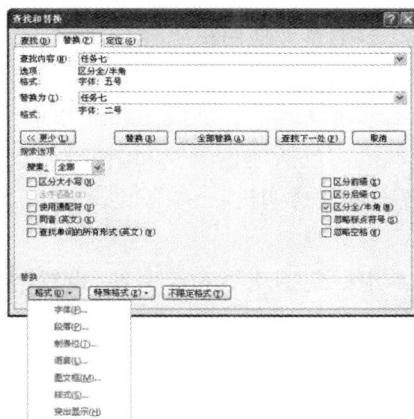

图 3.2.7

图 3.2.8

3.2.5 文字格式设置

文字录入完毕,便可进行文字基本格式设置,主要包括:字体、字号、字形、颜色、间距等,还可以为文字加上各种下划线、着重号、上下标等,在语文教学、制卷中经常使用。(※考点:文字格式)

(1)选中需要修改格式的文字,在出现的浮动工具栏中快速设置字体、字号、颜色等格式。

(2)选中需要修改格式的文字,在"开始→字体"功能区中选择命令按钮进行字体格式设置。

(3)选中需要修改格式的文字,单击字体功能区右下角的小按钮或是对着选中的文字单击右键选择"字体"选项,可以打开字体格式对话框(按快捷键 Ctrl＋D 可直接弹出)进行详细的格式设置,参数设置完成后点击确定关闭对话框完成设置,如图 3.2.9 和图 3.2.10 所示。

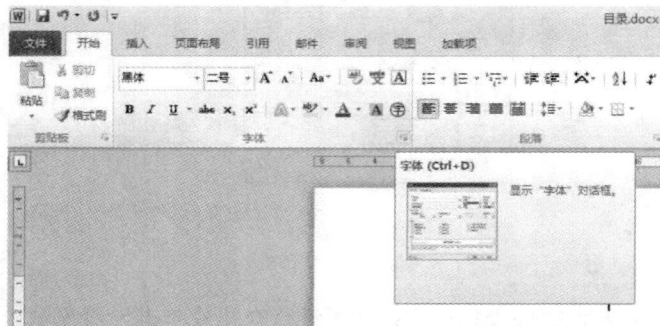

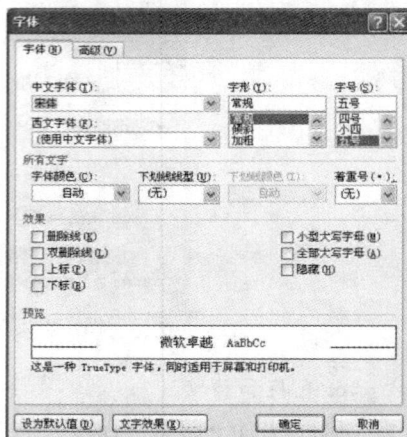

图 3.2.9

图 3.2.10

3.2.6 文字修饰效果

选中需要修改格式的文字,单击字体功能区右下角的小按钮或是对着选中的文字单击右键选择"字体"选项,推荐使用快捷键 Ctrl＋D 打开"字体"格式对话框,单击最下方"文字效果",打开"设置文本效果格式"对话框进行文字效果修饰,如图 3.2.11 所示。(※考点:文字修饰效果)

1.文本填充

文本填充包括纯色填充和渐变填充,渐变填充可以修改预设颜色、渐变类型、增删光圈色标,调整亮度与透明度。

2.文本边框

文本边框包括实线和渐变线,设置与文本填充类似。

3.其他修饰效果

其他修饰效果有轮廓样式、阴影、映像、发光和柔化边缘、三维格式等,通过参数设置可做出类似图 3.2.12 所示效果,文字修饰效果需要在实践中多观察和试验才能做得更多更好。

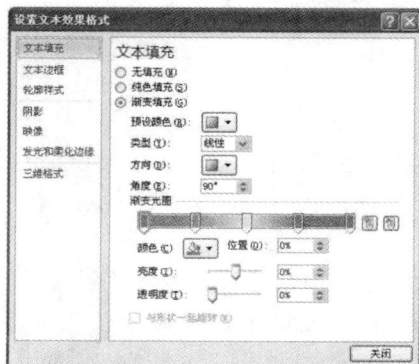

图 3.2.11

图 3.2.12

3.2.7　格式刷

在设置文档格式的时候,我们总是会遇到很多重复的操作,比如每一段文字的小标题都要加粗,而计算机在应对这些重复操作的时候通常都会有捷径,格式刷就是这种"偷懒"神器。(※考点:格式刷)

1. 用途

格式刷可以快速复制文字、段落甚至是图形的格式运用到其他目标。

2. 用法

选择已完成格式设置的文字、段落或图形对象,单击功能区格式刷按钮吸取文字格式,再单击或拖选目标对象以应用吸取的格式。

3. 注意

单击格式刷可以使用一次,双击格式刷可以重复使用。

4. 神奇的 F4

F4 键可以复制上一次格式操作,可以是文字输入操作甚至是图形创建操作。在上一步格式设置完成之后,选中需要同样格式设置的文字,按下 F4 键,即可实现格式复制,可重复操作。

3.2.8　超链接设置

超链接在信息化的今天无处不在,打开电脑进入的网站都是网址超链接,每条新闻都是文本超链接,打开手机每个 QQ 好友头像都是图像超链接。(※考点:超链接设置)

1. 设置超链接

选中超链接对象,在 Word 2010 中可以对文本、图形、图像等多种对象设置超链接。

执行"插入→链接→超链接"命令,或者对着被选中的超链接对象单击右键选择"超链接"选项,弹出插入超链接对话框,根据需要选择或输入正确的超链接地址,按确定完成设置,如图3.2.13 所示。

图　3.2.13

2. 超链接地址类型

(1)文档位置:可以选择链接到本文档中的标题、书签等位置。

（2）本地路径：可以选择链接到当前文件夹或是本台电脑中的任意文件或文件夹。

（3）网络地址：可以选择链接到局域网内资源，也可以直接在地址栏中输入所要链接的网址。

（4）其他类型：包括电子邮件地址、目标框架位置等，需要一一使用，多多尝试。

3.访问超链接

已经设置了超链接的文本默认情况下会显示为蓝色带下划线格式，设置了超链接的图片无格式变化，可以按住 Ctrl 键的同时单击左键访问。

4.删改超链接

与添加超链接相同打开插入超链接对话框，可以进行修改或按点击"删除超链接"按钮，还有更快捷的方法就是对超链接文本、图像单击右键，选择"取消超链接"。

3.3 段落格式编辑

3.3.1 对齐方式

（1）选择目标段落：同时设置多个段落对齐时，需用鼠标点住左键拖动选中多个段落，或是用 3.1 节中的快捷选择段落方式选择，只设置单独段落时可以不用选择，只要光标在该段落任意位置即可。

（2）段落格式设置：选中段落文字便可在段落功能区中进行常用的段落格式设置，部分格式设置可无需选中段落文字，只需将光标移到该段落即可。单击"段落"功能区右下角的小按钮或是在该段落任意处单击右键选择"段落"选项，可以打开"段落"格式对话框进行详细的格式设置，如图 3.3.1 所示。

（3）五种对齐方式：左对齐、右对齐、居中对齐、两端对齐和分散对齐，前三种很好理解，两端对齐的效果为段落的两侧齐平，最后一行如果不满行则按左对齐分布。分散对齐是每一行的文字全部均匀分布在每一行。五种对齐效果分别如下图 3.3.2 所示（文中多余的逗号是为效果演示而添加），仔细观察你会发现各种对齐效果的特点。（※考点：段落的对齐方式）

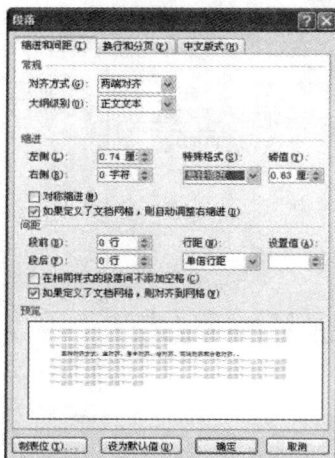

图 3.3.1

图 3.3.2

3.3.2　缩进

（1）选定需要设置缩进的段落，单击右键选择"段落"选项，打开段落对话框。

（2）在"缩进和间距"选项卡中，设置左缩进和右缩进，以及两种特殊格式："首行缩进"和"悬挂缩进"的磅值，完成后单击确定。

注意：缩进磅值可以手动输入将其更改为以"字符"或是"磅"值单位的参数，中文格式中首行缩进一般为 2 字符。

3.3.3　使用标尺

Word 2010 中的标尺分为水平标尺和垂直标尺，用于文档中的文本、图形、表格等元素的对齐设置。（※考点：标尺的使用）

（1）勾选"视图→标尺"命令，显示标尺，取消勾选则隐藏标尺。

（2）水平标尺上有四个滑动游标，左上游标为"首行缩进"，左中游标称为"悬挂缩进"，左下方块型游标称为"左缩进"，右侧游标称为"右缩进"，如图 3.3.3 所示。

（3）分别拖动上述四个游标可以快速地进行选中段落的首行缩进、悬挂缩进、左缩进和右缩进设置。

（4）水平标尺和垂直标尺都显示有边距阴影界线，拖动边界线可以调整页面边距，拖动的同时按住 Alt 键可以显示页面边距长度。

（5）双击标尺可以打开"页面设置"对话框，双击任意游标可以打开"段落"对话框。

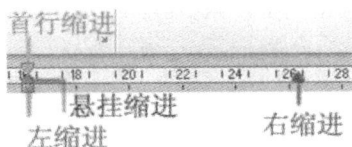

图　3.3.3

3.3.4　间距

在文档编辑过程中，我们通常会要调整行与行之间的距离或是让段与段之间留出更多空间，这时候就应该使用段落间距调整，而不是一个劲地按回车键空行。

（1）选中需要调整间距的段落，或是按 Ctrl＋A 全选整篇文档。

（2）执行"开始→段落→行和段落间距"功能区按钮，选择合适的行间距参数或是增加段前、段后间距，如图 3.3.4 所示。

（3）在"页面布局→段落→间距"功能区中，可以调整或改写"段前间距"与"段后间距"数值。

（4）在"开始→段落"功能区中单击"显示'段落'对话框"按钮，或是选中段落后单击右键，选择"段落"选项，在弹出的"段落"对话框中调整段前、段后间距数值，选择行距的各种形式并调整或填写参数值，如图 3.3.5 所示。

注意：行距为行与行之间的距离，段前和段后间距为段落与段落之间的距

离。（※考点：段落的间距）

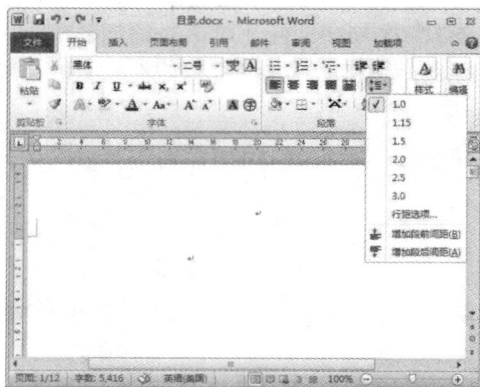

图 3.3.4

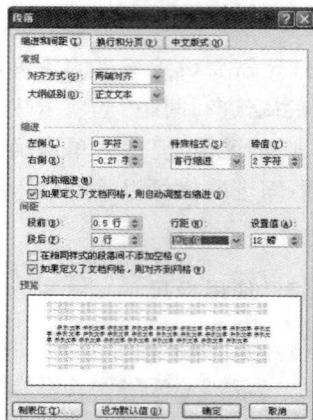

图 3.3.5

3.3.5 分栏

（1）选中所需要分栏的自然段或是整篇文档。

（2）执行"页面布局→页面设置→分栏"命令，弹出有一栏、二栏、三栏、偏左、偏右和"更多分栏"，这时根据需求确定栏数，如图 3.3.6 所示。

（3）点击"更多分栏"会弹出"分栏"对话框，在这里可以进行栏数、栏宽、间距、应用范围、是否带分隔线等详细参数设置，如图 3.3.7 所示。（※考点：分栏）

图 3.3.6

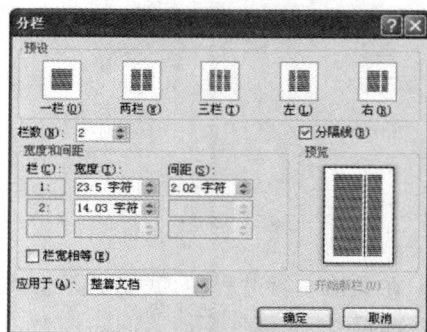

图 3.3.7

3.3.6 分隔符

在标准的出版书籍中，每一章都是另起一页，或是当文档分为三栏，第一栏内容输入完毕还剩大半空白，如何输入第二栏内容？有人用回车键一直空到下一页，可是当文档前面内容增删之后，后面用回车键留的空就会跟着移到另一页中，影响版面。要解决这个问题就需要用到"分隔符"功能。

（1）将光标定位到需要分页或是分栏的位置。

（2）执行"页面布局→分隔符"命令，在弹出的面板中选择"分页符"，则会将光标后面的所有内容移动到下一页显示，选择"分栏符"则会将光标后面的所有内容移动到下一栏显示，如图3.3.8 和图 3.3.9 所示。

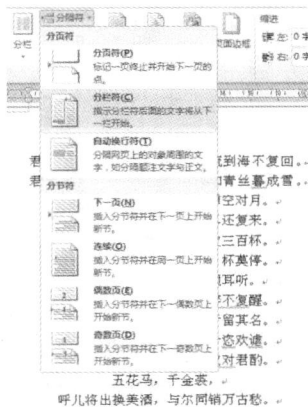

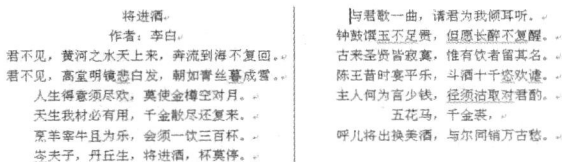

图　3.3.8　　　　　　　　　　　　图　3.3.9

（3）删除分隔符：分隔符是一种比较特殊的字符，但是默认情况下是隐藏的，执行"开始→段落→显示/隐藏编辑标记"命令，显示出所有 Word 2010 隐藏的标记符，找到分隔符标记，将光标定位到分隔符前方按 Delete 键或是它的后方按退格键删除它就可以了，如图 3.3.10 和图 3.3.11 所示。

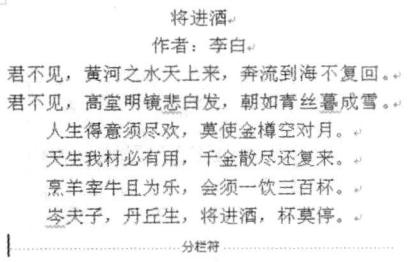

图　3.3.10　　　　　　　　　　　图　3.3.11

3.3.7　项目符号与编号

（1）选中需要增加或修改项目符号样式的某一段落或若干段落。

（2）执行"开始→段落→项目符号"命令，便会增加默认项目符号，点击下拉三角按钮，可以选择符号样式，单击完成设置，如图 3.3.12 和图 3.3.13 所示。

（3）选择"定义新项目符号"来制作新的符号样式，点击"符号"或"图片"按钮选择新的符号样式，点击"字体"按钮定义字体格式，选好对齐方式，预览满意后单击确定完成设置。

（4）执行"开始→段落→项目编号"命令，便会增加默认项目编号，点击下拉三角按钮，可以选择编号样式。

图 3.3.12

图 3.3.13

(5)选择"定义新编号格式"来制作新的编号样式,选择编号样式,在编号格式处修改自己喜欢的样式,如图 3.3.14 所示。注意:千万不可以删改系统固定的灰色序号编码,否则格式修改失败！修改完成之后可以打开"编号"命令按钮右侧的下拉面板,选择"编号库"里我们定义的项目编号即可应用自定义样式,如图 3.3.15 所示。

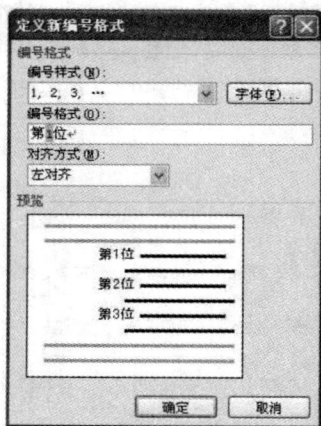

图 3.3.14

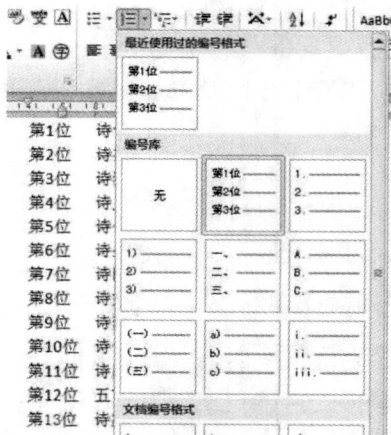

图 3.3.15

3.3.8 边框与底纹

(1)添加边框:鼠标左键拖选需要添加边框的单个或多个自然段,执行"开始→段落→框线"命令,单击下拉三角按钮,选择合适的边框样式。

(2)设置边框格式。

1)执行"开始→段落→框线"命令,单击下拉三角按钮,选择"边框和底纹"选项打开"边框和底纹"对话框的"边框"选项卡,如图 3.3.16 所示。

2)依次为边框选择合适的样式、颜色、宽度,在预览中单击框线可以增删边框线条,选择好应用范围,选择"文字"则边框线加在每一行文字的外围,选择"段落"则边框线加在每一自然段的外围。

3）选中段落所有文字，单击边框和底纹对话框中的"选项"按钮，弹出"边框和底纹选项"对话框可以修改边框与正文间距参数。

（3）切换到"边框和底纹"对话框中的"页面边框"选项卡，以同样方法可以设置页面边框格式。

（4）切换到"边框和底纹"对话框中的"底纹"选项卡，依次选择填充颜色、图案样式、颜色和应用范围，即可为文字或段落添加各种底纹样式，如图 3.3.17 所示。（※考点：底纹、边框修饰设置）

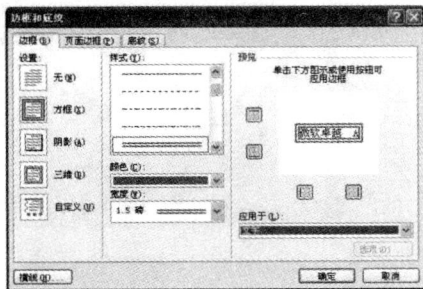

图　3.3.16

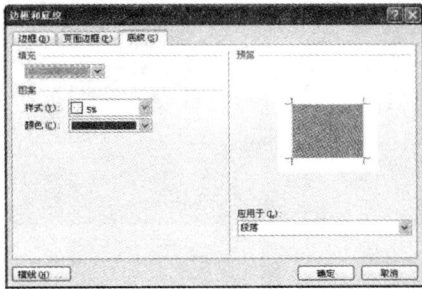

图　3.3.17

3.4　图　片　格　式

3.4.1　插入图片

切换到"插入→插图"功能区，可以插入以下类型图片：（※考点：图片的插入、删除）

（1）图片：来自电脑或其他外接媒体设备的图片。

（2）剪贴画：Word 2010 系统自带的各种剪贴画形式图片。

（3）形状：由用户使用系统基本图形组合创建图样。

（4）SmartArt：SmartArt 图形提供了一些模板，例如列表、流程图、组织结构图和关系图，可以在 Word 2010 中轻松地创建复杂的形状。

（5）图表：将 Excel 图表内容嵌入到 Word 2010 中来。

（6）屏幕截图：直接将屏幕图像截取到文档中来。

3.4.2　图像格式设置

1. 缩放

鼠标左键单击选中图片，在图片四周会出来圆形或矩形控制柄，如图 3.4.1 所示。鼠标左键点住矩形控制柄拖动图片可以上下左右拉伸，左键点住四角圆形控制柄可以等比例缩放图片，点住正上方绿圈控制柄拖动可以旋转图片。

2. 裁剪

选中图片，功能区便会出现"图片工具-格式"选项，执行"图片工具—格式→大小→裁剪"命令，图片四周会出现裁剪标记，如图 3.4.2 所示。鼠标左键点住裁剪标记并拖动将图片裁切到合适大小。单击裁剪按钮的下拉三角可以弹出若干选项，如图 3.4.3 所示，选择"裁剪为形状"可以调整图片显示区域,先选择一种图片样式再选择裁剪形状可以为图片设置出各种相框效果,如图 3.4.4 所示就是先选择图片样式中的"矩形投影"快速样式,再选择"裁剪为形状→六边形"的效果。

图 3.4.1

图 3.4.2

图 3.4.3

图 3.4.4

3.删除背景

选中图片,执行"图片工具—格式→调整→删除背景"命令,图片内部会出现显示区域设置框,如图 3.4.5 所示紫色区域为系统识别的背景区域,原色部分为保留区域,调整设置框即可预览效果,还可以使用删除背景状态下的"背景消除"标记进行局部微调,如图 3.4.6 所示,使用"标记保留的区域"工具将图像石墩阴影区域划线保留,则阴影也会原色显示,如图 3.4.7 所示。单击"保留更改"按钮完成背景删除,如图 3.4.8 所示。

图 3.4.5

图 3.4.6

图　3.4.7　　　　　　　　　　　图　3.4.8

4.图像调整

选中图片,切换功能区到"图片工具—格式→调整","更正"命令设置柔化与锐化,"颜色"命令可以调整饱和度、色调、重新着色,"艺术效果"命令可以改变图片显示效果,均可移动鼠标预览效果,单击鼠标确定修改。

5.压缩图片

选中图片,执行"图片工具—格式→调整→压缩图片"命令,弹出"压缩图片"对话框,如图3.4.9所示,选择"仅应用于此图片"则只对选中的图片执行压缩命令,取消勾选最对文档所有图片进行压缩。"压缩图片"命令下方还有"更改图片"命令,可以将该图替换为其他图片。如果图片设置有误,可以点击"更改图片"下方的"重设图片"撤销之前对该图的调整。

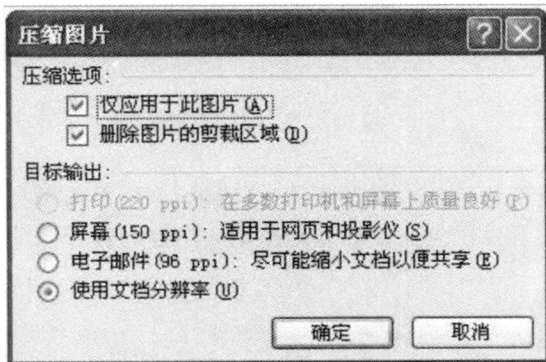

图　3.4.9

6.设置图片样式

选中图片,切换功能区到"图片工具—格式→图片样式",可以选择有预览的快速样式(右侧下拉按钮可以上下翻页和全部预览),还可以点击"图片边框"、"图片效果"、"图片版式"按钮进行详细设置。(※考点:图片的格式设置)

3.4.3　定位与环绕方式

鼠标左键点住图片拖动图片可以到合适位置,默认情况下图片是嵌入到文字中,上下分离,但是很多时候我们需要用到更多图文混排形式。(※考点:图文表混排)

1.图片位置

选中图片,执行"图片工具—格式→排列→位置"命令,可以设置九种图片在文档当前页面的相对位置,如图 3.4.10 所示。

2.自动换行

选中图片,执行"图片工具—格式→排列→自动换行"命令,可以设置七种常见的文字环绕方式,如图 3.4.11 所示。"紧密型环绕"与"穿越型环绕"区别在于可编辑环绕顶点的图片(如剪贴画、图形等)重新设置过环绕顶点之后,"穿越型环绕"可以顺着环绕顶点覆盖图片,其他几种环绕方式都比较容易理解。

图　3.4.10

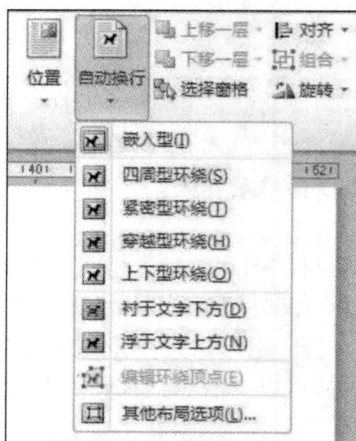

图　3.4.11

3.4.4　绘制图形

执行"插入→插图→形状"命令,如图 3.4.12 所示,鼠标单击选择一种形状,鼠标指针变为"＋"状态,即可在文档任意位置点住鼠标左键拖动来绘制各种线条与形状。

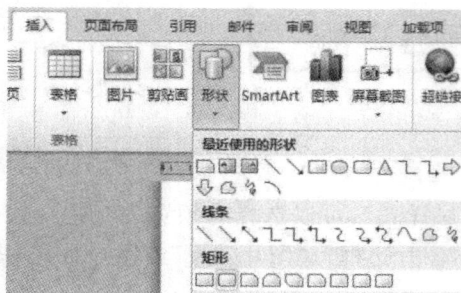

图　3.4.12

图　3.4.13

上面是插入单个形状方法,如果是绘制多个形状组合的图形,可以执行"插入→插图→形状→新建绘图画布"命令,然后在这个画布上创建各种组合图形,如图 3.4.13 所示。当然也可以不创建画布直接在文档中画出多个图形再按 Ctrl 键同时选中后对着图形单击右键选择"组合",使之成为一个整体图形。

快捷键操作:在绘制或修改图形的时候按住 Shift 键可以按原比例创建及缩放图形,在移动时按住 Shift 键可以使其在同一水平线上移动。在绘制或修改图形的时候按住 Ctrl 键可以按原图中心轴对称创建及缩放图形。

3.4.5　图形的基本操作

1.显示

选中我们创建的图形,执行"绘图工具—格式→排列→选择窗格"命令,可以显示出当前页面所有图形,如图 3.4.14 所示。在这里可以对图形进行重命名、显示和隐藏,可以设置每一个图形的层叠显示次序,当然对着图形单击右键也可以进行快捷设置。

2.旋转

选中图形之后上方出现的绿色圆形控制柄可以自由旋转图形,执行"绘图工具→格式→排列→旋转"命令,可以进行快速旋转,执行"绘图工具→格式→排列→旋转→其他旋转选项"命令,可以打开"布局"对话框,进行精确旋转,如图 3.4.15 所示。快捷键 Alt 配合左右方向键可以做到 15°一次旋转,与 Shift 键功能相同。

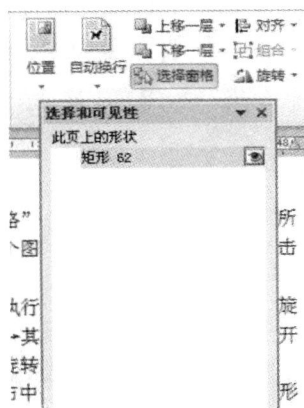

图　3.4.14

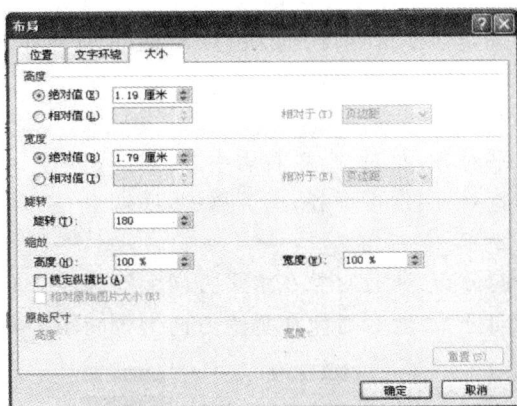

图　3.4.15

3.多选

按住 Ctrl 键配合鼠标左键单击可以同时选中多个图形,在画布中也可以按住鼠标左键并拖动形式来框选多个图形,以便后面进行统一的移动、复制等操作。图 3.4.16 所示为多个图形同时选中状态。

4.复制

创建多个相同图形时需要用到一些快捷的复制方法,鼠标左键拖动图形的同时按住 Ctrl 键,即可复制该图形,对多选的图形同样有效。在前面章节提到过的快捷 F4 和 Ctrl+D 也可以实现复制功能。

5.组合

同时选中两个以上图形,执行"绘图工具→格式→排列→组合"命令,可以组合为一个对象,进行移动、复制、样式设置等操作更为方便。组合对象也可以在组合功能按钮中选择"取消组合"来撤销组合。

注意:一些看似简单的图形组合起来也可以做到意想不到的效果,如图 3.4.17 所示组合成的电影胶片效果。

图 3.4.16

图 3.4.17

3.4.6 分布与对齐

在文档中绘制了多种图形,但是我们经常需要他们保持同样的高度和间距。执行:按 Ctrl 键同时选定多个目标图形,执行"页面布局→排列→对齐"命令,选择所需要的分布与对齐样式:

1. 对齐

水平对齐:左对齐,左右居中,右对齐。

垂直对齐:顶端对齐,上下居中,底端对齐。

2. 分布

横向分布:所有对象在水平方向上等间距分布,如图 3.4.18 所示。

纵向分布:所有对象在垂直方向上等间距分布,如图 3.4.18 所示。

图 3.4.18

3. 相对位置

对齐页面:以页面为参照物,如左对齐则所有对象对齐到文档页面的最左侧,如图 3.4.19 所示。

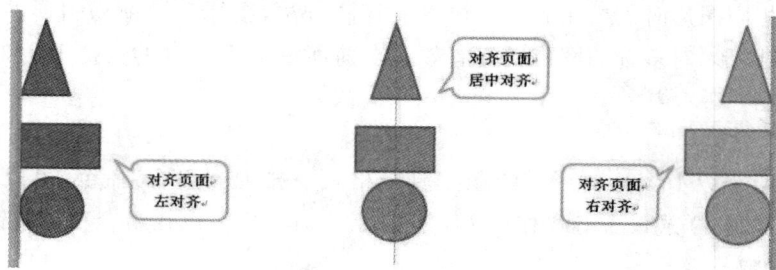

图 3.4.19

对齐边距：以页边距为参照物，如左对齐则所有对象对齐到页面边距的最左侧，与文档文字的上下左右范围相同，如图 3.4.20 所示。

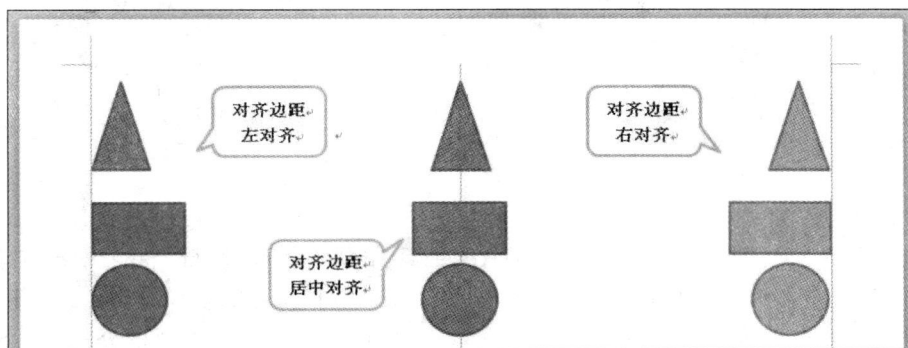

图　3.4.20

对齐所选对象：以所选对象为参照物，如左对齐则所有对象对齐到最左侧对象的最左侧位置，如图 3.4.21 所示。

注意：在选择对齐与分布之前一定要注意相对位置是否选择正确。

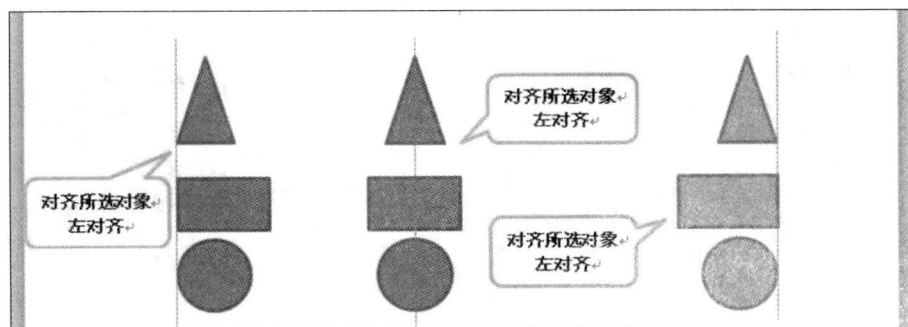

图　3.4.21

3.4.7　SmartArt 图形

利用 SmartArt 图形提供的模板我们可以轻松地创建一些复杂的形状，在工作中非常实用。

1.创建

执行"插入→插图→SmartArt"命令，根据需求选择 SmartArt 图形类型，如图 3.4.22 所示。

2.内容填充

单击 SmartArt 图形结构分支中的图片按钮插入图片，单击图形中"［文本］"字样可以添加文字，如图 3.4.23 所示。

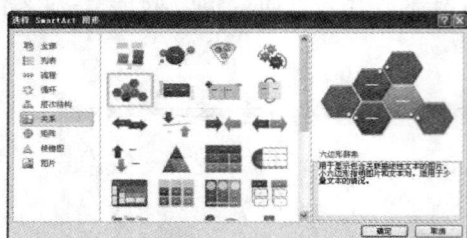

图 3.4.22

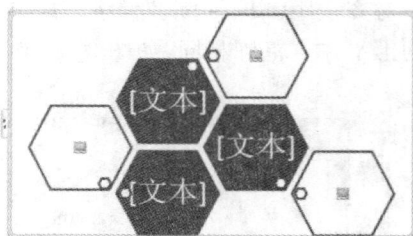

图 3.4.23

3. 修改图形

单击 SmartArt 图形,便会出现"SmartArt 工具"的功能区。执行"SmartArt 工具→设计→添加形状"命令,可以增加图形分支结构,如图 3.4.24 所示。执行"SmartArt 工具→设计→文本窗格"命令,可以为每一个图形分支添加文本,如图 3.4.25。选中图形分支,在"SmartArt 工具→设计"功能区可以选择"升级"、"降级"、"上移"、"下移"调整图形布局。单击文本的虚线边框(必须是文本的边框虚线)再按键盘上的"Delete"键即可删除不需要的分支。单击 SmartArt 图形的边框按"Delete"键即可删除 SmartArt 图形。

"SmartArt 工具"的设计与格式功能区其他功能与图片格式的功能大致相同,参考前文,不再赘述。

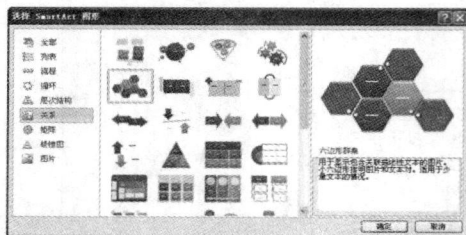

图 3.4.22

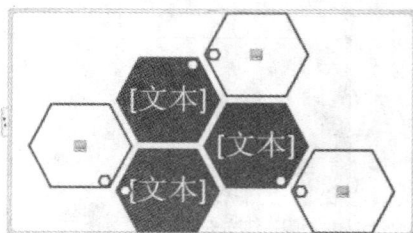

图 3.4.23

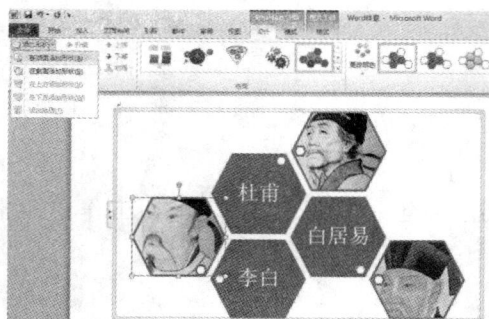

图 3.4.24

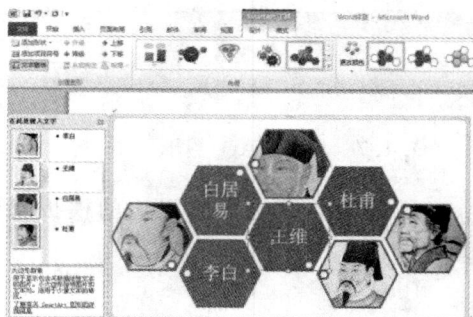

图 3.4.25

3.4.8 插入文本框

1. 插入文本框模板

执行"插入→文本→文本框"命令,在下拉框中选择合适的内置文本框模板,即可在文档编辑区创建出一个带有注释的文本框,单击文本框文字呈选定状态,此时可以随意编辑内容,如图 3.4.26 所示。

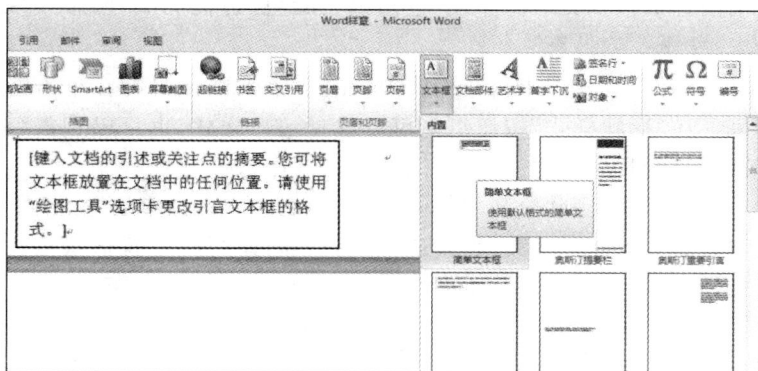

图　3.4.26

2.绘制文本框

执行"插入→文本→文本框"命令,在下拉框中选择"绘制文本框",鼠标呈现"＋"状态,在文档编辑区点住左键拖动即可绘制出横向空白文本框,单击文本框输入文本内容,如图 3.4.27 所示。同样还可以手动绘制出竖排文本框。

3.编辑文本框

鼠标左键点住文本框边框可以拖动文本框到合适位置,鼠标移到边框线上的中点可以拉伸文本框,四角可以缩放文本框,正上方绿圈可以旋转文本框。(※考点:文本框的编辑)

图　3.4.27

3.4.9 文本框格式设置

Word 2010 中内置了很多文本框样式,包括填充颜色、边框类型、阴影效果等。具体设置步骤如下:（※考点:文本框的设置）

(1)单击文本框,切换到"绘图工具→格式"功能区,该功能区只有在单击选中文本框的情况下才会显示出来。在"形状样式"按钮组里可以选择快速样式,也可以点击"形状填充"、"形状轮廓"、"形状效果"进行具体样式设置,如图 3.4.28 所示。

(2)单击选中文本框,切换到"绘图工具→格式"功能区,单击"形状样式"右下角"设置形状格式"按钮,或是对着文本框边框线(必须是边框线)点右键选择"设置形状格式",都可以打开"设置形状格式"对话框,进行详细的文本框样式设置,如图 3.4.29 所示。

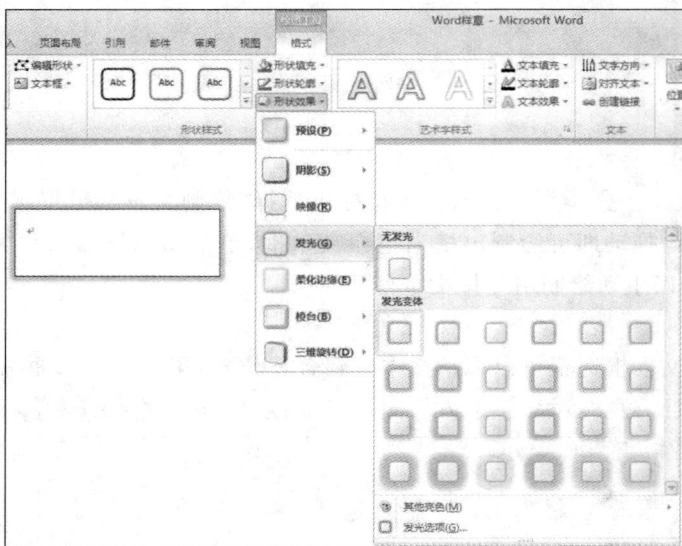

图　3.4.28

图　3.4.29

3.4.10　艺术字

艺术字既可以像文字一样便于操作又可以像图形一样修饰外观,是一个非常棒的文字工具。

1. 插入艺术字

执行"插入→文本→艺术字"命令,再单击选择喜欢的艺术字样式即可插入艺术字文本框。在文本框中输入文字,如图 3.4.30 所示。文字格式、缩放、旋转等操作与文本框相同。

2. 艺术字效果

选中艺术字,切换到"绘图工具→格式"功能区,在"艺术字样式"功能组中可以快速设置艺术字样式或是修改文字填充、轮廓与效果,如图 3.4.31 所示。单击功能组右下角的"设置文本效果格式"按钮打开对话框可以详细设置艺术字格式。

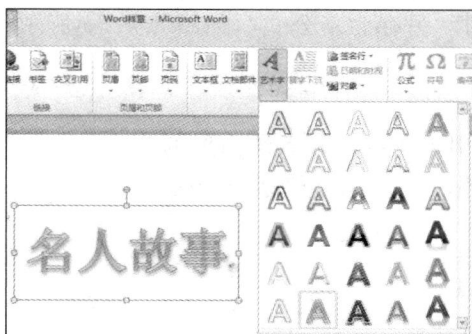

图　3.4.30

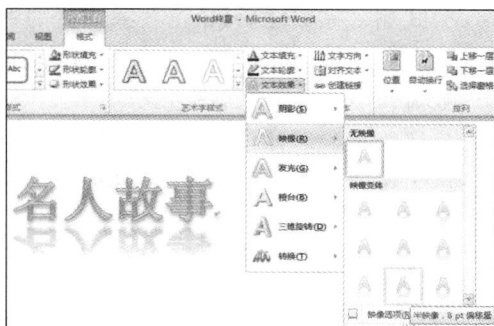

图　3.4.31

3.4.11　首字下沉

(1)将光标定位在需要首字下沉的段落中,执行"插入→文本→首字下沉"命令,下沉方式两种方式:"下沉"与"悬挂",如图 3.4.32 所示。

(2)单击"首字下沉选项"弹出"首字下沉"对话框,可以修改下沉位置、字体、行数及间距,如图 3.4.33 所示。单击下沉文字的边框,拖动边框控制柄可以随意缩放。

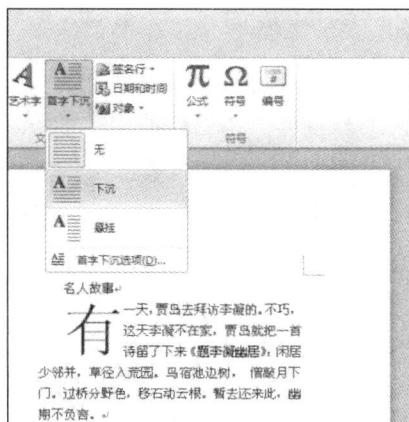

图　3.4.32

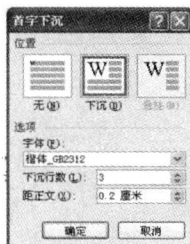
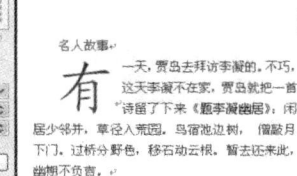

图　3.4.33

(3)首字下沉使用的是图文框,框内不但可以放置下沉文字还可以插入图片、批注、脚注等文字或图形,可以调整大小将其定位在页面任意位置。（※考点：首字下沉）

3.4.12　公式

1.插入

执行"插入→符号→公式"命令,弹出公式编辑框并显示"公式工具→设计"功能区,如图3.4.34所示。

2.输入

在"公式工具→设计→符号"中选择各种公式符号,在"公式工具→设计→结构"功能组中选择各种公式结构形式,鼠标左键单击选中虚线框并输入公式数据,如图3.4.35所示。

3.保存

公式输入完成之后,单击公式右侧的下拉边条,选择"另存为新公式",如图3.4.36所示,修改好名称单击确定即可保存到公式库中,如图3.4.37所示。

4.引用

再次单击公式命令右侧的下拉三角按钮即可看到刚刚保存的和系统内置的公式,这样就能多次引用而无需重复编辑了,如如图3.4.38所示。（※考点：数学工具的使用）

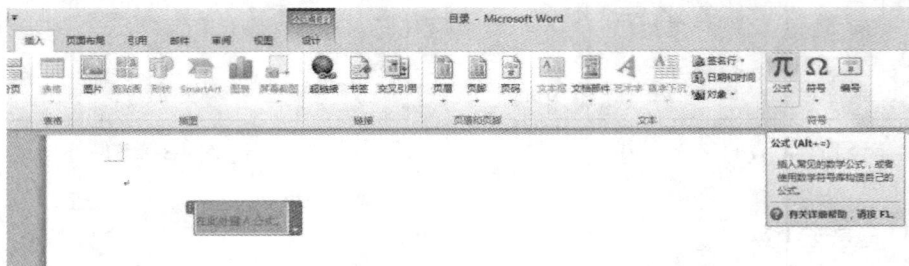

图　3.4.34

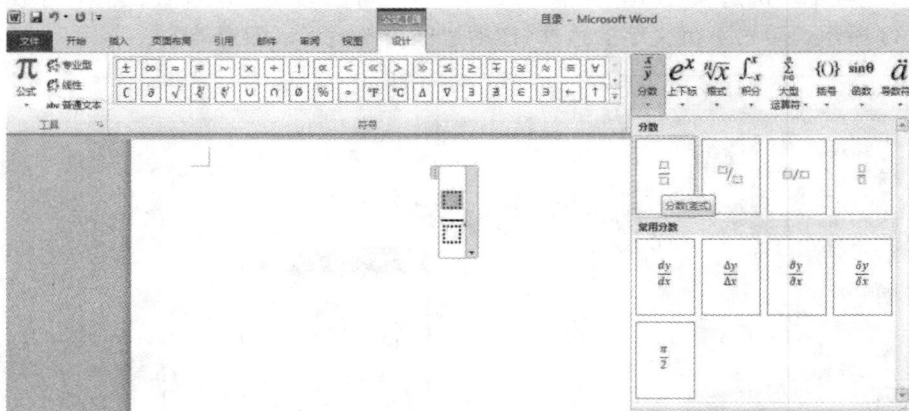

图　3.4.35

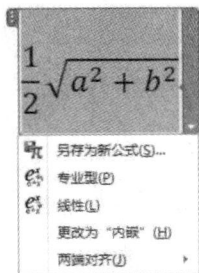

图　3.4.36

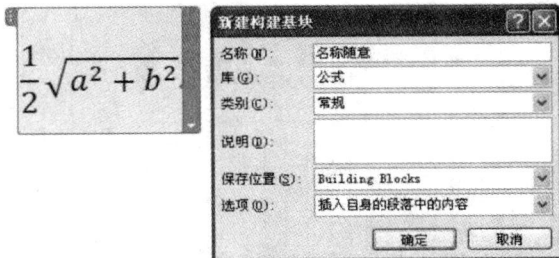

图　3.4.37

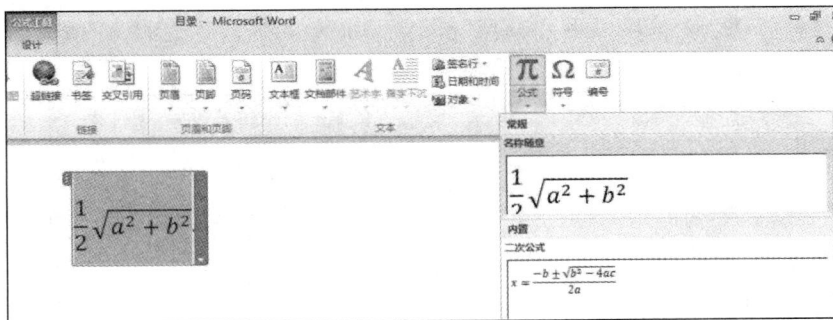

图　3.4.38

3.5　表 格 编 辑

3.5.1　创建表格

1.拖动

执行"插入→表格"命令,拖动鼠标在方块阵列预览中划出想要的表格行列数,如图 3.5.1 所示。

2.定制

执行"插入→表格→插入表格"命令,打开"插入表格"对话框,设置行列数据及"自动调整"操作。可以设置列宽为固定参数值,也可以设置为"根据内容调整表格",表格宽度会随着内容的增加而自动变宽,或是设置为"根据窗口调整表格",即在不超出窗口或可许边界的情况下最大限度地放宽列宽。选中"为新表格记忆此尺寸"复选框,则创建表格时将使用上一次设置过的尺寸,如图 3.5.2 所示。

3.手动绘制

执行"插入→表格→绘制表格"命令,鼠标变为铅笔样式,按住鼠标左键拖动,首先绘出一个矩形外框,然后再一行一列地画出表格,如图 3.5.3 所示。绘制完成表格后,按 ESC 键或点击"表格工具→设计→绘图边框→绘制表格"按钮取消绘制状态,再次点击则继续绘图。

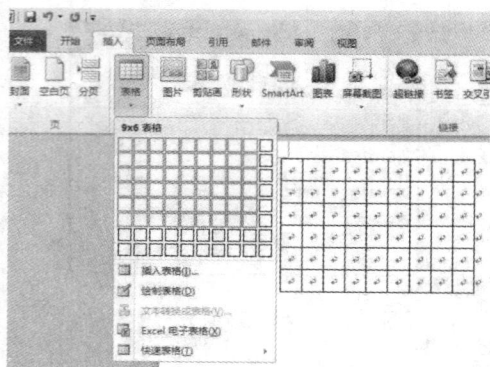

图 3.5.1

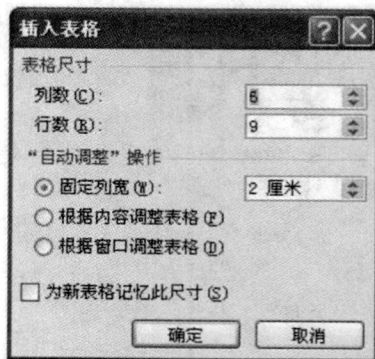

图 3.5.2

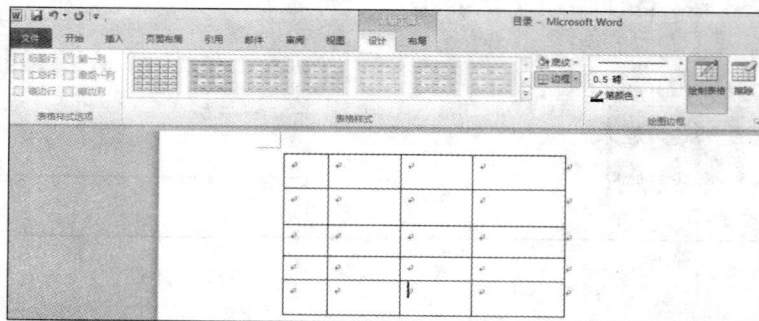

图 3.5.3

3.5.2 表格基本操作

1.选择

方法一:点住鼠标左键可以拖选单独的或连续的行、列甚至整个表格,按住 Ctrl 键可以选择不连续的单元格、行、列。

方法二:将光标定位在目标单元格或拖选若干单元格,执行"表格工具→布局→表→选择"命令,或者对着目标单元格单击右键,在弹出的菜单中也有"选择"命令同样可以达到选择目的。

方法三:将鼠标移动到单元格的左侧(仍然在单元格内部),当鼠标指针变为右倾黑色箭头时单击可以选中此单元格;将鼠标移动到行的左外侧,当鼠标指针变为右倾箭头时单击可以选中此行;将鼠标移动到列的上方,当鼠标指针变为向下黑色箭头时单击可以选中此列;当鼠标经过表格时表格左上角会出现一个四向箭头的控制柄,单击它可以选中整个表格。

2.大小

当鼠标经过表格时表格右下角会出现一个矩形控制柄,鼠标左键点住它拖动,可以调整表格大小或行列的高宽。

3.移动

鼠标左键点住表格左上角的控制柄并拖动,可以移动表格位置。

4.清除

选中整个表格按键盘上的退格键或是 Delete 键都可以执行删除命令。(※考点:表格编辑)

3.5.3　布局调整

1.行高与列宽

手动调整:鼠标移动到行列的边框线上,当鼠标指针变为双线带左右箭头时点住左键拖动即可手动调整行高与列宽。

自动调整:鼠标移动到列边框线上,当鼠标指针变为双线带左右箭头时双击左键,可以自动调整到最合适的列宽。

精确调整:切换到"表格工具→布局→单元格大小"功能区,可以精确调整行高与列宽参数值。

平均分布:将光标放入目标行(或列),执行"表格工具→布局→单元格大小→分布行(或列)"可以平均分布该行所有单元格行高(或该列所有单元格列宽),如图 3.5.4 和图 3.5.5 所示。

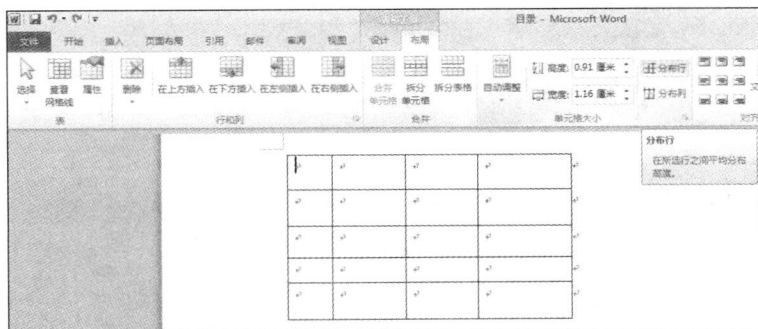

图　3.5.4

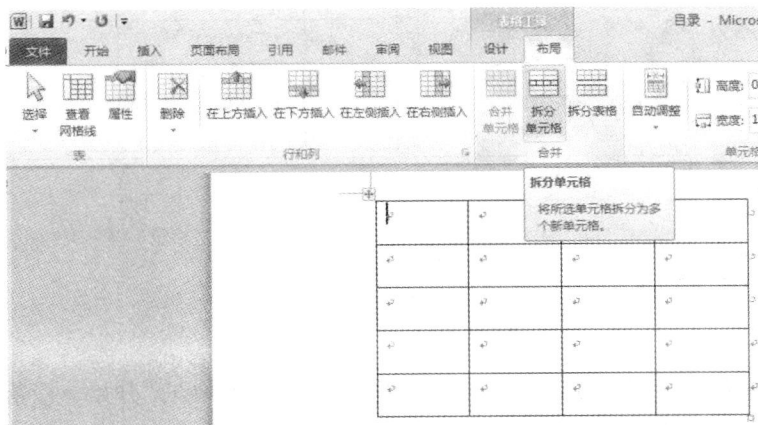

图　3.5.5

2. 拆分

将光标放入目标单元格,执行"表格工具→布局→合并→拆分单元格"命令,在弹出的对话框中输入要拆分的行、列数即可,如图 3.5.6 所示。

3. 合并

方法一:选中若干单元格、行或列,执行"表格工具→布局→合并→合并单元格"命令即可,如图 3.5.7 所示。

方法二:执行"表格工具→布局→绘图边框→擦除"命令,当鼠标指针变成橡皮擦样式时拖动鼠标左键即可删除目标行列,可以按 ESC 键停止擦除。(※考点:单元格格式设置)

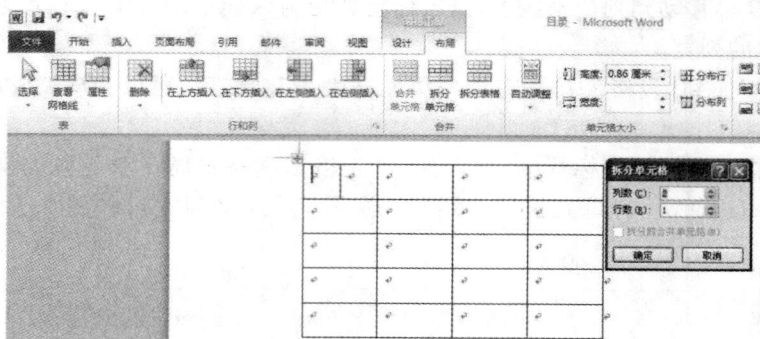

图 3.5.6

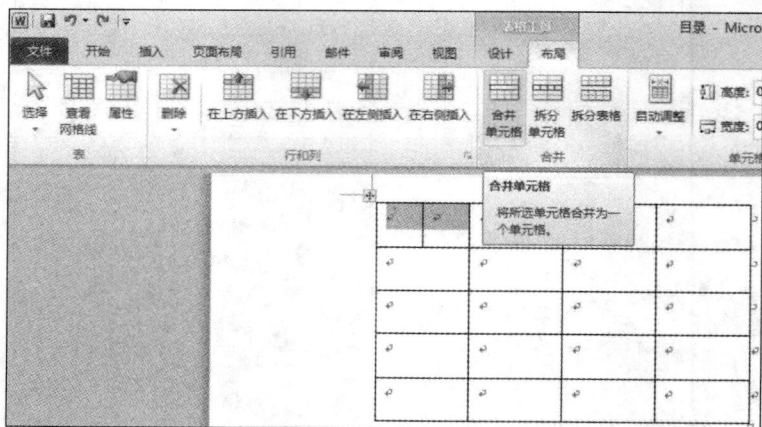

图 3.5.7

3.5.4 表格格式设置

1. 对齐方式

(1)表格对齐方式:单击表格左上角控制柄选中整个表格,执行"开始→段落"中的左对齐、居中对齐、右对齐可以设置表格在文档中的对齐方式,如图 3.5.8 所示。

(2)文字对齐方式:选中需要设置对齐方式的目标单元格文字,切换到"表格工具→布局→对齐方式"功能区,垂直方向上中下和水平方向左中右交叉出九种文字对齐方式,根据需要选择,如图 3.5.9 所示。

（3）文字方向:执行"表格工具→布局→对齐方式→文字方向"命令,改变文字显示方向。

（4）单元格边距:执行"表格工具→布局→对齐方式→单元格边距"命令,打开"表格选项"对话框,调整"默认单元格边距",也就是文字距单元格边框的距离,如图 3.5.10 所示。

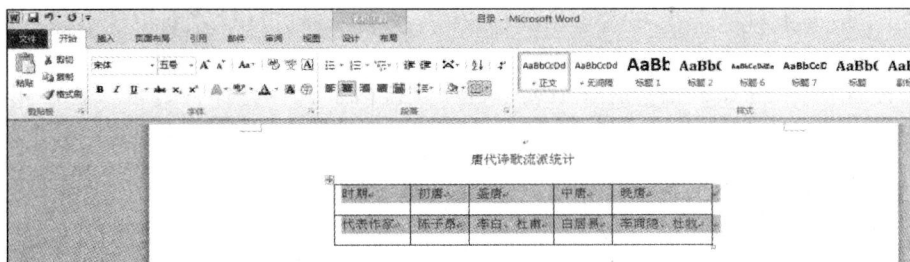

图　3.5.8

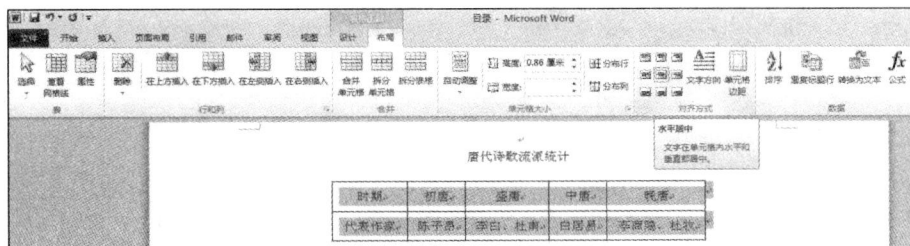

图　3.5.9

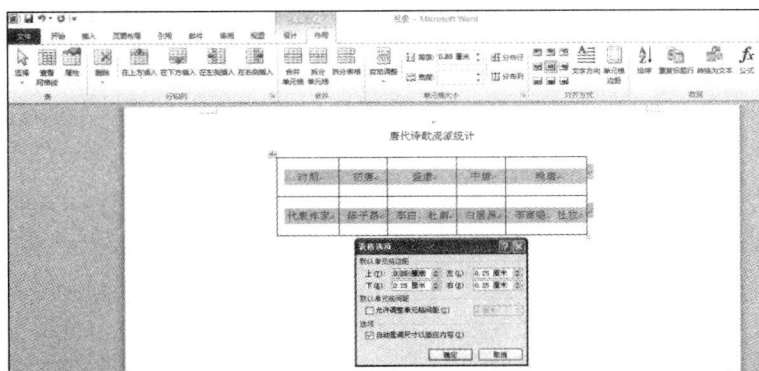

图　3.5.10

2.边框底纹

边框属性:切换到"表格工具→设计→绘图边框"功能区,里面有"笔样式""笔划粗细""笔颜色"三个功能按钮分别对应边框的三种属性:样式、粗细、颜色。

手动描边:分别选择合适的样式、粗细和颜色,鼠标指针变为铅笔状态,将需要改变样式的边框线条复描一遍即可,按 ESC 键取消绘图状态,如图 3.5.11 所示。

自动描边:鼠标单击目标单元格,执行"表格工具→设计→表格样式→边框下拉菜单→边框和底纹"命令,弹出"边框和底纹"对话框,如图 3.5.12 和图 3.5.13 所示,依次选择样式、颜色和宽度,预览框中可以添加或删除边框线,再选择好应用范围,即可为单元格或表格添加各种边框样式。

3. 底纹

快速设置:选中目标单元格或整个表格,执行"表格工具→设计→表格样式→边框→底纹"命令,选择合适的底纹颜色。

详细设置:选中目标单元格或整个表格,执行"表格工具→设计→表格样式→边框→边框和底纹"命令,弹出"边框和底纹"对话框,切换到"底纹"选项卡,依次选择填充颜色、图案样式和颜色,应用范围,即可为单元格或表格添加各种底纹样式,如图 3.5.14 所示。(※考点:表格格式设置)

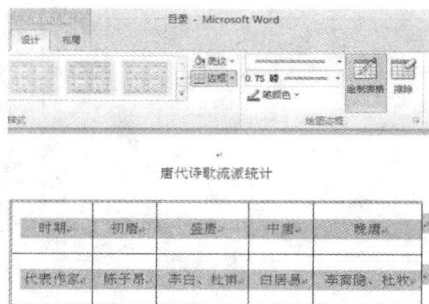

图 3.5.11

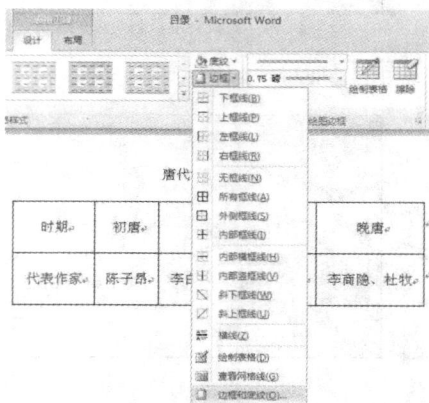

图 3.5.12

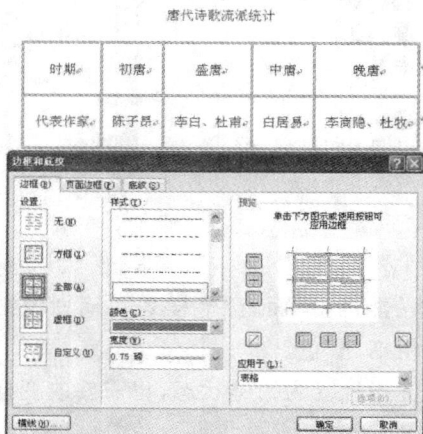

图 3.5.13

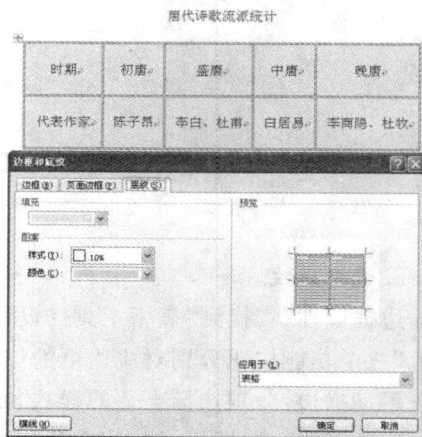

图 3.5.14

3.6　页面设置与文档输出

本节因教学需要放在了最后,但是在实际应用中都会在文档编辑初步就是进行部分页面设置,以减少因后期页面设置而对文档进行二次格式调整。（※考点：页面设置）

3.6.1　生成目录

(1)大纲级别设置:选中文档中想要作为目录标题的正文标题,打开"开始→段落"功能区右下角的"显示'段落'对话框",按标题级别来选择"大纲级别",一级标题就选"1 级",如图 3.6.1 所示,小节标题就选"2 级",如图 3.6.2 所示,以此类推,其余标题就选"3 级"。

(2)格式复制:完成一个正文标题的大纲级别设置之后,双击格式刷复制该标题的大纲级别格式,再应用到所有相同级别的标题上,这样操作就非常迅速了。

(3)生成目录:将光标定位到目录插入位置,执行"引用→目录→目录"命令,在弹出的面板中选择"插入目录",如图 3.6.3 所示。弹出"目录"对话框,如图 3.6.4 所示,设置好目录格式与显示级别单击确定即可为文档自动添加目录了,效果如图 3.6.5 所示。

图　3.6.1

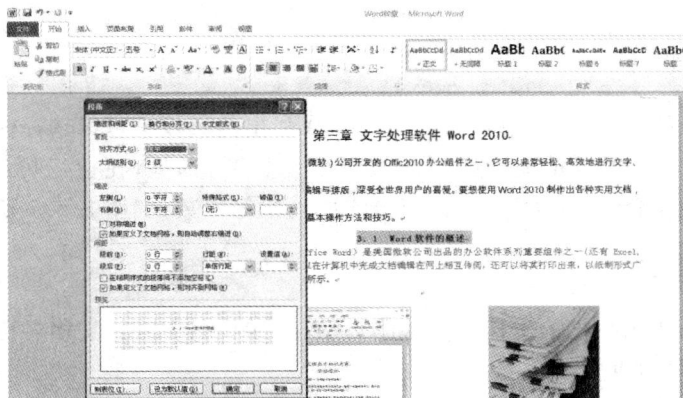

图　3.6.2

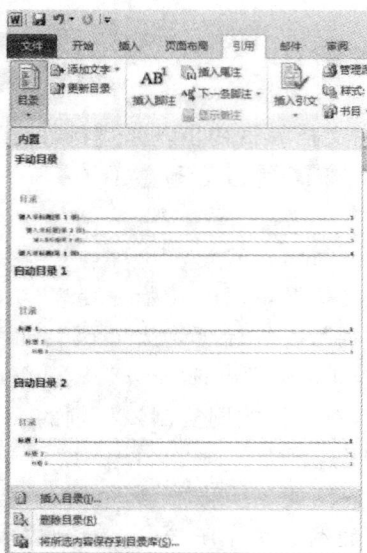

图 3.6.3

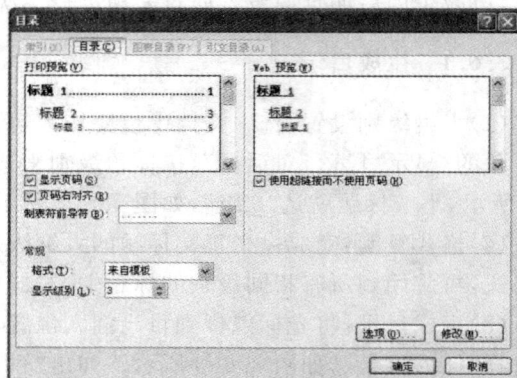

图 3.6.4

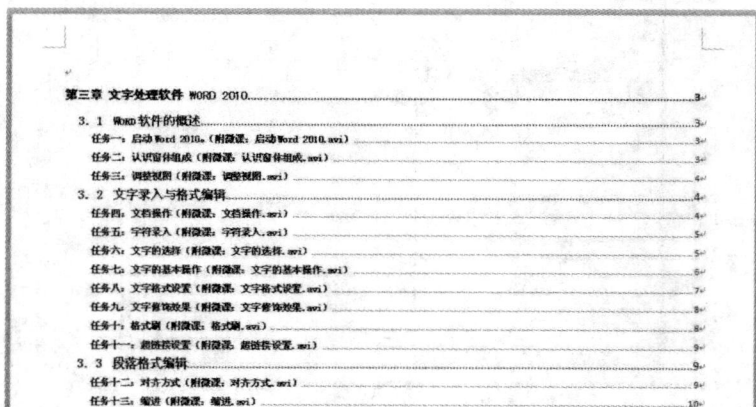

图 3.6.5

3.6.2 页边距

执行"页面布局→页面设置→页边距"命令,在弹出的面板中可以选择内置边距样式,如图 3.6.6 所示。也可以选择自定义边距,打开"页面设置"对话框,在这里可以精确设置上、下、左、右边距、装订线位置、纸张大小、方向以及文档网格等参数,如图 3.6.7 所示。

3.6.3 页眉页脚

页眉和页脚主要用来显示文档的一些附加信息,如页码、日期、文档名称、单位名称等。页眉在每个页面的顶部,页脚在底部。

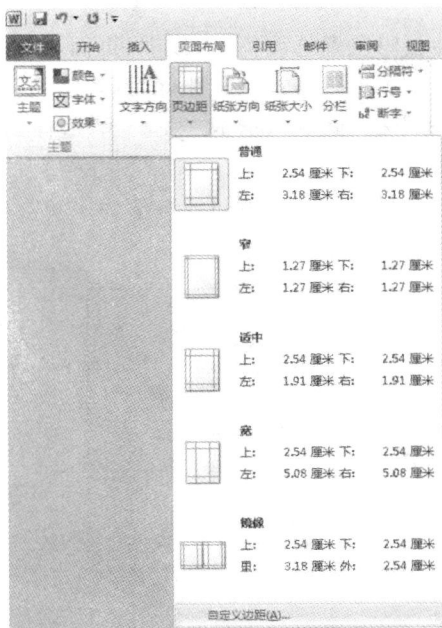

图　3.6.6

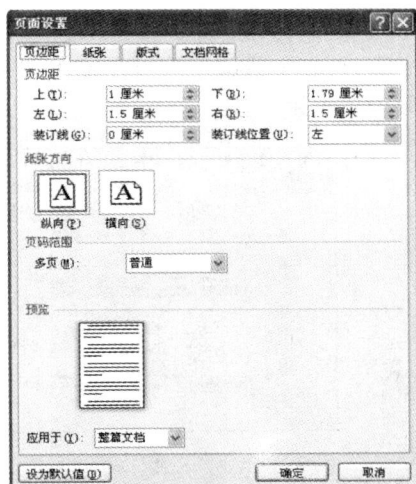

图　3.6.7

1.添加页眉

插入：打开 Word 2010 文档，执行"插入→页眉和页脚→页眉（或页脚）"命令，在弹出的下拉菜单中可以选择各种系统内置的页眉样式，也可以选择"编辑页眉"命令自定义页眉样式，如图 3.6.8 所示。

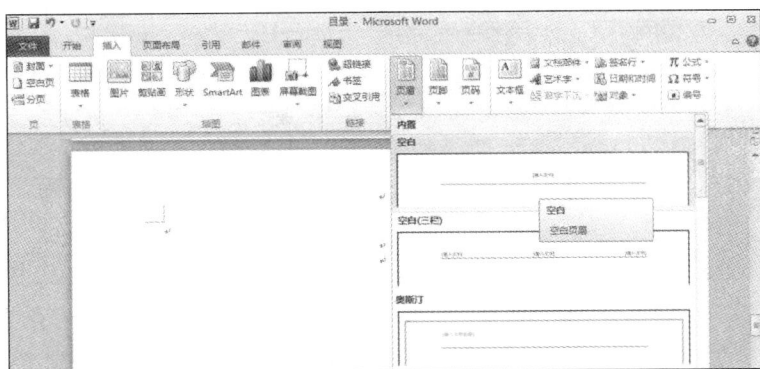

图　3.6.8

样式：在"页眉和页脚工具→设计→选项"功能区中可以设置"首页不同"和"奇偶页不同"，需要分别在奇数页和偶数页设置不同的页眉和页脚内容。"页眉和页脚工具→设计→位置"功能区中可以调整页眉页脚位置，如图 3.6.9 所示。

退出：在页面顶部虚线之上输入页眉内容，页面底部输入页脚内容，单击"关闭页眉和页脚"退出编辑。鼠标左键双击页眉和页脚区域可以再次进入编辑状态。

2. 添加页码

执行"插入→页眉和页脚→页码"命令,弹出四种页码位置选项:页面顶端、页面底端、页边距和当前位置,选择合适的页码样式,该按钮下还有"设置页码格式"和"删除"两个实用命令可用,如图 3.6.10 所示,还可在页码"5"前后分别加"第"和"页"字,形成"第 5 页"这样的完整样式。

注意:页眉和页脚不但可以输入文字,还可以插入图片。页码、时间等数值为系统参数,手动书写或删改无效。

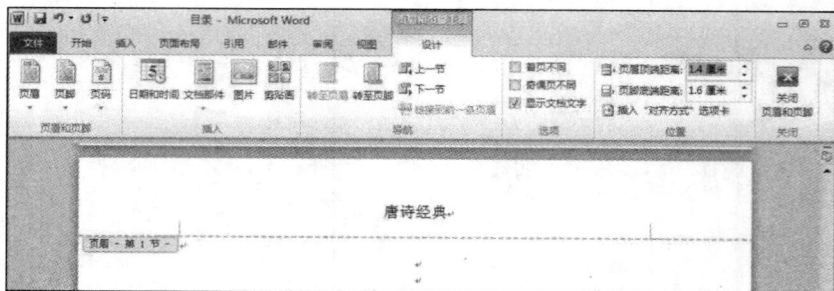

图 3.6.9

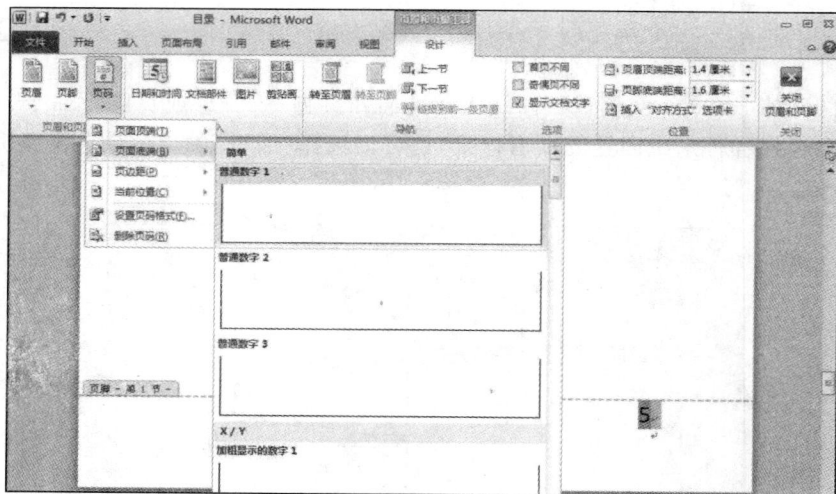

图 3.6.10

3.6.4 页面背景

1. 页面颜色

执行"页面布局→页面背景→页面颜色"命令,在弹出的颜色面板中选择页面背景颜色,如图 3.6.11 所示,也可以选择"填充效果"命令,设置颜色渐变、纹理、图案或图片为页面背景,如图 3.6.12 和图 3.6.13 所示。

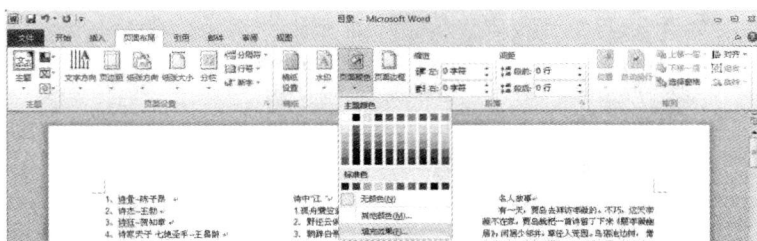

图　3.6.11

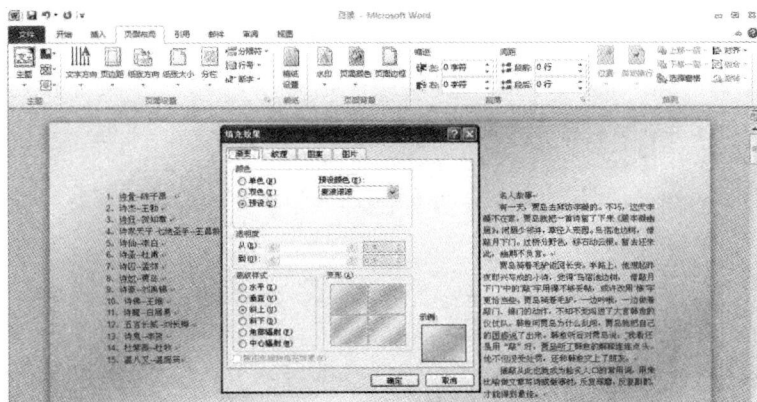

图　3.6.12

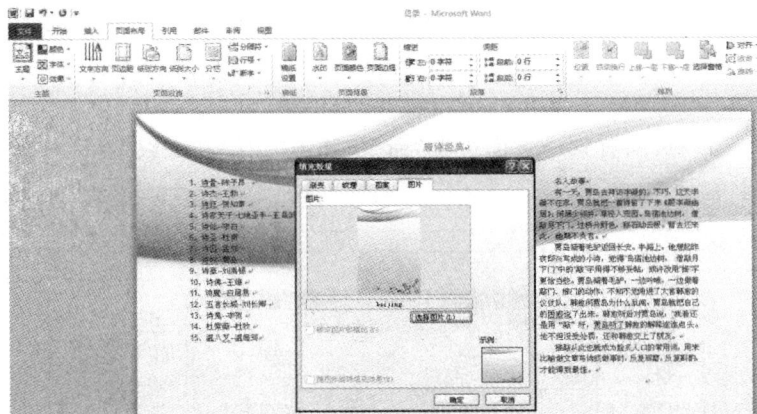

图　3.6.13

2. 水印

插入：执行"页面布局→页面背景→水印"命令，在弹出的水印面板中选择合适的水印，也可以选择"自定义水印"来自行设计水印文字、图片和样式，如图 3.6.14 和图 3.6.15 所示。

删除：再次单击水印命令按钮，选择"删除水印"即可。

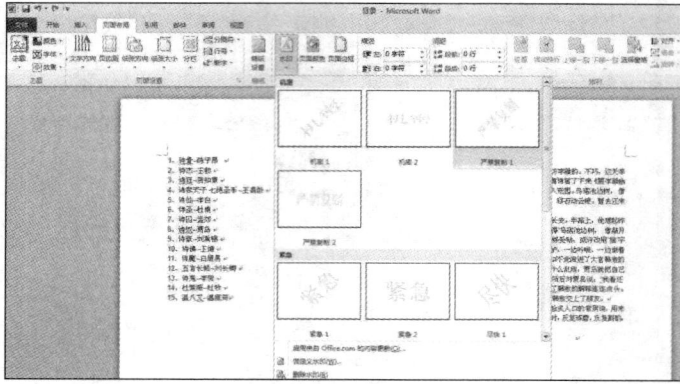

图 3.6.14

图 3.6.15

3.页面边框

执行"页面布局→页面背景→页面边框"命令,弹出"边框和底纹"对话框,设置好边框格式单击确定,如图3.6.16所示。

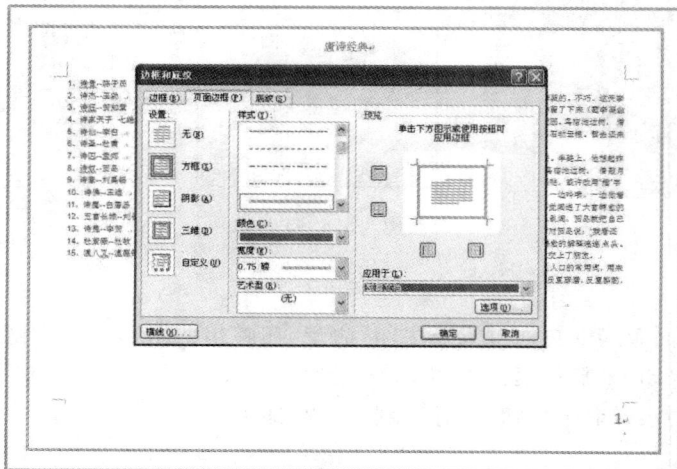

图 3.6.16

3.6.5　文档打印

执行"文件→打印"命令,右侧会显示出打印相关信息以及文档打印预览。根据打印预览情况有针对性地进行页面设置调整,比如图片、表格等显示不全,页眉、页脚、页码格式不正确,页边距不理想等等。打印界面如图 3.6.17 所示,下面介绍打印命令下的部分功能:(※考点:文档的打印输出)

图　3.6.17

1.份数

文档的打印份数,比如为班级学生打印试卷,有 50 人则设置打印 50 份。

2.打印机

选择一台与电脑连接或网络上的打印机打印该文档。

3.打印所有页

可以选择打印的文档目标为所有页、当前页和奇、偶页等。

4.页数

输入"1,2,5"以逗号隔开表示只打印第 1,2,5 页,输入"1-8"以连字符相接表示从第 1 页打印到第 8 页。

5.单面打印

每张纸只打印一面。

6.手动双面打印

需要先设置只打印奇数页内容,再将打印好的文档按页码顺序依次在背面打印偶数面内容。

7.调整

打印多份时,调整打印页面的打印次序,"1,2,3"是一次打印完整文档,再重复打印下一份,"1,1,1"是先把第一页打印够要求份数,再重复下一页。

8.进纸方向

打印机进纸方式分为纵向和横向。

9.选择合适的纸张大小

A4,210×297,Ⅱ。

10.每版打印 1 页

可以将文档的若干页缩放在一张纸上打印出来。

3.6.6 文档输出

执行"文件→保存"换原格式、原文件名称保存在原位置;执行"文件→另存为"命令,在弹出的"另存为"对话框中选择保存位置,修改文件名、保存类型可以将当前文档以其他名称、类型保存到其他位置,如图 3.6.18 所示。利用 Word 2010 制作板报效果如图 3.6.19 所示,发挥你的创造力,你可以做得更好!

注意:默认保存类型"Word 文档"是以 Word 2010 格式形式保存,该文档在 Office Word 2003、2007 等低级版本中需要下载兼容包才能顺利打开,所以如果想所有版本通用可以选择保存类型为"Word 97-2003 文档",但是文档中的一些 Word 2010 中的部分高级功能将受到限制和影响。

图　3.6.18

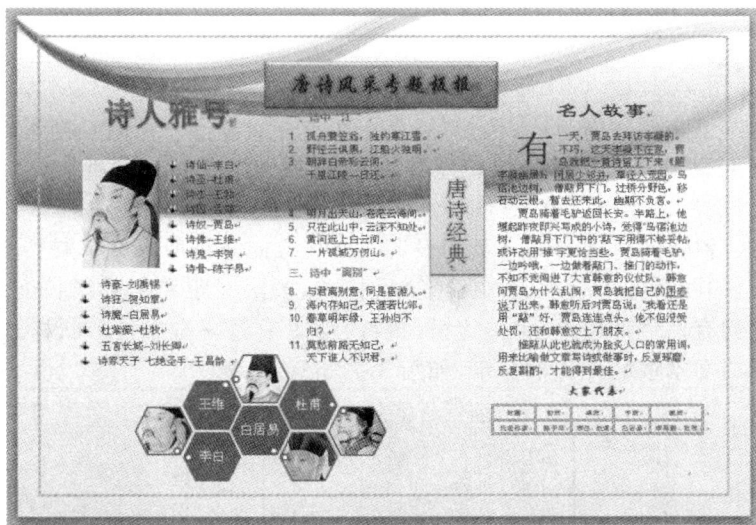

图　3.6.19

3.7　试卷的编辑

3.7.1　页面设置

新建一份空白文档,制作试卷的第一步就是进行页面设置。单击"页面布局→页面设置"功能区右下角的按钮,弹出"页面设置"对话框(见图 3.7.1);设定合适的页边距参数,一般情况下默认即可,"纸张方向"为横向,装订线设置为在左侧,可以留 1 厘米,为密封线留空。制作试卷常用的为 8 开纸,所以"纸张大小"为 B4(见图 3.7.2)。

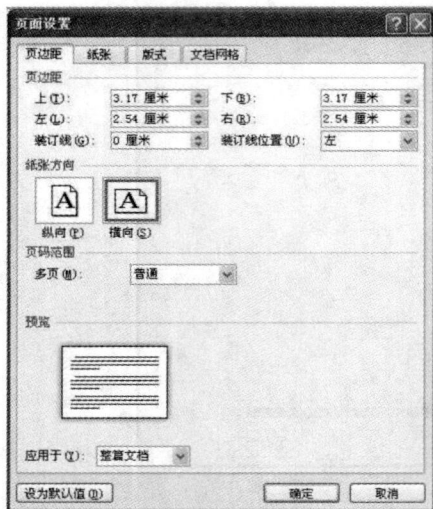

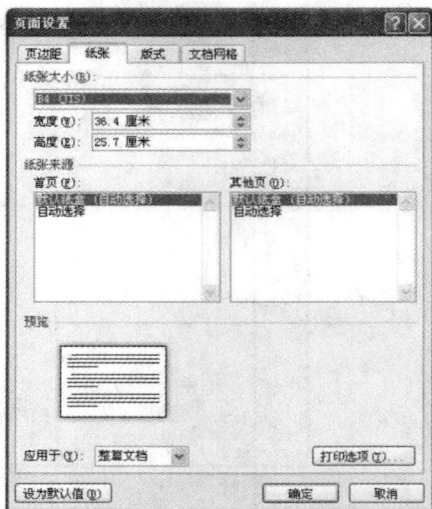

图 3.7.1   图 3.7.2

3.7.2 密封线

一般使用文本框来制作密封线,执行"插入→文本→文本框→绘制竖排文本框"命令,在试卷的左侧由上到下绘制出密封线区域长宽的文本框来,第一行输入"姓名:＿＿＿＿＿＿＿班级:＿＿＿＿＿＿学号:＿＿＿＿＿＿＿",第二行输入"密封线→—密封线",如图 3.7.3 所示。光标定位在文本框内容,然后执行"页面布局→页面设置→文字方向→将所有文字旋转 270 度"命令,文字就反转正确了,如图 3.7.4 所示。再调整文字格式、段落间距和密封线长度,如图 3.7.5 所示。这时文本框会有黑色外边框,单击边框,执行"绘图工具→格式→形状样式→形状轮廓→无轮廓"命令,取消文本框的外边框显示,如图 3.7.6 所示。

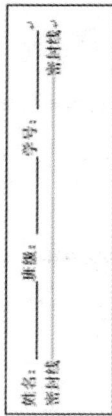
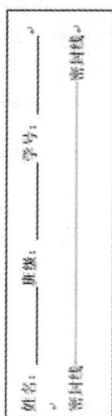

图 3.7.3   图 3.7.4   图 3.7.5   图 3.7.6

3.7.3　答题卡

为了提高阅卷效率,通常我们会制作答题卷或答题卡形式表格。插入适当行列数的表格制作简易的答题表格,数字居中显示,如图 3.7.7 所示。

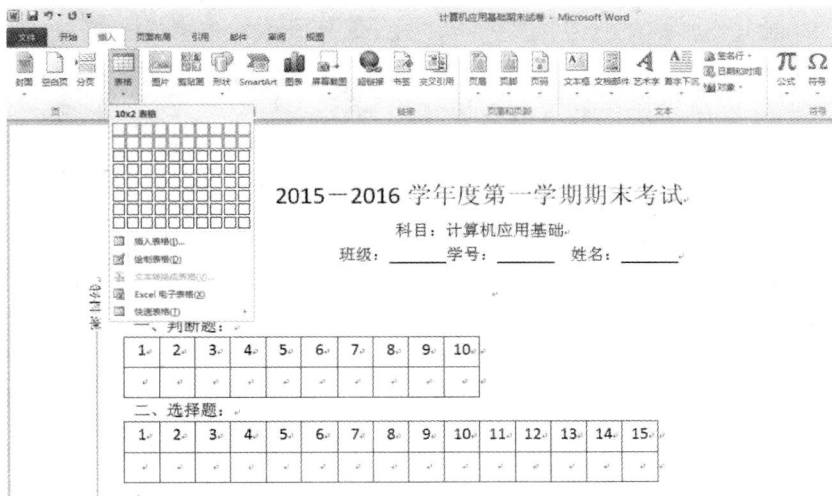

图　3.7.7

3.7.4　分栏

试卷内容输入完成之后,通常我们会将试卷页面内容划分为左右两部分,执行"页面布局→页面设置→分栏→更多分栏"命令,如图 3.7.8 所示,打开"分栏"对话框,设置为两栏并添加分隔线,如图 3.7.9 所示,暂时看不到分隔线是因为第二栏还没有录入文字,整体效果如图 3.7.10 所示。

图　3.7.8

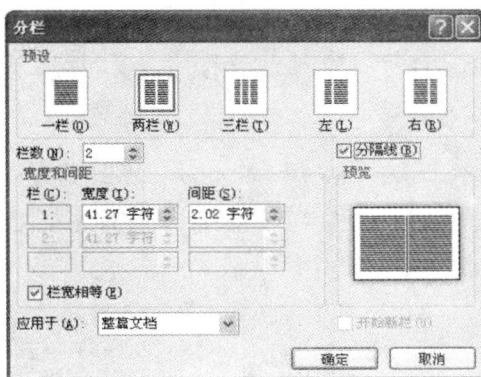

图　3.7.9

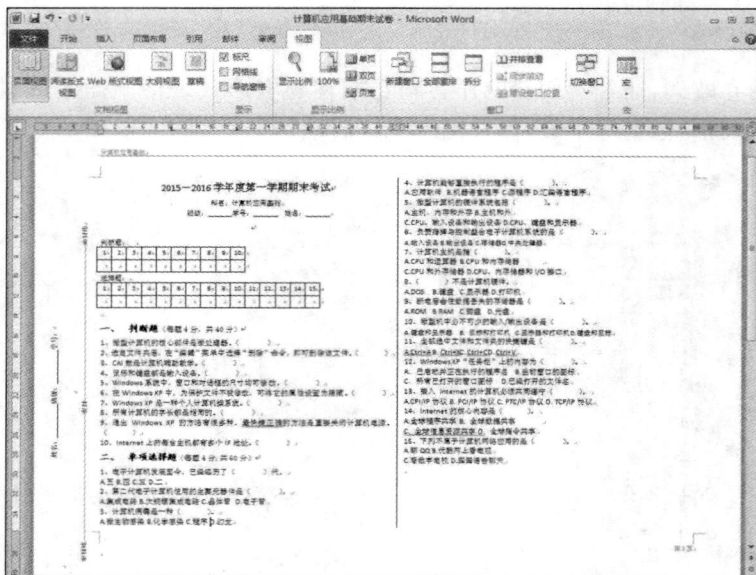

图 3.7.10

3.7.5 制表位

使用空格或 Tab 键无法将试卷的所有答案选项全部对齐,最好的办法是使用制表位功能。注意:在使用制表位控制选项对齐时不要在选项之间使用任何空格或 Tab 键,否则会导致选项错位。

(1)选中该栏所有选择题文字内容,执行"视图→显示→标尺"命令,显示出标尺,如图3.7.11所示。

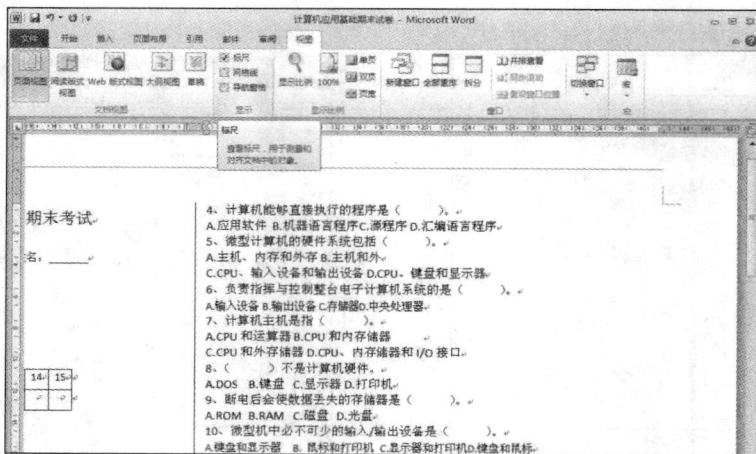

图 3.7.11

(2)在水平标尺上需要对齐的位置单击鼠标左键,标尺上就会出现黑色直角符号模样的制表符,如此设置三个等间距制表符,如图 3.7.12 所示,可以平均分配四个选项的间距。拖动制表位标记符号可以调整制表符间距,拖动的按下 ALT 键,可以精确地设置制表符位置。

(3)在 A 选项内容之后,按 Tab 键可以将 B 选项内容移到下一个制表位,按回车键可以将 C 选项内容移动到下行显示,在 C 选项内容之后,按 Tab 键可以将 D 选项内容移到下一个制表位,依次完成所有题目选项设置,如图 3.7.13 所示。

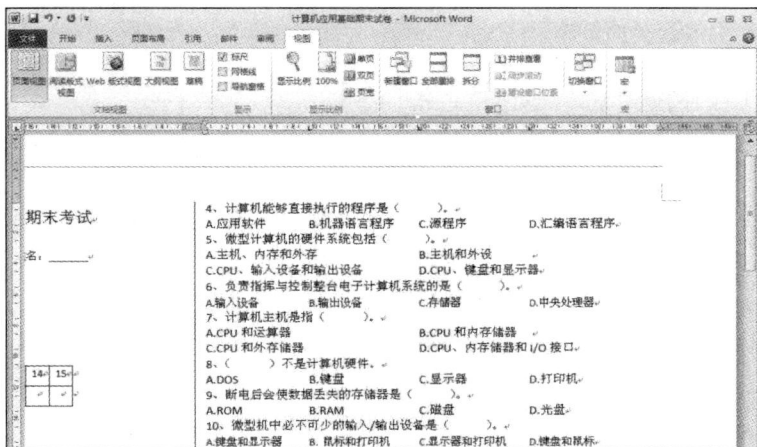

图　3.7.12

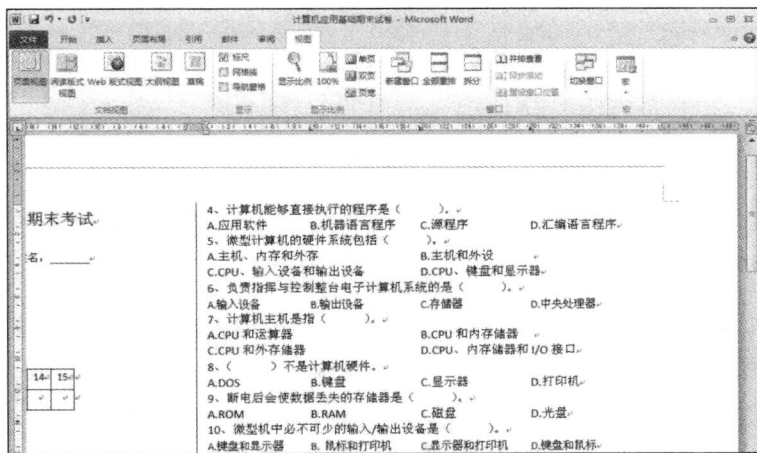

图　3.7.13

3.7.6　作文表格

执行"插入→表格→插入表格"命令,插入一个 20 列、2 行的表格。全选第二行所有单元格,单击右键执行"合并单元格"命令,如图 3.7.14 所示。调整表格大小将第一行单元格近似正方形,鼠标对第二行单击右键选择"表格属性",弹出"表格属性"对话框,"指定高度"设置为 0.3 厘米,"行高值"改为"固定值",如图 3.7.15 所示,然后单击确定。全选整个表格,按 Ctrl＋C 复制,在表格紧接着的下一行按 Ctrl＋V 粘贴,两个表格自动合并,不断粘贴作文表格完成,效果如图 3.7.16 所示。

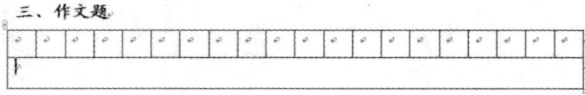

三、作文题

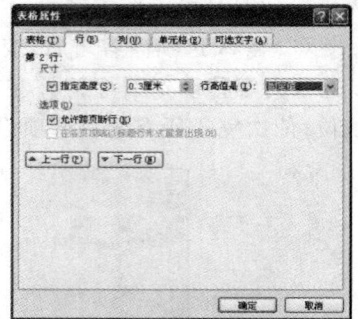

图　3.7.14　　　　　　　　　　　　　　　　　　　图　3.7.15

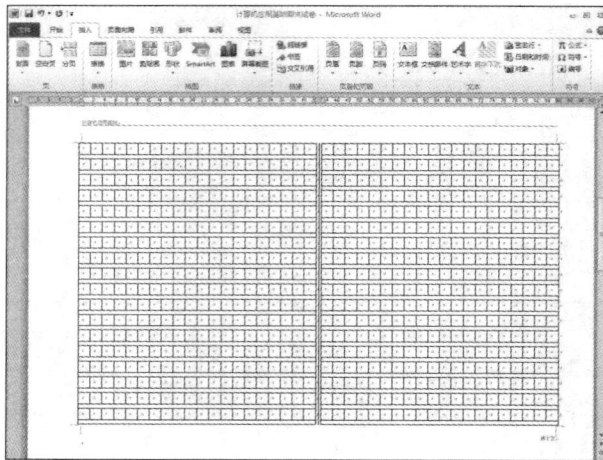

图　3.7.16

3.7.7　模板

　　如果经常制作试卷,那就应该将一些典型的试卷做成模板。删除所有不通用的试卷内容,执行"文件→另存为"命令,在弹出的"另存为"对话框中设置"保存类型"为"Word 模板",以后就可以利用这个模板快速制作新的试卷了,如图 3.7.17 和图 3.7.18 所示。

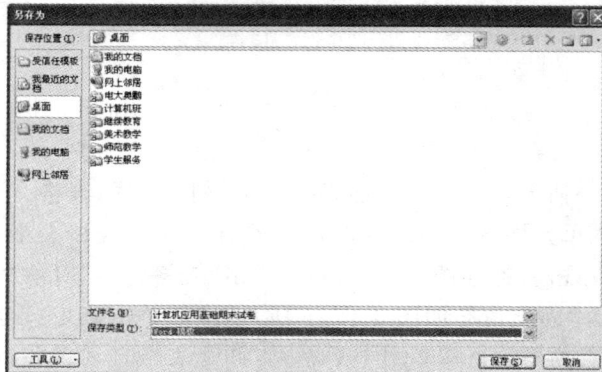

图　3.7.17

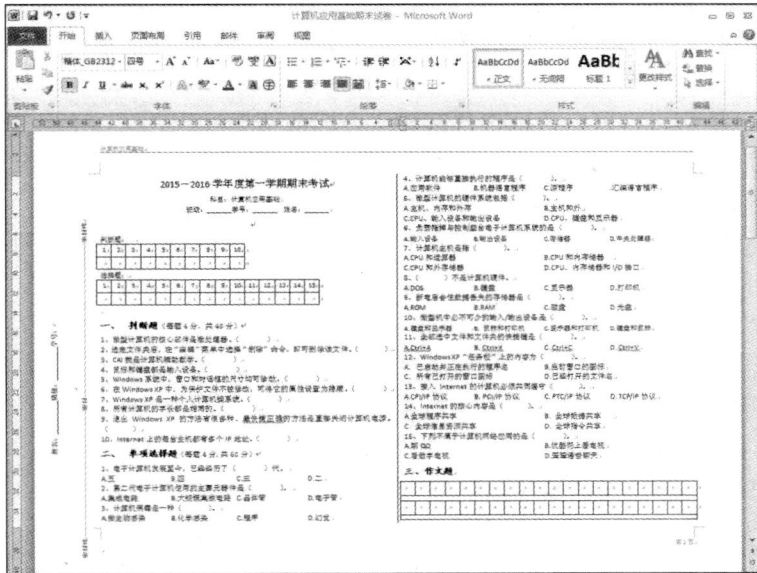

图　3.7.18

3.8　实　　　训

理 论 实 训

一、单项选择题

1. Word 2010 文档默认的文件扩展名为(　　　)。

(A)TXT 　　　　　　(B)WPS 　　　　　　(C)DOC 　　　　　　(D)ERI

2. 在编辑文档时,如要看到页面的实际效果,应采用(　　　)。

(A)普通视图 　　　　(B)大纲视图 　　　　(C)页面视图 　　　　(D)主控文档视图

3. Word 2010 中(　　　)方式可以显示出页眉和页脚。

(A)普通视图 　　　　(B)页面视图 　　　　(C)大纲视图 　　　　(D)全屏幕视图

4. Word 2010 的(　　　)菜单中含有设定字体的命令。

(A)编辑 　　　　　　(B)格式 　　　　　　(C)工具 　　　　　　(D)视图

5. 将文档中一部分内容复制到别处,先要进行的操作是(　　　)。

(A)粘贴 　　　　　　(B)复制 　　　　　　(C)选择 　　　　　　(D)剪切

6. 在 Word 2010 中若要将一些文字设置为黑体字,则先(　　　)。

(A)单击"B"按钮 　　　　　　　　　　　　(B)单击"I"按钮

(C)单击带下画线的 U 按钮 　　　　　　　(D)选定文本按钮

7. 同时打开多个 Word 2010 文档,单击"窗口"菜单中"全部重排"命令,则(　　　)。

(A)当前窗口中的文字全部重新排版 　　　(B)所有窗口重叠排列在屏幕上

(C)所有窗口平铺排列在屏幕上　　　　　　　　(D)多个窗口轮流在屏幕上显示

8.把光标快速移动到文档顶部,应按下( )键。

(A)Ctrl+↑　　　　(B)Home　　　　(C)Ctrl+Pgup　　　(D)Ctrl+Home

9.利用键盘,按( )可以实现中西文输入方式的切换。

(A)Alt+空格键　　(B)Ctrl+空格键　　(C)Alt+Esc　　　(D)Shift+空格键

10.转换为插入状态应( )。

(A)双击状态栏"改写"按钮　　　　　　　(B)单击状态栏"录制"按钮

(C)单击"标尺"按钮　　　　　　　　　　(D)双击鼠标右键

11.在文档中选择一个段落,可以将鼠标移到段落的左侧空白处(选定栏),然后( )。

(A)单击鼠标右键　　(B)单击鼠标左键　　(C)双击鼠标左键　　(D)双击鼠标右键

12.用拖动的方法把选定的文本复制到文档的另一处,可以( )。

(A)按住鼠标左键将选定文本拖动到目的地后松开

(B)按住 Ctrl 键,同时将选定文本拖动到目的地后松开左键

(C)按住 Shift 键,同时将选定文本拖动到目的地后松开左键

(D)按住 Alt 键,同时将选定文本拖动到目的地后松开左键

13.每单击一次工具栏中的"撤销"按钮,是( )。

(A)将上一个输入的字符清除　　　　　　(B)将上一次删除的字符恢复

(C)撤销上一次的操作　　　　　　　　　(D)撤销当前打开的对话框

14.要在文档当前段落中换行但不形成一个段落,新行的格式与当前段落格式相同,应按( )键。

(A)Shift+Enter　　　(B)Ctrl+Enter　　　(C)Enter　　　　(D)Alt+Enter

15.在文档中插入分节符后,要查看分节符的位置,只能在( )中才能看到。

(A)普通示图　　　　　　　　　　　　　(B)页面示图

(C)全屏示图　　　　　　　　　　　　　(D)普通示图与大纲示图

16.当前插入点在表格中最后一个单元格内,按 Tab 键后,( )。

(A)插入点所在的列加宽　　　　　　　　(B)插入点所在的行加宽

(C)在插入点下一行增加一行　　　　　　(D)在插入点右侧增加一列

17.在 Word 2010 中,( )一般在文档的编辑、排版和打印等操作之前进行,因为它对许多操作都将产生影响。

(A)页面设置　　　(B)打印预览　　　(C)字体设置　　　(D)页码设定

18.Word 2010 操作具有( )的特点。

(A)先选择操作对象或设定插入点,然后选择操作项

(B)先选择操作项,然后选择操作对象或设定插入点

(C)需同时选择操作对象和操作项

(D)需将操作对象拖到操作项上

19.在 Word 2010 中,要改变表格的大小,可以( )。

(A)使用图片编辑工具　　　　　　　　　(B)使用字符缩放

(C)拖动表格右下端的缩放手柄　　　　　(D)拖动表格左上方的移动手柄

20.在表格中,两个单元格之间的表格变成虚框线后,这两个单元格( )。

(A)合并成一个单元格　　　　　　　　(B)仍然是两个单元格

(C)不再属于表格的一部分　　　　　　(D)不再存在

21.要把文本框的边框去掉,可以选定文本框再按右键,在快捷菜单中选择(　　　)。

(A)创建文本框链接　　　　　　　　　(B)设置自选图形的默认格式

(C)设置文本框格式　　　　　　　　　(D)叠放次序

22.在 Word 2010 文档编辑中,将一部分内容改为四号楷体,然后,紧接着这部分内容后输入新的文字,则新输入的文字的字号和字体为(　　　)。

(A)四号楷体　　　　(B)五号楷体　　　　(C)五号宋休　　　　(D)四号宋休

23.在 Word 2010 文档中,用鼠标连续击三次文档中的某个汉字,则选定的内容为(　　　)。

(A)该汉字　　　　　　　　　　　　　(B)包含该汉字在内的一组连续的汉字

(C)该汉字所在的一个句子　　　　　　(D)该汉字所在的段落

24.在下列有关 Word 2010 的叙述中,不正确的是(　　　)。

(A)工具栏所能完成的功能均可通过菜单命令实现

(B)"段落"对话框中可设置行间距,但不可设置字间距

(C)绘制的表格"外框"可以不是四边形

(D)所有的菜单命令都有相应的热键

25.为了突出显示文档的某些内容,可以为该部分内容加底纹,但不能为(　　　)加底纹。

(A)段落　　　　　　(B)表格中的单元格　　(C)选定的文字　　　(D)图形

26.在 Word 2010 中,要将文档保存为与 Word 2010 兼容的格式,应(　　　),再在出现的对话框中作一步设定。

(A)先选择菜单"文件"中的"属性"命令

(B)选择菜单"视图"中的"工具栏"命令

(C)选择菜单"工具"中的"选项"命令

(D)选择菜单"格式"中的"段落"命令

27.在 Word 2010 中,当鼠标变成(　　　)形状时,可以直接单击左键选中某个单元格。

(A)指向左上角的空心箭头　　　　　　(B)指向左上角的实心箭头

(C)指向右上角的空心箭头　　　　　　(D)指向右上角的实心箭头

28.在 Word 2010 中打开多个文档后,要在文档之间进行切换,可使用组合键(　　　)。

(A)Ctrl+F5　　　　(B)Alt+F4　　　　(C)Ctrl+F6　　　　(D)Alt+F5

29.打开隐藏的"常用"工具栏,下列不正确的方法是(　　　)。

(A)单击"视图"菜单下的"工具栏"菜单项,再选择"常用"命令

(B)在工具栏的空白处单击右键,在弹出的快捷菜单中选择"常用"命令

(C)单击"工具"菜单下的"自定义"菜单项,在打开的"自定义"对话框的"工具栏"标签中,
　　单击"常用"命令前的复选框即可

(D)直接单击工具栏上的名称为"其他按钮"的按钮,然后选择"常用"命令

30.下面有关 Word 2010 表格功能的说法不正确的是(　　　)。

(A)可以通过表格工具将表格转换成文本

(B)表格的单元格中可以插入表格

(C)表格中可以插入图片

(D)不能设置表格的边框线

二、多项选择题

1.下列关于段落格式化的说法正确的有( )。

(A)可以直接对选中的段落进行格式的设置

(B)可以对插入点所在的段直接进行格式的设置

(C)不可以在输入文本前,先进行段落格式的设置

(D)可以在输入文本前,先进行段落格式的设置

2.欲删除已选中的 Word 2010 文本(或图形),可用( )进行操作。

(A)Del 键   (B)常用工具栏中的"剪切"按钮

(C)Back space 键   (D)"编辑"菜单中"剪切"命令

3.若以原文件名保存修改编辑过的文档,可( )进行操作。

(A)用"文件"菜单中"保存"命令   (B)单击"粘贴"按钮

(C)单击常用工具栏上的"保存"按钮   (D)单击"复制"按钮

4.在 Word 2010 编辑状态下,若要调整左右边界,可用( )进行操作。

(A)"格式"菜单中"分栏"命令   (B)"格式"菜单中"段落"命令

(C)移动标尺中的滑快来实现   (D)单击格式工具栏上的"字符缩放"按钮

5.欲全选正在编辑的文本,可进行( )操作来实现。

(A)按<Shift>+<A>键

(B)按<Ctrl>+<A>

(C)当鼠标指针位于某行的行首(指针向右倾斜),三击鼠标左键

(D)单击"编辑"菜单项,选其下拉菜单中"全选"命令

6.在 Word 2010 中创建表格,可用( )进行操作。

(A)常用工具栏中的"插入表格"按钮

(B)常用工具栏中的"插入 Microsoft 工作表"按钮

(C)"表格"菜单中的"插入表格"命令

(D)常用工具栏"表格和边框"按钮

7.在 Word 2010 中,关于"格式刷"按钮使用方法正确的是( )。

(A)单击"格式刷"按钮,可以复制多次文档的格式

(B)单击"格式刷"按钮,只能复制一次文档的格式

(C)双击"格式刷"按钮,可以复制多次文档的格式

(D)三击"格式刷"按钮,可以复制多次文档的格式

8.在 Word 2010 选择条区域中,下列操作正确的是( )。

(A)单击鼠标左键可以选择一行文本   (B)单击鼠标左键可以选择一段文本

(C)双击鼠标左键可以选择一段文本   (D)三击鼠标左键可以选择整篇文本

9.关于工具栏的说法正确的有( )。

(A)双击工具栏的空白区域,可以使工具栏变成浮动工具栏

(B)工具栏的大小一般是固定的,不能改变,只可以改变其位置

(C)在 Word 2010 中,个性化的工具栏是指多个工具栏可以共享一行空间

(D)双击浮动工具栏的标题栏,可以将其显示到屏幕顶端

10.在图文进行混排时,可以使用(　　)图片环绕方式。

(A)四周型　　　　　　(B)嵌入型　　　　　　(C)穿越型　　　　　　(D)紧密型

上 机 实 训

实验一　Word 2010 文档的基本操作

【实验目的与要求】

(1)掌握 Word 文档的建立、保存与打开方法。

(2)掌握 Word 文本内容的选定方法,文本的复制、移动和删除方法。

(3)掌握文本的查找与替换方法。

(4)掌握撤销与和恢复的操作方法。

【实验内容与步骤】

打开实验素材中的"基因告诉你:草鱼为啥吃草.docx",按要求操作,结果以"实验一"文件名保存。

(1)创建一个空白文档,并录入文章"基因告诉你:草鱼为啥吃草"。

1)单击"开始"→"程序"→"Microsoft Office"→"Microsoft Word 2010"菜单,启动 Word 2010 应用程序,自动创建一个空白文档。

2)输入法切换好后在文本编辑区录入题目所要求的文本内容。

(2)将文本内容中的"草鱼"替换成加粗、红色的"CAOYU"。

1)点击"开始"选项卡——"编辑"组中的"替换"按钮,打开"查找和替换"对话框,如图 3.8.1 所示,进行设置。

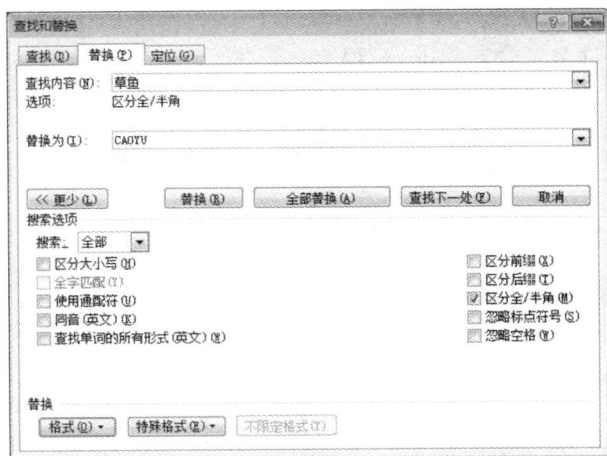

图　3.8.1

2)在"查找内容"文本框中输入"草鱼"两字,在"替换为"文本框中输入"CAOYU"。

3)选中输入的"CAOYU"文本,点击对话框左下角的"格式"按钮,选择"字体"命令,打开"查找字体"对话框,将字体颜色设为红色,字形加粗,如图 3.8.2 所示。

图 3.8.2

4)设置好字体格式后,在图 s3.1.1 的"替换为"文本框下方会出现"CAOYU"的字体格式。点击"全部替换"按钮完成操作。

(3)将 3,4 两段内容进行位置对换。

1)将光标定位到第三段的段首,即"不仅如此"的前面,拖动鼠标选定"本段文本,右击"剪切"或按快捷方式"Ctrl+X",把本段内容剪切到剪切板中。

2)将光标定位到第四段"汪亚平介绍……"文本后面,并按回车另起一行,右击"粘贴"或者按快捷方式"Ctrl+V",通过剪切、粘贴即可把二者的位置进行调换。

(4)将调整后两段内容恢复为原来的顺序。步骤(3)操作好后,单击"撤销键入(Ctrl+Z)"按钮,观察两段之间的变化,可以发现两段的位置又恢复为原始的状态,单击"恢复键入(Ctrl+Y),恢复到位置对换后的状态。

(5)将此文档以文件名"实验一.docx"保存。点击"文件"选项卡中的"保存"命令,打开"另存为"对话框进行保存。

实验二　Word 2010 文档的基本排版

【实验目的与要求】

(1)掌握字符、段落格式的设置方法。
(2)理解分栏与首字下沉的操作。
(3)掌握样式、项目符号、编号、边框和底纹、页眉与页脚等操作。

【实验内容与步骤】

打开实验素材中的"加拿大推全面数字化国家计划.docx",按要求操作,结果以"实验二"文件名保存。

1.设置字符格式

设置标题为华文琥珀、二号,居中显示;

将第一段"工业部长"四个字的间距加宽 3 磅,位置提升 10 磅;把第一段落设置为首字下沉两行。

2.设置段落格式

将文中所有段落的段前间距设置为 1 行,行距设置为单倍行距,首行缩进 2 个字符。

3.设置项目符号

给第三段和第四段添加项目符号"●",字体为红色、3 号。

4.设置分栏

将文中第二段分为三栏,栏宽相等,有分隔线。

5.设置边框和底纹

为第二段添加"红色,强调文字颜色 2,深色 25%,1.5 磅"的阴影边框;为文章第三段添加"橙色,强调文字颜色 6,深色 25%"填充色和"样式 20%、自动颜色"的底纹。

6.设置页眉和页脚

在文档中插入"计算机文化基础"页眉和日期页脚,并居中显示。

7.将此文档以文件名"实验二.docx"保存。

点击"文件"选项卡中的"保存"命令,打开"另存为"对话框进行保存。

实验三　表格制作

【实验目的与要求】

(1)掌握创建.编辑、格式化表格的方法。
(2)掌握表格的排版技巧。

【实验内容与步骤】

学习制作课程表

1.插入表格

点击"插入"→"表格"→"插入表格",插入一个 10 行 6 列的表格。

2.在表格中输入内容(见图 3.8.3)

		星期一	星期二	星期三	星期四
上午	1				
	2				
	3				
	4				
	午休				
下午	5				
	6				
	7				
晚自习	1				

图　3.8.3

3. 调整表格

完成步骤 2 后，发现表格信息不全，则需要插入行、列等格式化表格操作。

(1)插入行，把光标定位在最后一行的任意一单元格内，右键"插入""在下方插入行"，作为"晚自习 2"，如图 3.8.4 所示。

(2)插入列，同理插入一列，作为"星期五"。

(3)合并单元格，选择第 1 列、第 2～5 行，右键选择"合并单元格"。

同理把"下午""午休""晚自习"进行合并。

(4)绘制斜线头，把第 1 行、第 1～2 两列合并后，选择"插入""形状""直线"，在此单元格中绘制两条斜线。

图　3.8.4

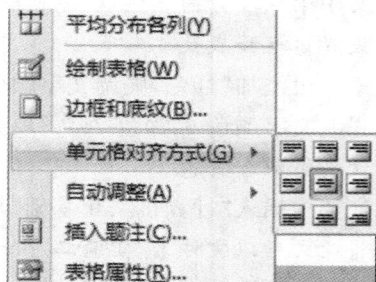

图　3.8.5

(5)插入文本框，在斜线表头中插入"时间""节次""星期"文本框，选择斜线和文本框，右键"组合"，把绘制的斜线和文本框进行组合。

(6)选中表格，右键"单元格对其方式""水平居中"，把表格中的内容进行居中对齐，如图 3.8.5 所示，修改后的表格如图 3.8.6 所示。

节次　星期　时间		星期一	星期二	星期三	星期四	星期五
上午	1	语文	数学	物理	化学	历史
	2					
	3					
	4					
午　　休						
下午	5					
	6					
	7					
晚自习	1					
	2					

图　3.8.6

4.设置表格的尺寸、对齐方式、文字环绕、行高、列宽等

选中表格,右键选择"表格属性",如图 3.8.7 所示,在"表格属性"对话框中可以对表格的尺寸、对齐方式、行高、列宽等进行设置。

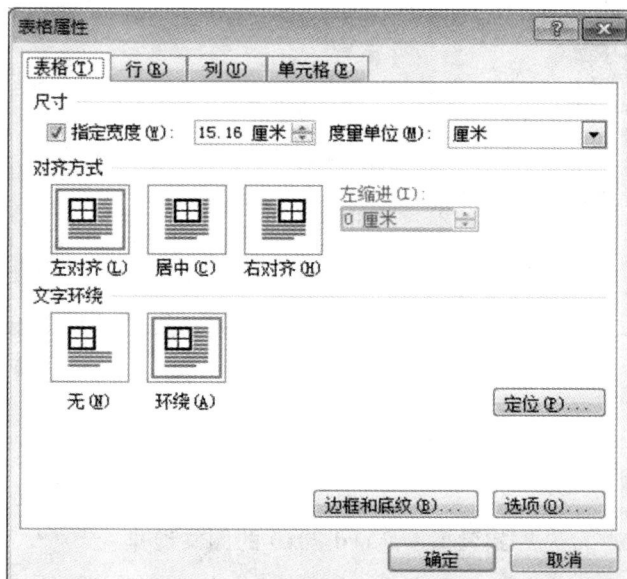

图 3.8.7

5.设置表格与单元格的边框和底纹

选择需要设置边框和底纹的单元格,右键"边框和底纹",弹出"边框和底纹"对话框,可以进行边框和底纹的设置,如图 3.8.8 所示。

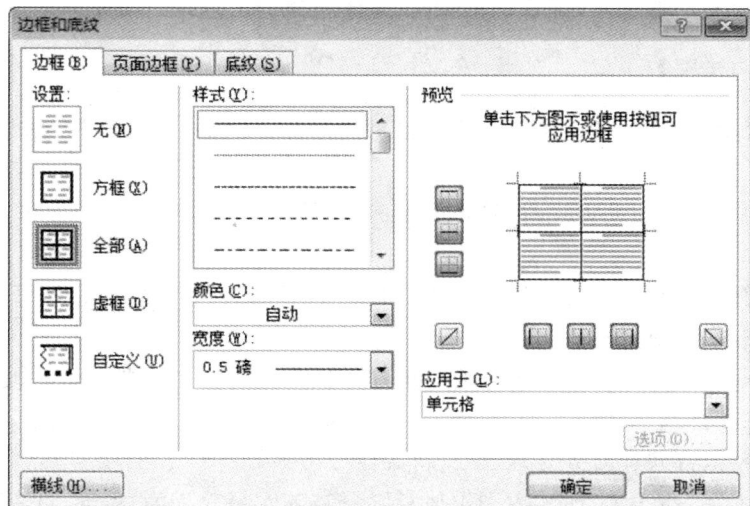

图 3.8.8

注意:Word 中有绘制斜线表头(见图 3.8.9),可以直接在行标题、数据标题、列标题中直

接输入数据,而不需要用插入文本框的方法来输入数据。

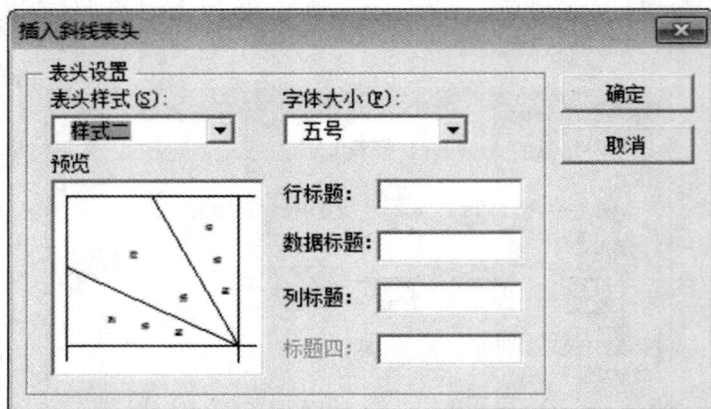

图　3.8.9

6.将此文档以文件名"实验三.docx"保存

点击"文件"选项卡中的"保存"命令,打开"另存为"对话框进行保存。

实验四　Word 2010 的图文混排

【实验目的与要求】

(1)掌握图形的插入及格式的修改。

(2)掌握艺术字的插入和编辑方法。

(3)掌握文本框的插入。

(4)掌握多个对象的层次、组合、对齐等格式的设置。

【实验内容与步骤】

打开实验素材中的"大别山植物大规模科考启动.docx",按要求操作,结果以"实验四"文件名保存。

(1)打开"大别山植物大规模科考启动.docx"文档,把标题居中,设置为华文隶书、加粗、红色、二号字体。

(2)插入"大别山彩虹瀑布风景区.jpg"图片,图片位置为四周文字环绕,垂直对齐方式:相对于行顶端对齐,水平对齐方式:右对齐。

(3)插入剪贴画:点击搜索,单击需要的剪贴画插入到文档中。选中剪贴画,在"图片工具/格式"选项卡中的"排列"组中,点击"位置"按钮下拉列表中的"其他布局选项",打开"布局"对话框,可以修改环绕方式和对齐方式。

(4)插入艺术字:插入艺术字"大别山风景"字样,艺术字效果为"填充-红色,强调文字颜色2"。为艺术字添加效果:发光—红色,8PT 发光,强调文字颜色 2;转换—山形;设置艺术字字体为方正舒体,然后调整艺术字大小及位置。

(5)将此文档以文件名"实验四.docx"保存。点击"文件"选项卡中的"保存"命令,打开"另存为"对话框进行保存。

实验五　Word 文档的版面设计及打印设置

【实验目的与要求】

(1)掌握页面纸张方向、纸张大小及其页边距的设置方法。

(3)掌握为文档插入页码的方法。

(3)掌握页面背景设置的方法。

(4)掌握为首页、奇偶页设置不同页眉页脚的方法。

(5)掌握打印预览、文件打印方法。

【实验内容与步骤】

打开实验素材中的"6 月 25 日水星再展真容.docx",按要求操作,结果以"实验五"文件名保存。

1.设置页边距、纸张方向、纸张大小

执行"页面布局→页面设置→页边距"命令,在弹出的面板中可以选择内置边距样式,也可以选择自定义边距,打开"页面设置"对话框,在这里可以精确设置上、下、左、右边距、装订线位置、纸张大小、方向以及文档网格等参数。如图 3.8.10 所示。

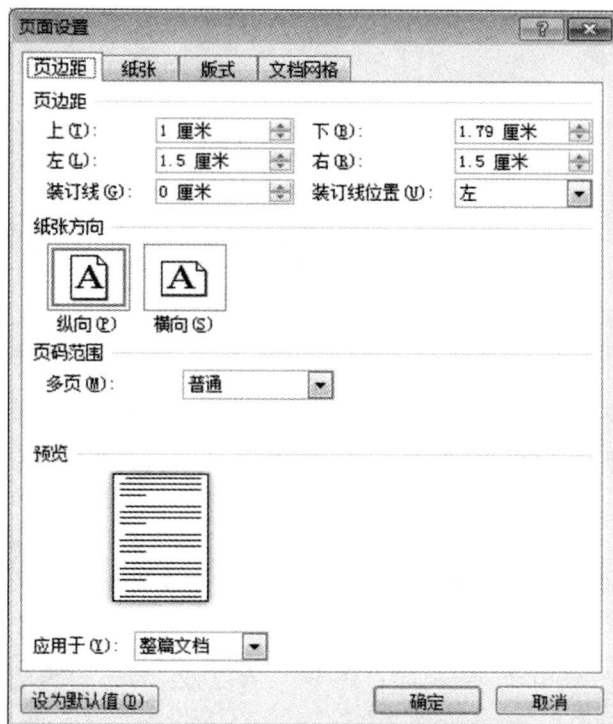

图　3.8.10

2.插入页眉、页脚

插入:打开 Word 2010 文档,执行"插入→页眉和页脚→页眉(或页脚)"命令,在弹出的下拉菜单中可以选择各种系统内置的页眉样式,也可以选择"编辑页眉"命令自定义页眉样式。

样式:在"页眉和页脚工具→设计→选项"功能区中可以设置"首页不同"和"奇偶页不同","页眉和页脚工具→设计→位置"功能区中可以调整页眉页脚位置。如图 3.8.11 所示。

图　3.8.11

3.插入页码

执行"插入→页码"命令,弹出四种页码位置选项:页面顶端、页面底端、页边距和当前位置,选择合适的页码样式,该按钮下还有"设置页码格式"和"删除"两个实用命令可用。如图 3.8.12 所示。

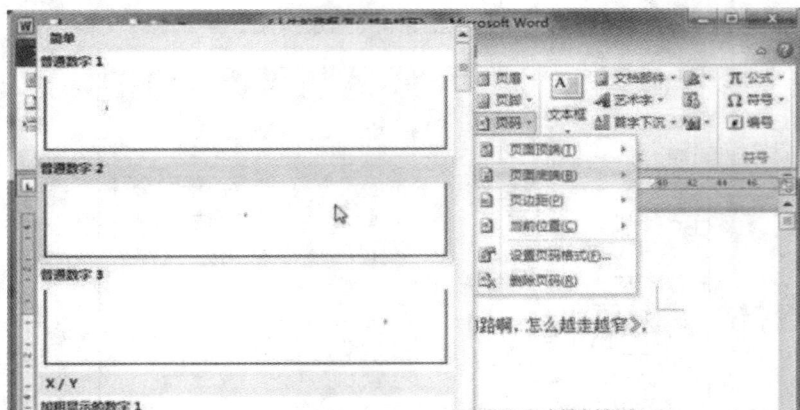

图　3.8.12

注意:页眉和页脚不但可以输入文字,还可以插入图片。页码、时间等数值为系统参数,手动书写或删改无效。

4.设置页面背景

页面背景主要由水印、页面颜色和页面边框三部分组成。

(1)页面颜色。执行"页面布局→页面背景→页面颜色"命令,在弹出的颜色面板中选择页面背景颜色,也可以选择"填充效果"命令,设置颜色渐变、纹理、图案或图片为页面背景。如图 3.8.13 所示。

(2)水印。插入:执行"页面布局→页面背景→水印"命令,在弹出的水印面板中选择合适的水印,也可以选择"自定义水印"来自行设计水印文字、图片和样式。如图 3.8.14 所示。

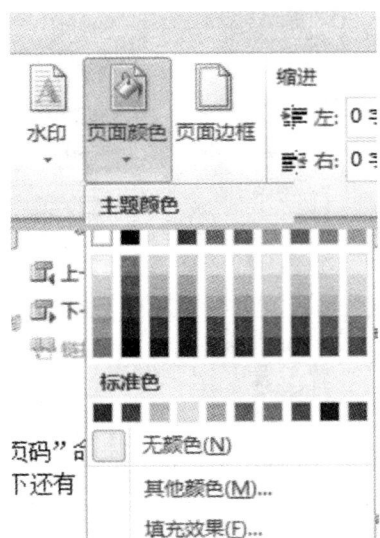

图　3.8.13

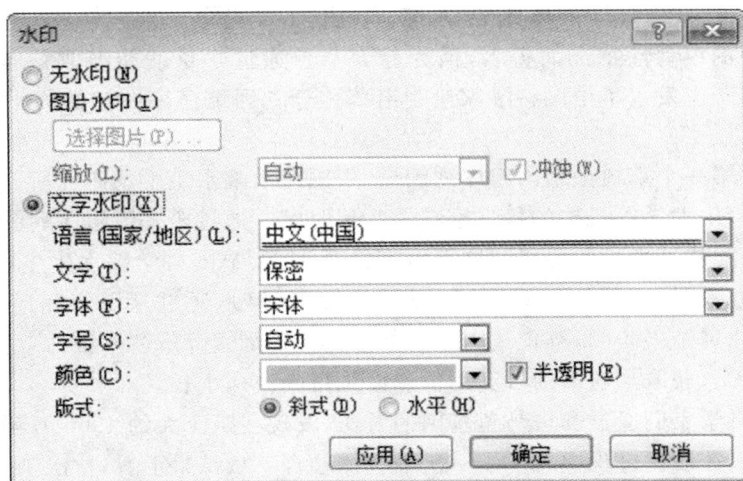

图　3.8.14

　　删除：再次单击水印命令按钮，选择"删除水印"即可。

　　(3)页面边框。执行"页面布局→页面背景→页面边框"，在弹出的"边框和底纹"对话框中，设置好页面边框后，单击确定。

　　5.打印文档

　　执行"文件→打印"命令，右侧会显示出打印相关信息以及文档打印预览。如图 3.8.15 所示。

　　在此可以选择打印机、置打印的份数、打印的方向、单双面打印等。

　　6.将此文档以文件名"实验五.docx"保存

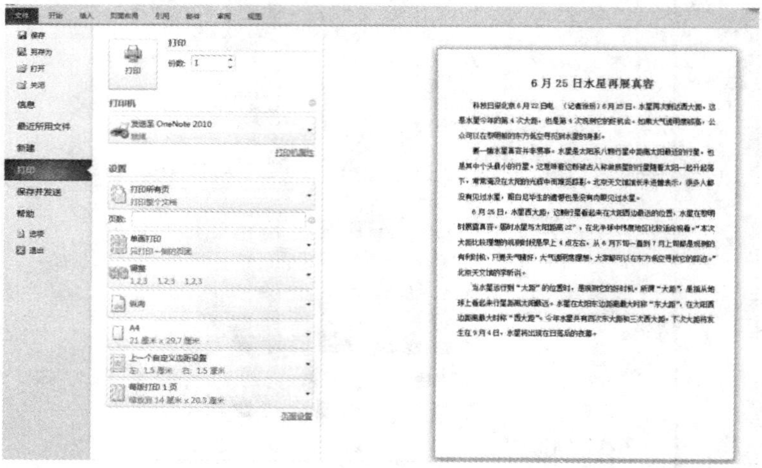

图　3.8.15

附：实训素材

基因告诉你：草鱼为啥吃草

草鱼以典型的草食性特征而得名，但为什么草鱼通过吃草就能汲取营养？5 月 4 日，在《自然·遗传学》杂志发表了中国科学家绘制出草鱼全基因组序列图谱的科学成果，这一谜题也有了答案。

作为世界上第一个草鱼全基因组序列图谱，中国科学院水生生物研究所、中国科学院国家基因研究中心、中山大学等机构的科学家花了 3 年时间。通过全基因组序列图谱，科学家们发现了草鱼吃草却能快速生长的奥秘。这项研究的牵头人、中国科学院水生生物研究所研究员汪亚平解释说，原先科学界推测草鱼能够吸收纤维素，但是通过基因组测序发现并非如此。"该研究的基因注释结果表明，草鱼基因组中并不存在纤维素降解酶基因。草鱼可能通过持续高强度的食物摄入，获取足够多的可利用营养以维持其快速生长。"

不仅如此，科学家们通过和斑马鱼基因的对比，发现在距今大约 4900 万年至 5400 万年的时候，草鱼基因组在演化过程中发生了一次染色体融合。从结果上看，这次染色体的融合可能与其性染色体的分化有关。"这是进化生物学的基础性问题。"汪亚平说，掌握草鱼的遗传信息，利用分子育种技术，就能培育出更优良的草鱼品种。

汪亚平介绍，这项研究采用鸟枪法测序策略，分别对一尾雌性和一尾雄性草鱼进行了全基因组测序。研究人员先将基因组随机打碎，再来测序，测序完成后再拼接，获得了雌性和雄性草鱼基因组组装序列。

加拿大推出全面数字化国家计划

加拿大工业部长詹姆斯·穆尔近日宣布，推出旨在帮助加拿大人尽享数字化时代机遇的"数字加拿大 150 计划"。

这项数字未来计划包括用以构建信息更为联通的 39 项新举措。其 5 个关键原则是确保互联互通、增强安全保护、增加经济机会、数字政府和强化内容。

通过该计划，加政府将确保超过 98% 的国民获得高速上网服务，从而刺激电子商务、高清视频和远程教育的发展。政府将拨出 3.05 亿加元扩展和增强高速互联网服务，使 28 万户农村和偏远地区家庭的上网速度达到 5 兆字节每秒。"数字加拿大 150 计划"将提供总计 3600 万加元的资金，用以修理、翻新和捐赠电脑，并提供给公共图书馆、非营利组织和原住民社区，使学生有机会接触参与数字世界所必需的设备。在此计划下，加拿大全境无线漫游资费将设置上限，违反规定的无线运营商将受到处罚。

该计划着力提升加拿大国民对网上交易安全性、隐私保护乃至远离网络欺凌和其他网络威胁的信心。计划还将确保通信网络和设备的安全，保护家庭、企业和政府的隐私。从 2014 年 7 月 1 日起实施《反垃圾邮件法》，保护公众免受恶意网络攻击。

大别山植物大规模科考启动

新华社合肥 6 月 22 日电（记者张建松）位于湖北、安徽、河南三省交界处的大别山地区，堪称华东地区"植物基因库"，但至今仍没有完全摸清植物资源家底。端午节期间，中科院上海辰山植物科学研究中心、安徽省合肥植物园等多位植物学家在大别山岳西县进行了大规模的植物科学考察。

中科院上海辰山植物科学研究中心副主任马金双介绍，大别山地区是亚热带常绿阔叶林向暖温带落叶阔叶林过渡的典型地带，植物种类很多，拥有银楼梅、香果树、大别山五针松等许多东亚特有的珍稀物种。这里地势偏远，开发较晚，植被资源保护较好。新中国成立以来，我国虽然在大别山地区进行过多次考察，但离完全摸清植物资源家底还有很多工作要做。

在此次大规模科学考察中，马金双等植物学家计划用两至三年的时间、大约十多次的考察，将整个大别山区的植物种类、分布信息、保护现状等情况调查清楚，完成华东最后一个相对封闭的植物资源本底调查，同时也为当地的生态与环境保护部门提供植物资源基本资料，提高当地的保护与研究水平，以进行科学的资源开发与利用。目前，植物学家已完成湖北英山、罗田的考察，6 月份计划完成安徽省岳西县、霍山、金寨三县考察。

6 月 25 日水星再展真容

科技日报北京 6 月 22 日电（记者徐玢）6 月 25 日，水星再次到达西大距，这是水星今年的第 4 次大距，也是第 4 次观测它的好机会。如果大气透明度够高，公众可以在黎明前的东方低空寻觅到水星的身影。

要一睹水星真容并非易事。水星是太阳系八颗行星中距离太阳最近的行星，也是其中个头最小的行星。这意味着这颗被古人称做辰星的行星随着太阳一起升起落下，常常淹没在太阳的光辉中而难觅踪影。北京天文馆馆长朱进曾表示,很多人都没有见过水星,哥白尼毕生的遗憾也是没有肉眼见过水星。

6月25日,水星西大距,这颗行星看起来在太阳西边最远的位置,水星在黎明时展露真容。届时水星与太阳距离22°,在北半球中纬度地区比较适合观看。"本次大距比较理想的观测时段是早上4点左右,从6月下旬一直到7月上旬都是观测的有利时机,只要天气晴好,大气透明度理想,大家都可以在东方低空寻找它的踪迹。"北京天文馆的李昕说。

当水星运行到"大距"的位置时,是观测它的好时机。所谓"大距",是指从地球上看起来行星距离太阳最远。水星在太阳东边距离最大时称"东大距",在太阳西边距离最大时称"西大距"。今年水星共有四次东大距和三次西大距。下次大距将发生在9月4日,水星将出现在日落后的夜幕。

第4章 电子表格处理软件 Excel 2010

Microsoft Excel 是一套功能完整、操作简易的电子表格软件,提供丰富的函数及强大的图表、报表制作功能,能有助于高效地建立与管理资料。

4.1 数据库及 Excel 的基本概念

4.1.1 了解数据库

数据库是依照某种数据模型组织起来并存放在二级存储器中的数据集合。这种数据集合具有如下特点:尽可能不重复,以最优方式为某个特定组织的多种应用服务,其数据结构独立于使用它的应用程序,对数据的增、删、改、查由统一软件进行管理和控制。从发展的历史看,数据库是数据管理的高级阶段,它是由文件管理系统发展起来的。(※考点:数据库)

4.1.2 初识 Excel

1. 启动 Excel 2010

方法一:执行"开始→所有程序→Microsoft office→Microsoft Excel 2010"命令启动 Excel,如图 4.1.1 所示。

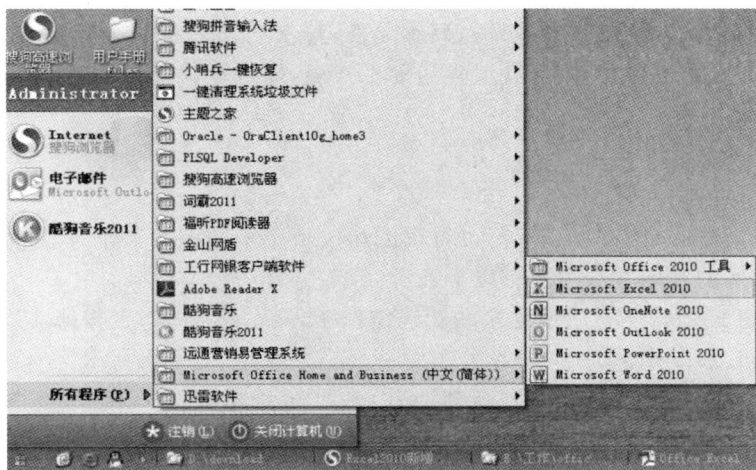

图 4.1.1

方法二：双击已有 Excel 文件图示来启动 Excel。

方法三：除了执行命令来启动 Excel 外，在 Windows 桌面或文件资料夹视窗中双击 Excel 工作表的名称或图示，同样也可以启动 Excel。

2. Excel 2010 界面介绍

启动 Excel 后，可以看到如图 4.1.2 所示界面。

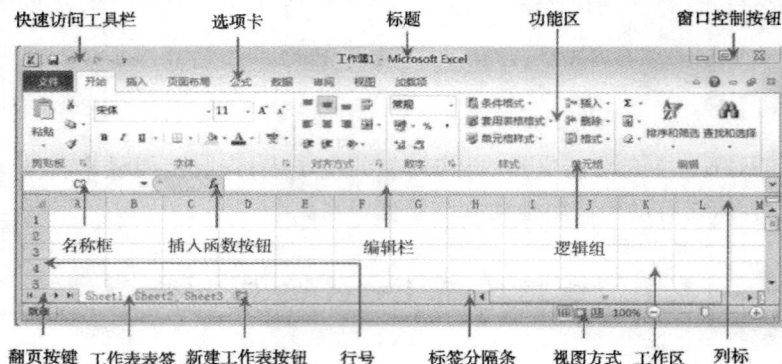

图 4.1.2

4.2 工作簿、工作表的管理

4.2.1 初识工作簿和工作表

1. 工作簿

工作簿是一个 Excel 文件（其扩展名为. xlsx），一个工作簿最多可以含有 255 个工作表。启动 Excel 后，默认有 3 个工作表：Sheet 1，Sheet 2 和 Sheet 3。

2. 工作表

工作表是一个表格，可以含有多行多列单元格；每个工作表有一个标签，工作表标签是工作表的名字，单击工作表标签，则其就成为当前工作表，即可对其进行编辑操作。

4.2.2 掌握工作簿的基本操作

1. 新建工作簿

用户既可以新建一个空白工作簿，也可以创建一个基于模板的工作簿。

建立新工作簿的常用方法主要有以下几种：

方法一：启动 Excel 2010 后系统自动新建空白工作簿，名称为"工作簿 1"，其默认扩展名为". xlsx"，如图 4.2.1 所示。

方法二：单击"文件"选项卡下的"新建"命令，在"可用模板"下，双击"空白工作簿"，如图 4.2.2 所示。

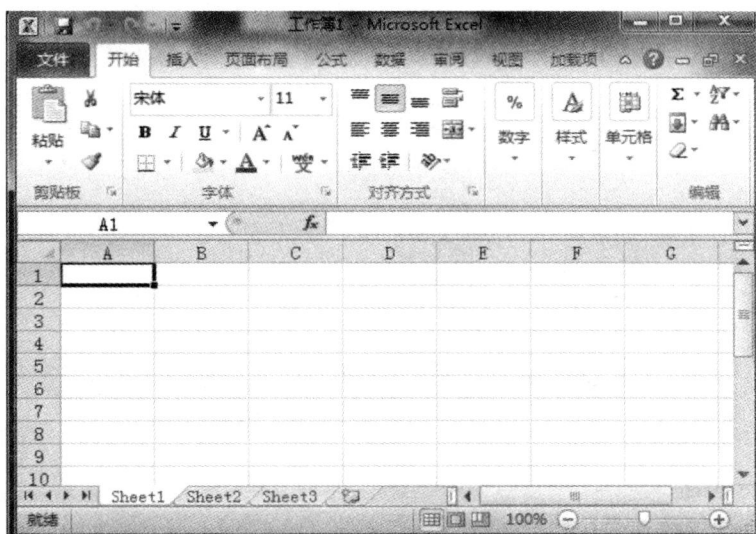

图　4.2.1

图　4.2.2

方法三:按 Ctrl+N 可快速新建空白工作簿。

2. 保存工作簿

编辑完工作薄后,用户需要将它保存起来,供下次使用。

(1)保存新建的工作簿。

1)单击文件按钮,在弹出的下拉菜单中选择保存菜单项,如图 4.2.3 所示。

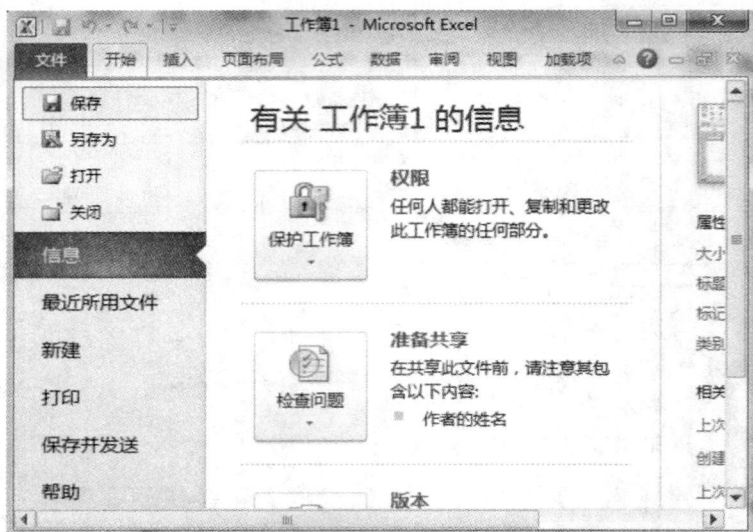

图 4.2.3

2)在弹出的另存为对话框的左侧的保存位置列表框中选择位置,在文件名文本框中输入文件名,如图 4.2.4 所示。

图 4.2.4

3)最后单击保存按钮,完成保存任务。

(2)原位置保存已有的工作簿。如果我们对原有的工作簿进行了编辑操作,也需要进行保存,可以保存在原来的位置,如图 4.2.5 所示。

(3)新位置保存已有的工作簿。当我们编辑完原有的工作簿,也可以将它保存在新的位置。

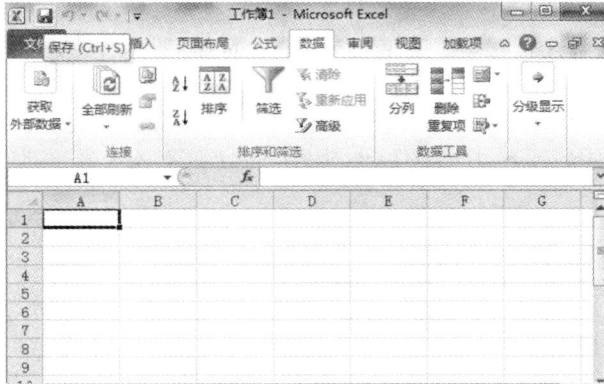

图　4.2.5

1）单击文件按钮，在弹出的下拉菜单中选择另存为选项，如图 4.2.6 所示。

图　4.2.6

2）在弹出的另存为对话框中设置保存位置和保存名称，如图 4.2.7 所示。

图　4.2.7

3)设置完毕单击保存按钮即可。（※考点：工作簿）

4.2.3 掌握工作表的操作

1.插入工作表

除了预先设置默认的工作表的数量之外，还可以在工作表中根据需要随时插入新的工作表。

(1)选择"开始"选项卡。

(2)在"单元格"选项组中单击"插入"按钮右侧的下拉按钮。

(3)从弹出的下拉列表中选择"插入工作表"命令，即可在当前工作表标签的左侧插入一个空白工作表，如图 4.2.8 所示。

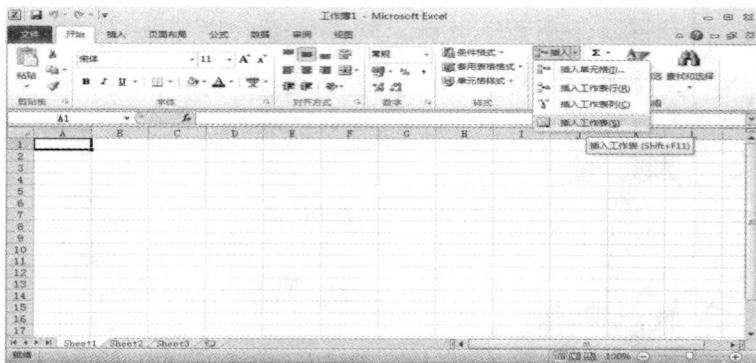

图 4.2.8

2.删除工作表

如果不再需要某个工作表时，则可以将该工作表删除。

(1)选择"开始"选项卡。

(2)在"单元格"选项组中单击"删除"按钮右侧的下拉按钮。

(3)从弹出的下拉列表中选择"删除工作表"命令，即可删除当前工作表，如图 4.2.9 所示。

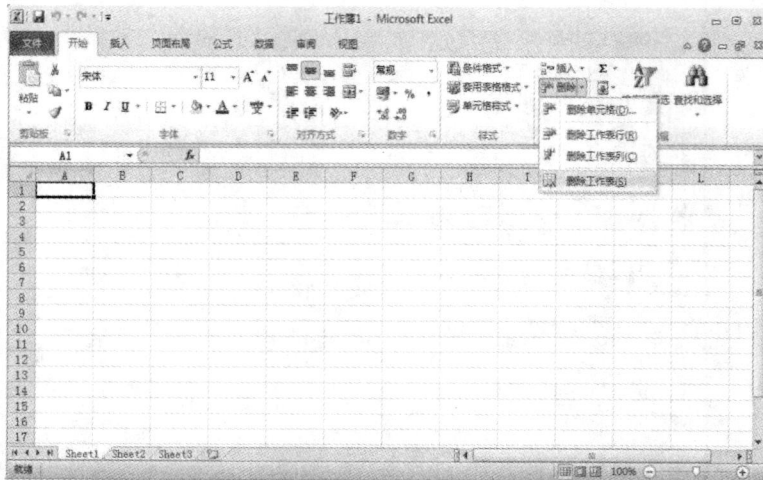

图 4.2.9

3.重命名工作表

如果用户对默认的工作表名称不满意,则可以为工作表取一个有意义、便于识别的名称。

(1)用鼠标右击工作表标签(这里选择 Sheet2)。

(2)从弹出的快捷菜单中选择"重命名"命令。此时,该工作表的标签名称呈高光显示,然后输入新的名称即可,如图 4.2.10 所示。

图　4.2.10

4.移动和复制工作表

利用工作表的移动和复制功能,可以实现在同一个工作簿间或不同工作簿间移动和复制工作表。

(1)在同一个工作簿间移动和复制工作表。

移动工作表:将鼠标指针放到要移动的工作表标签上,按住鼠标左键向左或向右拖动,如图 4.2.11 所示。到达目标位置后再释放鼠标即可移动工作表。

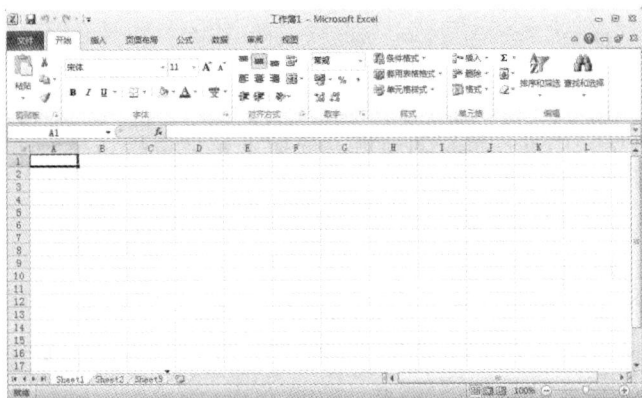

图　4.2.11

复制工作表:按住 Ctrl 键的同时拖动工作表标签,到达目标位置后,先释放鼠标,再松开 Ctrl 键,即可复制工作表。此时,复制的工作表与原工作表完全相同,只是在复制的工作表名称后附带一个有括号的标记。

(2)在不同工作簿之间移动和复制工作表。在不同工作簿之间移动或复制工作表的具体

操作如图 4.2.12 所示。（※考点：工作表）

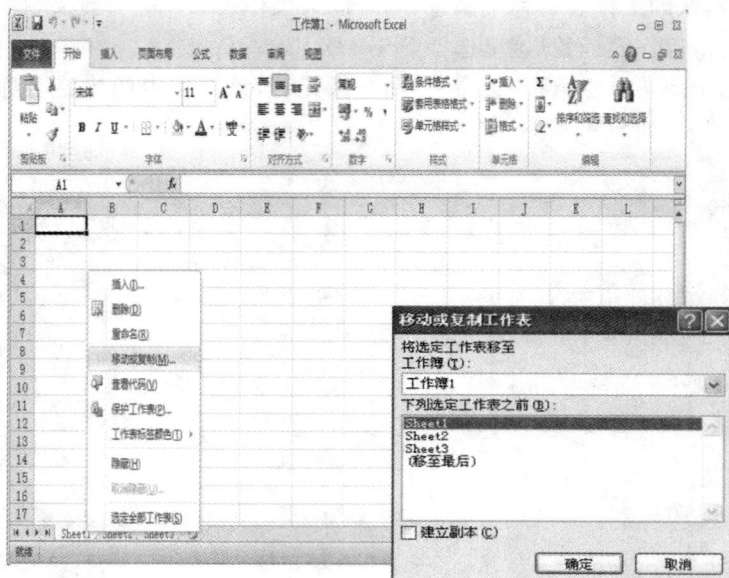

图　4.2.12

4.3　单元格的格式设置

要想让 Excel 为我们工作，就需要对 Excel 单元格进行操作，其中包括选择单元格、输入数据、选择单元格区域以及设置单元格的格式等操作。

4.3.1　单元格的使用

1. 选择单元格

选择单元格是对单元格进行编辑的前提。选择单元格包括选择一个单元格、选择多个单元格以及选择全部单元格等多种情况。

（1）选择一个单元格。

选择一个单元格有以下几种方法：

方法一：单击工作表中任意一个单元格，即可将其选中。

方法二：在名称框中输入单元格引用，如输入"B6"，按 Enter 键，即可将 B6 单元格选中，如图 4.3.1 所示。

（2）选定一个单元格区域。

选定一个单元格区域有两种方法：

方法一：鼠标左键单击要选定单元格区域左上角的单元格，按住鼠标左键并拖动鼠标到区域的右下角单元格，然后放开鼠标左键即选中单元格区域。

方法二：鼠标左键单击要选定单元格区域左上角的单元格，按住 Shift 键的同时单击右下角的单元格即选中单元格区域。

（3）选定不相邻的单元格区域。选定不相邻的单元格的操作步骤为：单击并拖动鼠标选定第一个单元格区域之后按住 Ctrl 键，使用鼠标选定其他单元格区域即可。另外，单击工作表行号可以选中整行；单击工作表列标可以选中整列；单击工作表左上角行号和列标处（即全选按钮）可以选中整个工作表。按住 Ctrl 键，再单击工作表其他行号或列标，可以选中不相邻的行或列。

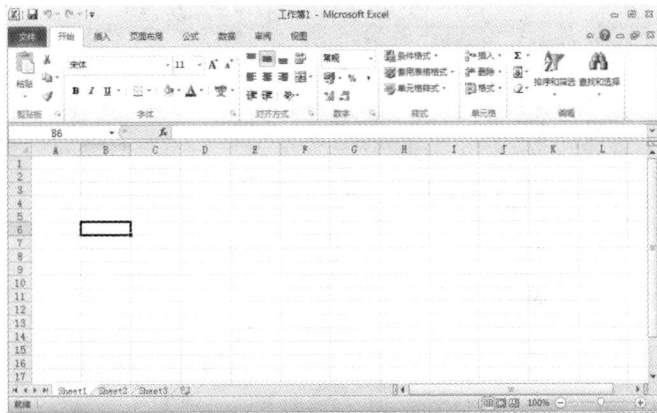

图　4.3.1

2.插入行、列与单元格

插入行、列与单元格的操作步骤为：单击"开始"选项卡"单元格"命令组的"插入"命令，选择其下的"单元格→行→列"可进行、列与单元格的插入，选择的行数或列数即是插入的行数或列数 。

3.删除行、列与单元格

删除行、列与单元格的操作步骤为：

（1）选定要删除的行或列或单元格。

（2）单击"开始→单元格→删除"命令，即可完成行或列或单元格的删除。此时，单元格的内容和单元格将一起从工作表中消失，其位置由周围的单元格补充。

注意：若选定行、列或单元格后，按 Delete 键，将仅删除单元格的内容，空白单元格或行或列仍保留在工作表中。（※考点：单元格）

4.3.2　表格的格式化

1.设置字体、字形

用户可以在"开始"功能区或"设置单元格格式"对话框中设置被选中单元格中的全部或部分字体，下面分别介绍操作方法。

方式一：在 Excel 2010"开始"功能区设置字体。

打开 Excel 2010 工作簿窗口，选中需要设置字体的单元格。在"开始"功能区的"字体"分组中，用户可以单击字体下拉三角按钮，在打开的字体列表中选择合适的字体，如图 4.3.2所示。

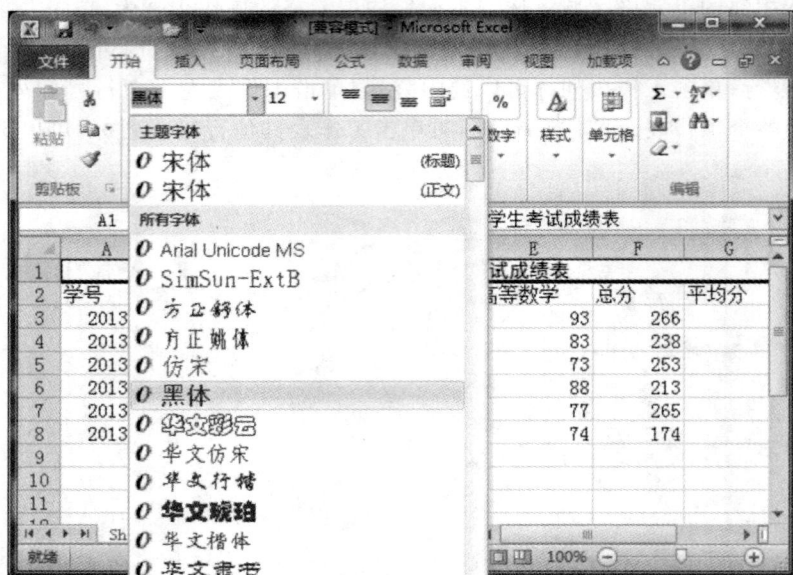

图 4.3.2

方式二：在 Excel 2010"设置单元格格式"对话框设置字体。

用户还可以在 Excel 2010"设置单元格格式"对话框中设置字体，操作步骤如下所述：

（1）打开 Excel 2010 工作簿窗口，选中需要设置字体的单元格。右键单击被选中的单元格，在打开的快捷菜单中选择"设置单元格格式"命令，如图 4.3.3 所示。

图 4.3.3

（2）在打开的 Excel 2010"设置单元格格式"对话框中，切换到"字体"选项卡。在"字体"列表中选择合适的字体，并单击"确定"按钮即可，如图 4.3.4 所示。

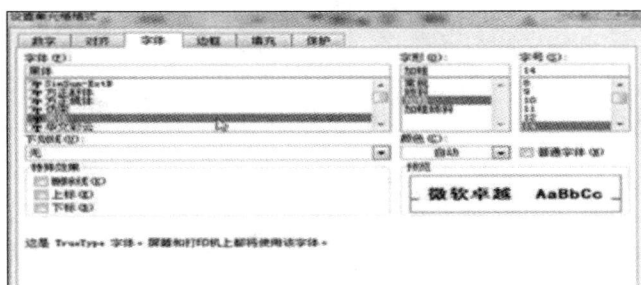

图 4.3.4

2．设置工作表的行高和列宽

（1）设置列宽。使用鼠标粗略设置列宽：将鼠标指针指向要改变列宽的列标之间的分隔线上，鼠标指针变成水平双向箭头形状，按住鼠标左键并拖动鼠标，直至将列宽调整到合适宽度，放开鼠标即可。

使用"列宽"命令精确设置列宽：选定需要调整列宽的区域，选择"开始"选项卡内的"单元格"命令组的"格式"命令，选择"列宽"对话框可精确设置列宽。

（2）设置行高。使用鼠标粗略设置行高：将鼠标指针指向要改变行高的行号之间的分隔线上，鼠标指针变成垂直双向箭头形状，按住鼠标左键并拖动鼠标，直至将行高调整到合适高度，放开鼠标即可。

使用"行高"命令精确设置行高：选定需要调整行高的区域，选择"开始"选项卡内的"单元格"命令组的"格式"命令，选择"行高"对话框可精确设置行高。

3．设置边框和底纹

为了使工作表看起来更加直观，可以为工作表添加边框和底纹。

（1）选中需要设置边框的单元格区域，切换到"开始"选项卡，单击"字体"组中的"对话框启动器"弹出"设置单元格格式"对话框，切换到"边框"选项卡，然后根据需要进行设置，如图 4.3.5 所示。

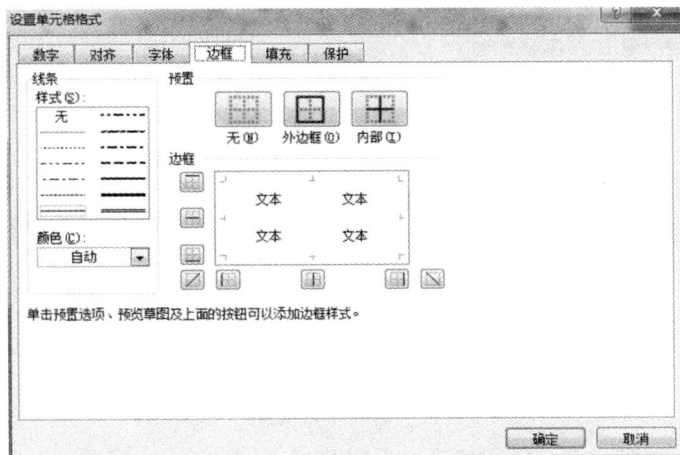

图 4.3.5

（2）单击"确定"按钮返回工作表中，设置效果如图4.3.6所示。

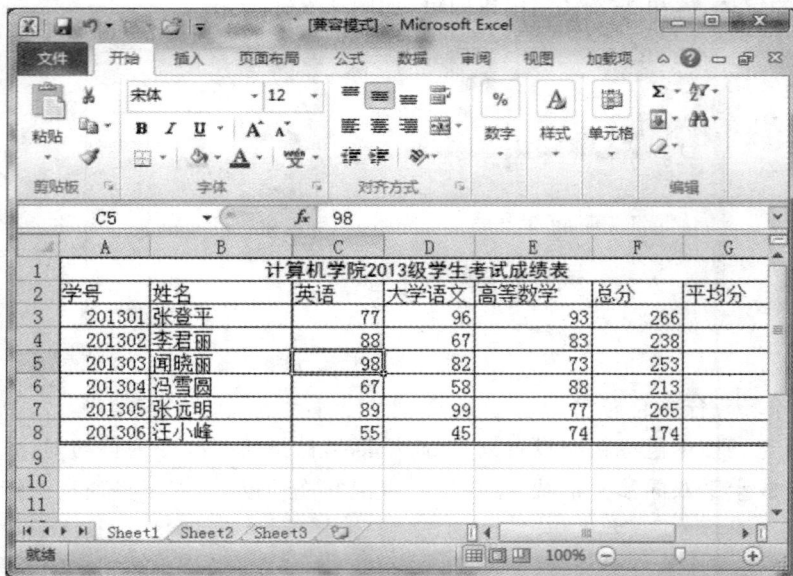

图　4.3.6

（3）选中需要设置底纹的单元格区域，使用同样的方法打开"设置单元格格式"对话框，切换到"填充"选项卡，在"背景色"组合框中选择一种颜色，如图4.3.7所示。

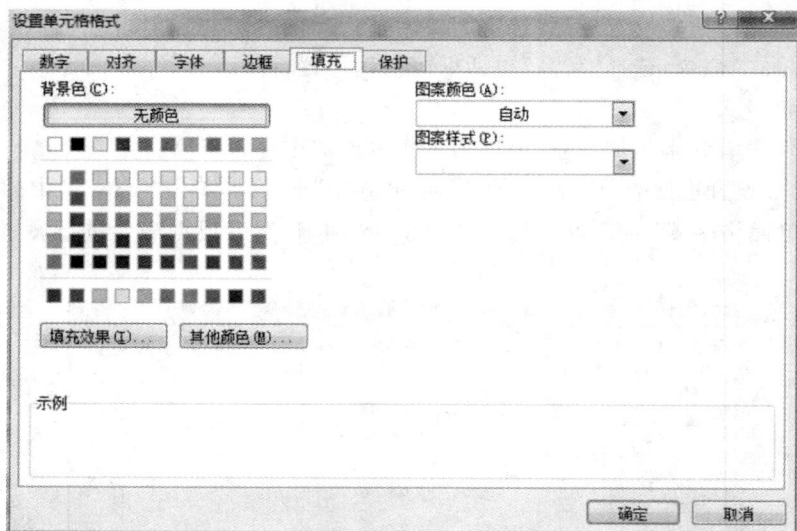

图　4.3.7

（4）单击"确定"按钮返回工作表，设置效果如图4.3.8所示。（※考点：单元格基本格式设置）

图　4.3.8

4.4　工作表数据编辑

4.4.1　输入数据

工作表创建后，我们接下来的工作就是向工作表中输入各种类型的数据。

1. 输入文本型数据

文本型数据是指汉字或者英文字母和数字的组合，输入的步骤如下：

打开需要输入数据的 Excel 文件，选中要输入文本的单元格 B1，然后输入"计算机学院 2013 级学生考试成绩表"，输入完毕后按下【ENTER】键，如图 4.4.1 所示。

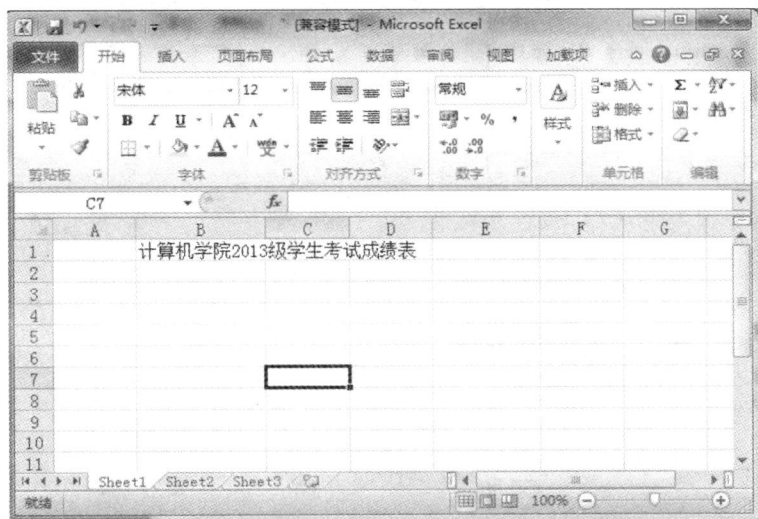

图　4.4.1

2.输入数字

在"英语","大学语文"和"高等数学"栏中输入相应的数字,如图4.4.2所示。

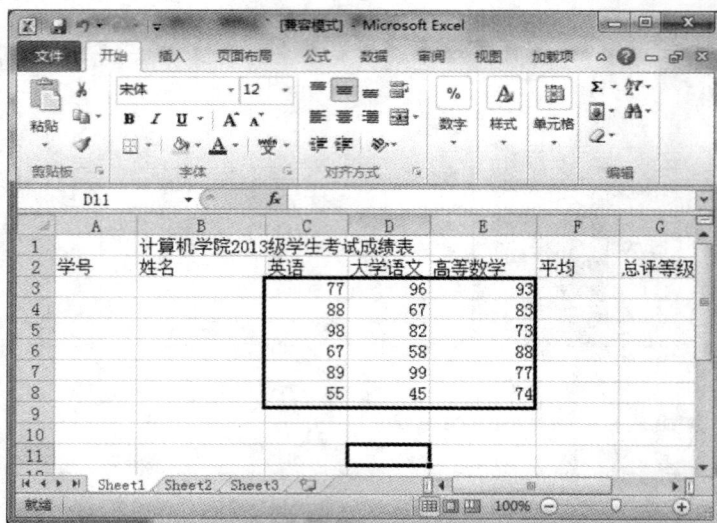

图 4.4.2

（1）输入分数。在输入分数时,先输入"0",然后输入空格,最后输入分数。例如输入分数"2/3",就是输入"0 2/3"。

（2）输入负数。在输入负数时,需要在数字前加上负号或者将数字放入圆括号中。如要输入－4,则输入方法为(4)。

3.输入日期型数据

我们经常需要在数据表中输入日期型输数据。在单元格中输入日期的步骤如下:

（1）先选择需要输入日期的单元格,输入日期"2015－06－07",中间用"－"隔开,或者输入"2015/06/07",中间用"/"分隔,如图4.4.3所示。

图 4.4.3

（2）按下【Enter】键，日期变成"2015/6/7"，如图 4.4.4 所示。

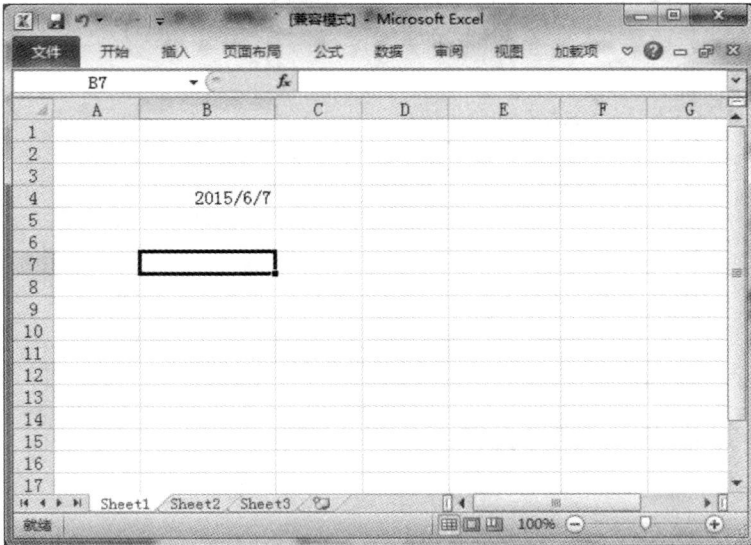

图　4.4.4

（3）如果对日期格式不满意，可以进行日期格式的设置。选中单元格 B4，切换到【开始】选项卡，单击【数字】组中的【对话框启动器】按钮 　，在弹出的【设置单元格格式】对话框中切换到【数字】选项卡，在【分类】列表框中选择【日期】选项，在右侧选择合适的日期格式，如图 4.4.5 所示。

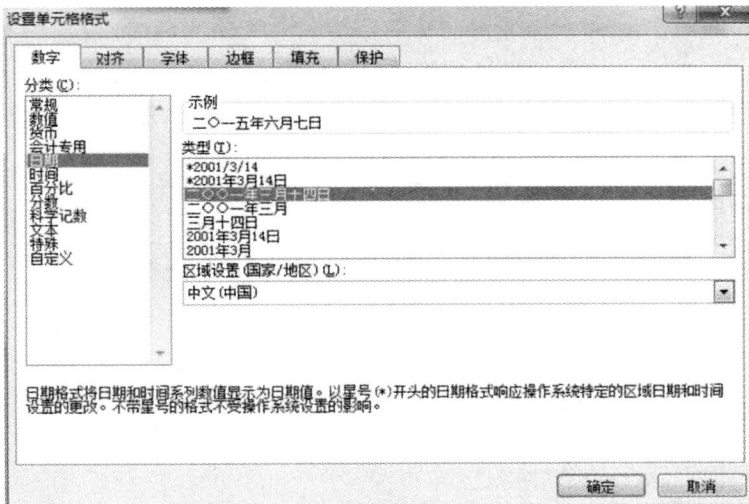

图　4.4.5

（4）设置完毕，单击 　确定　 按钮。此时日期变成相应的格式，如图 4.4.6 所示。（※考点：单元格数据的输入）

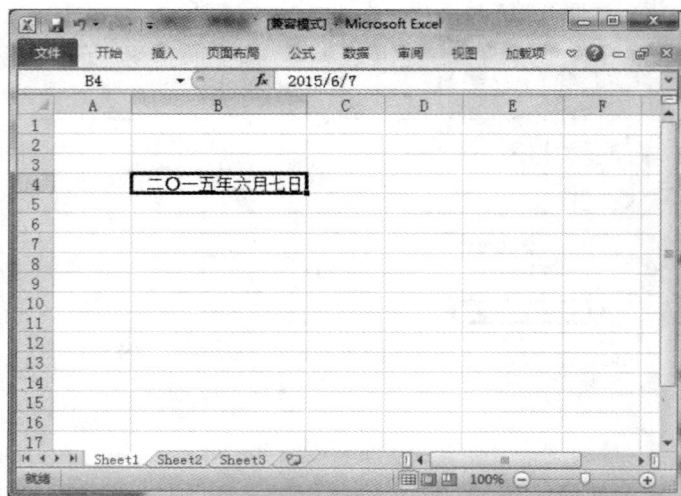

图 4.4.6

4.4.2 编辑数据

数据输入后,接着就需要编辑数据了。操作主要包括填充和删除了。

1.填充数据

当我们需要填充内容相同,或者有规律的数据,例如1,2,3……或星期一、星期二、星期三……对这些数据我们可使用填充功能,进行快速填充。

(1)当需要在B2到B8单元格输入内容"计算机",可使用"填充柄"进行快速编辑,具体步骤如下:

1)选择单元格B2,然后将鼠标指针移至该单元格的右下角,此时出现一个填充柄"+"。

2)按住鼠标左键不放,将填充柄"+"向下拖拽到合适的位置,然后释放鼠标左键,此时,选中的区域均填充了与单元格B2一样的数据,如图4.4.7所示。

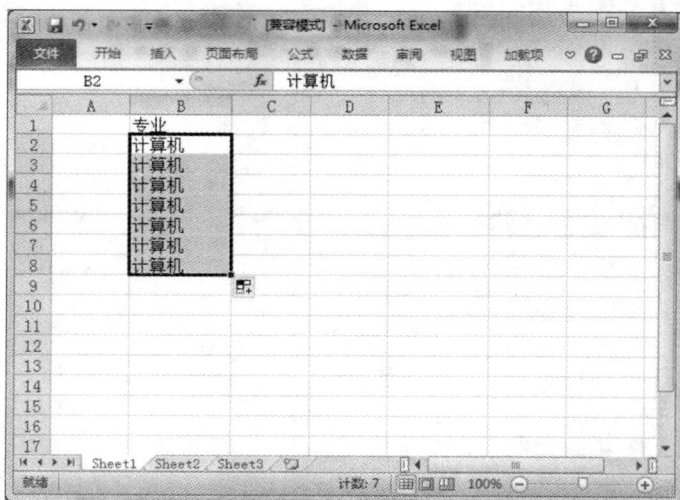

图 4.4.7

（2）用户需要输入在 A2 到 A8 单元格输入 1,2,3,4,5,6,7,可以使用【填充】对话框进行快速编辑。

1）选中单元格 A2,然后输入数字"1",单击【开始】选项卡,选中【编辑】中的【填充】按钮,在弹出的列表中选择【系列】选项,如图 4.4.8 所示。

图　4.4.8

2）弹出【系列】对话框,选中【系列产生在】【列】单项按钮,在【类型】组合框中选择【等差序列】单项,然后在【步长值】中输入"1",终止值输入"7",如图 4.4.9 所示。

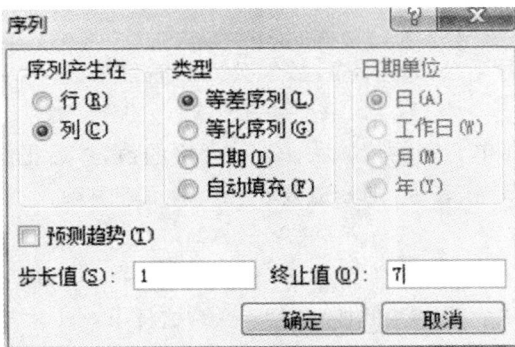

图　4.4.9

3）单击 确定 按钮,结果如图 4.4.10 所示。

2.删除数据
当输入数据不正确,可以通过键盘上的 Delete 键进行删除（※考点：单元格数据的编辑方法）

图 4.4.10

4.5 公式与函数

4.5.1 公式的使用

当我们需要将工作表中的数据作加、减、乘、除等运算时，可以把计算的工作交给 Excel 的公式去做，省去自行运算的麻烦，而且当数据有变动时，公式计算的结果还会立即更新。

1.公式的表示法

Excel 的公式和一般数学公式差不多，数学公式的表示法为

$$A3＝A1－A2$$

意思是 Excel 会将 A1 单元格的值减去 A2 单元格的值，然后把结果显示在 A3 单元格中。若将这个公式改用 Excel 表示，则变成要在 A3 单元格中输入

$$＝A1－A2$$

2.输入公式

输入公式必须以等号"＝"开头，例如＝A1－A2，这样 Excel 才知道我们输入的是公式，而不是一般的文字数据。现在我们就来练习建立公式，让我们打开工作表，我们已在其中输入了六个学生的成绩，如图 4.5.1 所示。

我们打算在 F3 单元格中存放"张登平"的各科总分，也就是要将"张登平"的英语、大学语文、高等数学三门分数加起来，放到 F3 单元格中，因此将 F3 单元格的公式设计为"＝C3＋D3＋E3"。

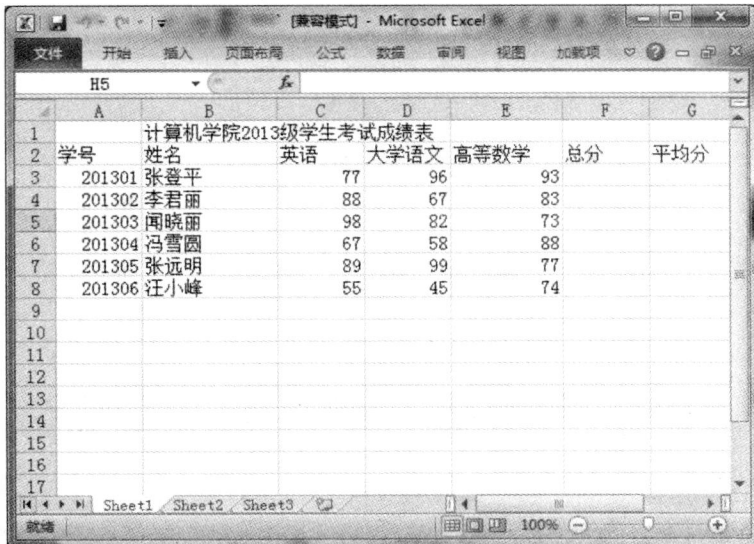

图　4.5.1

输入公式的具体步骤如下：

(1)选定要输入公式的 F3 单元格。

(2)输入等号"＝"。

(3)输入公式内容,如输入"C3＋D3＋E3",如图 4.5.2 所示。

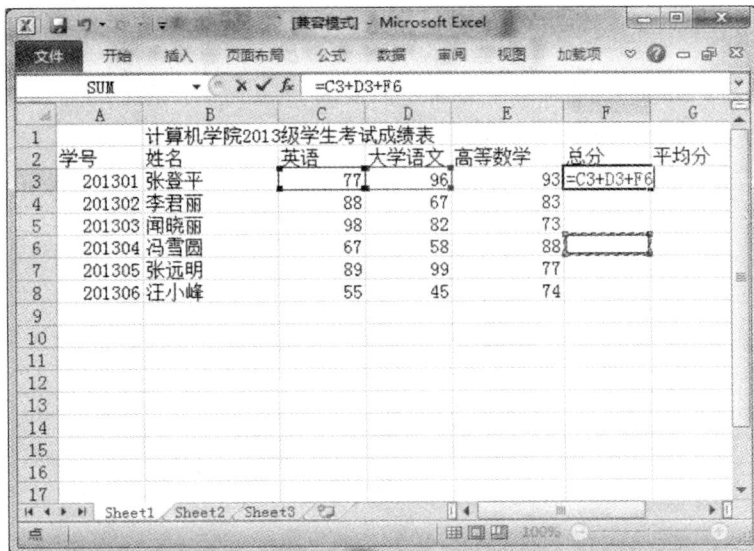

图　4.5.2

(4)输入完毕后,按 ENTER 键或者单击编辑栏中的"输入"按钮 ✓ ,就可在单元格中显示出结果,如图 4.5.3 所示。

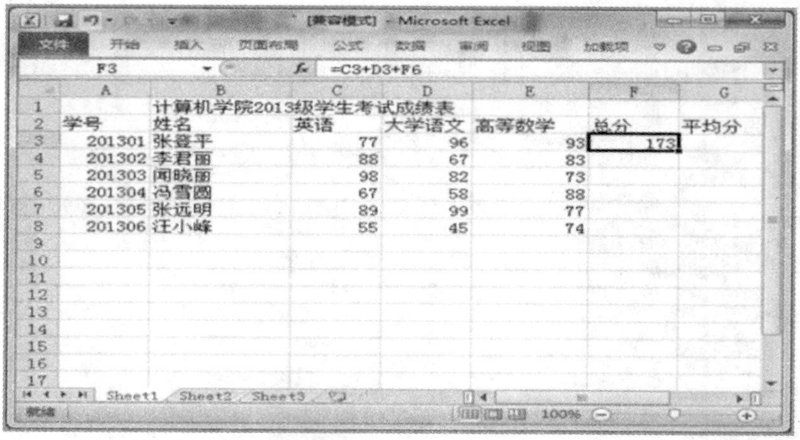

图　4.5.3

3.自动更新结果

公式的计算结果会随着单元格内容的变动而自动更新。以上例来说，假设当公式建好以后，才发现"张登平"的英语成绩打错了，应该是"80"分才对，当我们将单元格 C3 的值改成"80"，F3 单元格中的计算结果立即从 173 更新为 176，如图 4.5.4 所示。

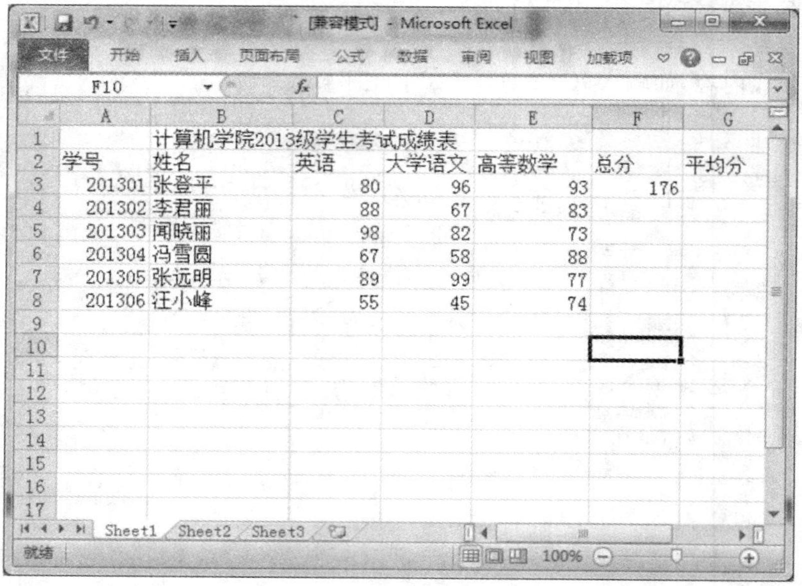

图　4.5.4

4.运算符

运算符是对公式中元素进行特定类型的运算。Excel 中包含四种类型的运算符：算术运算符、文本运算符、比较运算符合引用运算符（见表 4.5.1）。（※考点:公式）

表　4.5.1

运算符	功能	举例
：	区域运算符 交叉运算符 联合运算符	A1：B2 B1：C2 C1：D2 A1：B2,D3：E4
—	负号	—6，—B1
％	百分数	5％
ˆ	乘方	6ˆ2(即 6^2)
＊,/	乘、除	6＊7
＋,—	加、减	7＋7
&	字符串连接	"China"&"2008"(即 China2008)
＝,＜＞ ＞,＞＝ ＜,＜＝	等于,不等于 大于,大于等于 小于,小于等于	6＝4 的值为假,6＜＞3 的值为真 6＞4 的值为真,6＞＝3 的值为真 6＜4 的值为假,6＜＝3 的值为假

4.5.2　函数的使用

1.函数的基本结构

函数一般由函数名和参数组成,形式为:

函数名(参数表)

其中:函数名由 Excel 提供,函数名中的大小写字母等价,参数表由用逗号分隔的参数 1、参数 2、……、参数 N(N≤30)构成,参数可以是常数、单元格地址、单元格区域、单元格区域名称或函数等。

2.函数的输入方法

(1)直接输入函数。用户在使用函数时,如果对函数十分熟悉,就可以直接输入,例如求 SUM(A1:A7)即求 A 列第一行到第七行的总和,只需要在 SUM()函数中输入参数"A1:A7"即可。

(2)用自动显示的函数列表输入函数。

(3)插入函数。

1)选定要插入函数的单元格,选择"公式"选项卡中"插入函数"按钮,如图 4.5.5 所示。

2)弹出如图图 4.5.6 所示的"插入函数"对话框。

3)在"搜索函数"文本框中输入简短说明,本例中输入"和",单击"转到"按钮。在"选择函数"列表框中出现相应的函数,如图 4.5.7 所示。

图 4.5.5

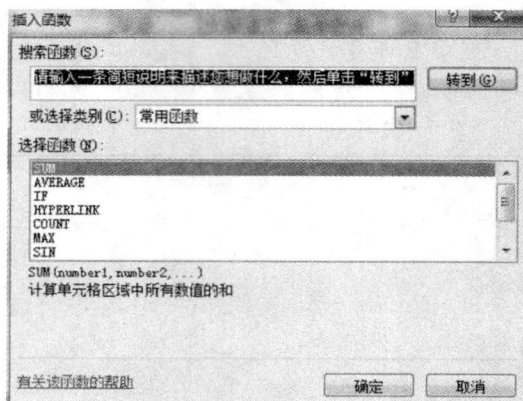

图 4.5.6

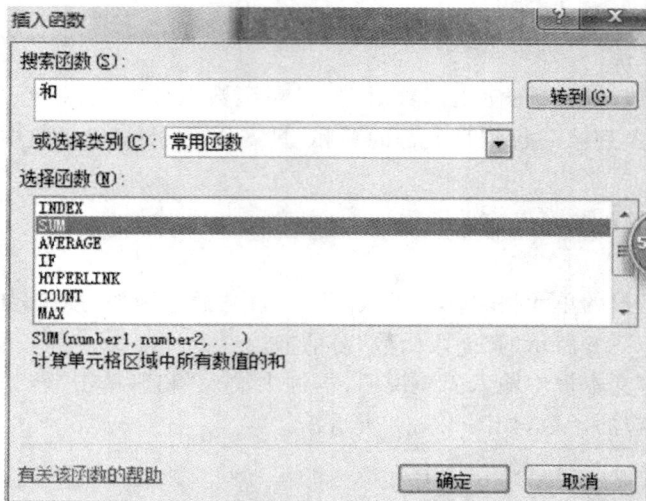

图 4.5.7

4）在"选择函数"列表框中选择需要的函数，单击"确定"，弹出如图 4.5.8 所示的"函数参数"对话框。

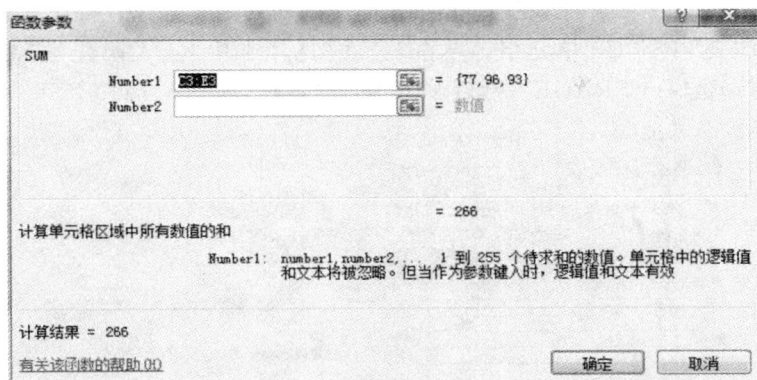

图　4.5.8

5）在"Nunber1"和"Nunber2"中输入函数参数。

6）单击"确定"按钮。

3.常用函数的使用

（1）求和。下面以"成绩表"为例，介绍如何使用插入函数按钮进行计算。

1）选定"成绩表"中的 F3 单元格。单击"公式"选项卡中"插入函数"按钮，打开"插入函数"对话框，选择函数"SUM"，然后单击"确定"按钮，如图 4.5.9 所示。

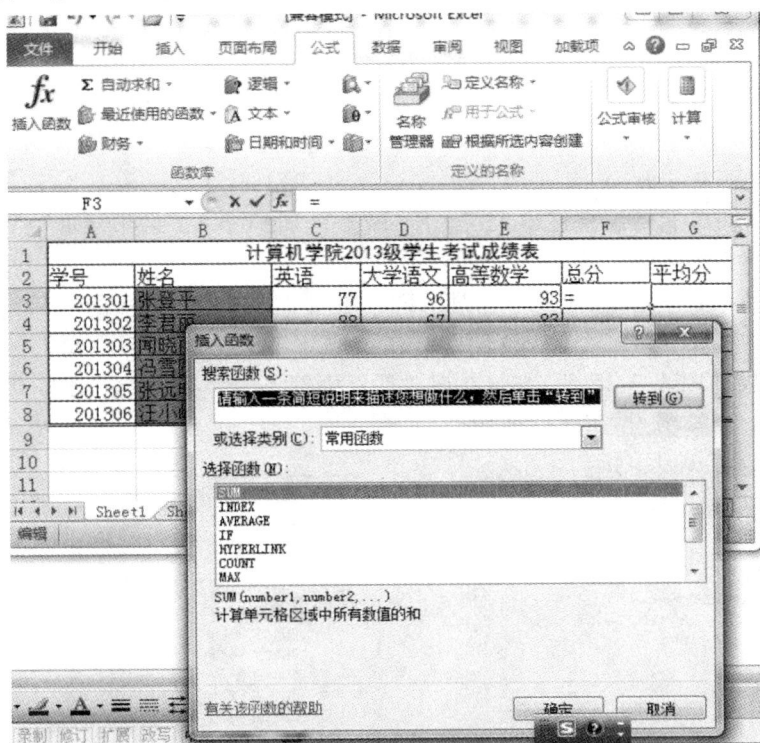

图　4.5.9

2)将鼠标指向 F3 单元格的右下角,出现填充句柄时,下拉拖到填充柄,对余下的同学进行计算。

(2)求平均。下面以"成绩表"为例,介绍如何使用插入函数按钮进行计算。

1)选定"成绩表"中的 G3 单元格。单击"公式"选项卡中"插入函数"按钮,打开"插入函数"对话框,选择函数"AVERAGE",然后单击"确定"按钮,如图 4.5.10 所示。

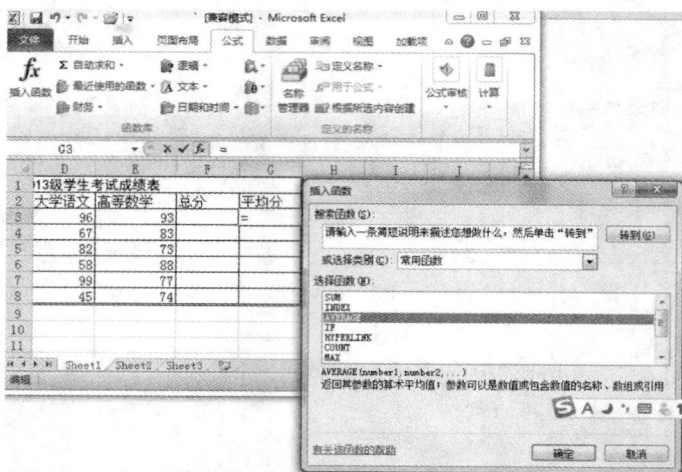

图　4.5.10

2)将鼠标指向 G3 单元格的右下角,出现填充句柄时,下拉拖到填充柄,对余下的同学进行计算。

3.条件函数

对两科总分高于或等于 150 分的同学添加"录取",小于 150 分的同学添加"不录取"。(用 IF( )函数)

本例有两种解决方法:

方法一:在 G2 单元格中直接输入:"=IF(F2>=150,"录取","不录取")"。

注意:输入的字符常量都要有英文的双引号。

方法二:选中 G2 单元格,插入 IF 函数 IF( ),在如图 4.5.11 所示的对话框第一个输入框中输入"F2>=150",在第二个输入框中输入"录取",第三个输入框中输入"不录取"。单击"确定"按钮,结果如图 4.5.12 所示。(在该对话框中输入的字符常量不必写上英文的双引号,系统会自动添加。)※考点:函数的使用

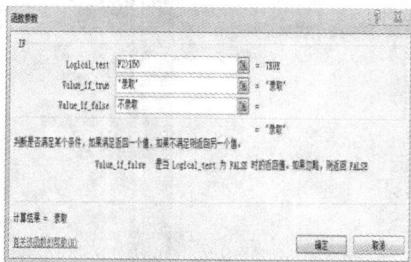

图　4.5.11

图　4.5.12

4.6　单元格的引用

1. 相对引用

在输入公式的过程中，除非用户特别指明，Excel 一般是使用相对地址来引用单元格的位置。所谓相对地址是指：如果将含有单元地址的公式复制到另一个单元格时，这个公式中的各单元格地址将会根据公式移动到的单元格所发生的行、列的相差值，作同样的改变，以保证这个公式对表格其他元素的运算的正确。

例如，将如图 4.6.1 所示的 F2 单元格复制到 F3：F9，把光标移至 F5 单元格，会发现公式已经变为“=(C5+D5+E5)/3”，因为从 F2 到 F5，列的偏移量没有变，而行作了一行的偏移，所以公式中涉及的列的数值不变而行的数值自动加 3。其他各个单元格也做出了改变。(※考点：相对引用)

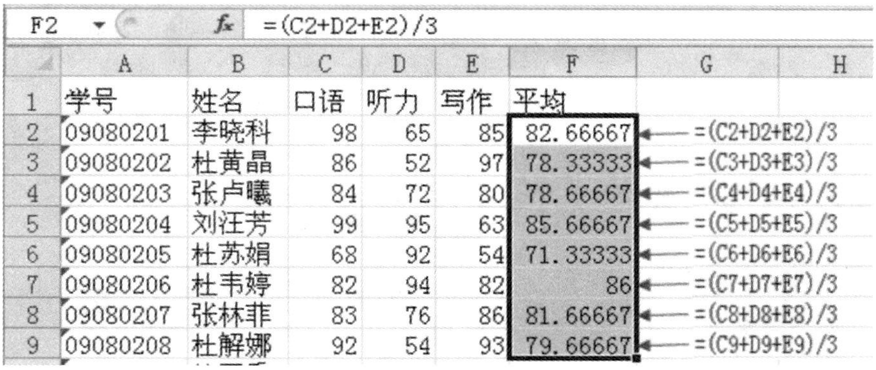
F2　=(C2+D2+E2)/3

	A	B	C	D	E	F	G	H
1	学号	姓名	口语	听力	写作	平均		
2	09080201	李晓科	98	65	85	82.66667	=(C2+D2+E2)/3	
3	09080202	杜黄晶	86	52	97	78.33333	=(C3+D3+E3)/3	
4	09080203	张卢曦	84	72	80	78.66667	=(C4+D4+E4)/3	
5	09080204	刘汪芳	99	95	63	85.66667	=(C5+D5+E5)/3	
6	09080205	杜苏娟	68	92	54	71.33333	=(C6+D6+E6)/3	
7	09080206	杜韦婷	82	94	82	86	=(C7+D7+E7)/3	
8	09080207	张林菲	83	76	86	81.66667	=(C8+D8+E8)/3	
9	09080208	杜解娜	92	54	93	79.66667	=(C9+D9+E9)/3	

图　4.6.1

2. 绝对地址引用

如果公式运算中，需要某个指定单元格的数值是固定的数值，在这种情况下，就必须使用绝对地址引用。所谓绝对地址引用，是指对于已定义为绝对引用的公式，无论把公式复制到什么位置，总是引用起始单元格内的“固定”地址。

在 Excel 中，通过在起始单元格地址的列号和行号前添加美元符“＄”，如＄A＄1 来表示绝对引用。

例如，在如图 4.6.1 所示的例子中，如果将 F2 中输入的相对地址改为绝对地址，当 F2 复制到 F3：F9 时，所有的学生的平均成绩都是“李晓科”的平均成绩。(※考点：绝对引用)

3. 混合地址引用

单元格的混合引用是指公式中参数的行采用相对引用、列采用绝对引用；或列采用绝对引用、行采用相对引用，如＄A3、A＄3。当含有公式的单元格因插入、复制等原因引起行、列引用的变化时，公式中相对引用部分随公式位置的变化而变化，绝对引用部分不随公式位置的变化而变化。例如，制作九九乘法表。步骤如下：

(1)在 B2 单元格中输入“=B＄1&" * "&＄A2&"="&B＄1 * ＄A2”。

(2)将 B2 复制到 B3：B10。

（3）将 B3 复制 C3，再将 C3 复制到 C4：C10。

（4）将 C4 复制到 D5，再将 D5 复制到 D6：D10。

（5）依此类推，可完成九九乘法表的制作，如图 4.6.2 所示。

B2		f_x	=B\$1&"*"&\$A2&"="&B\$1*\$A2						
	A	B	C	D	E	F	G	H	I	J
1		1	2	3	4	5	6	7	8	9
2	1	1*1=1								
3	2	1*2=2	2*2=4							
4	3	1*3=3	2*3=6	3*3=9						
5	4	1*4=4	2*4=8	3*4=12	4*4=16					
6	5	1*5=5	2*5=10	3*5=15	4*5=20	5*5=25				
7	6	1*6=6	2*6=12	3*6=18	4*6=24	5*6=30	6*6=36			
8	7	1*7=7	2*7=14	3*7=21	4*7=28	5*7=35	6*7=42	7*7=49		
9	8	1*8=8	2*8=16	3*8=24	4*8=32	5*8=40	6*8=48	7*8=56	8*8=64	
10	9	1*9=9	2*9=18	3*9=27	4*9=36	5*9=45	6*9=54	7*9=63	8*9=72	9*9=81

图 4.6.2

4.7 数 据 清 单

4.7.1 数据清单

数据清单是指包含一组相关数据的一系列工作表数据行。

Excel 允许采用数据库管理的方式管理数据清单。数据清单由标题行（表头）和数据部分组成。

数据清单中的行相当于数据库中的记录，行标题相当于记录名；数据清单中的列相当于数据库中的字段，列标题相当于字段名。（※考点：数据清单）

4.7.2 数据排序

1.利用"数据"选项卡下的升、降序按钮排序

利用"数据"选项卡下的升、降序按钮对工作表中"某公司人员情况"数据清单的内容按主要关键字"年龄"的递减次序进行排序。

（1）选定数据清单 E2 单元格（年龄）。

（2）选择"数据→排序与筛选"命令组，选中"年龄"列，单击降序按钮，即可完成排序，如图 4.7.1 所示。

2.利用"数据→排序与筛选→排序"命令排序

利用"数据→排序与筛选→排序"命令对工作表中"某公司人员情况"数据清单的内容按照主要关键字"部门"的递增次序和次要关键字"组别"的递减次序进行排序。

	A	B	C	D	E	F	G	H	I
1	序号	职工号	部门	组别	年龄	性别	学历	职称	基本工资
2	9	W009	销售部	S2	37	女	本科	高工	5500
3	10	W010	开发部	D3	36	男	硕士	工程师	3500
4	3	W003	培训部	T1	35	女	本科	高工	4500
5	5	W005	培训部	T2	33	男	本科	工程师	3500
6	4	W004	销售部	S1	32	男	硕士	工程师	3500
7	8	W008	开发部	D2	31	男	博士	工程师	4500
8	1	W001	工程部	E1	28	男	硕士	工程师	4000
9	2	W002	开发部	D1	26	女	硕士	工程师	3500
10	7	W007	工程部	E2	26	男	本科	工程师	3500
11	6	W006	工程部	E1	23	男	本科	助工	2500

图　4.7.1

（1）选定数据清单区域，选择"数据→排序与筛选→排序"命令，弹出"排序"对话框。

（2）在"主要关键字"下拉列表框中选择"部门"，选中"升序"，单击"添加条件"命令，在新增的"次要关键字"中，选择"组别"列，选中"降序"次序，如图 4.7.2 所示，单击"确定"按钮即可。

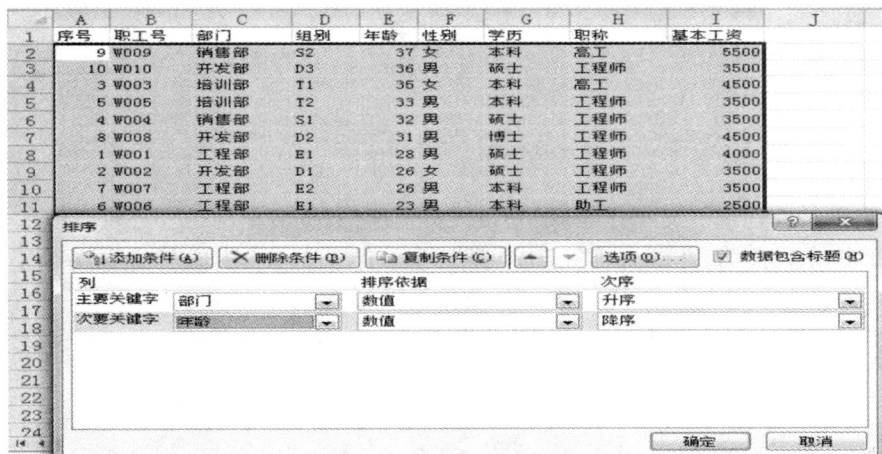

图　4.7.2

3．自定义排序

如果用户对数据的排序有特殊要求，可以利用"排序"对话框内"次序"下拉菜单下的"自定义序列"选项所弹出的对话框来完成。用户可以不按字母或数值等常规排序方式，根据需求自行设置。

4．排序数据区域选择

Excel 2010 允许对全部数据区域和部分数据区域进行排序。如果选定的数据区域包含所有的列，则对所有数据区域进行排序，如果所选的数据区域没有包含所有的列，则仅对已选定的数据区域排序，未选定的数据区域不变（有可能引起数据错误）。

可以利用"数据→排序与筛选→排序→选项"命令和"排序选项"对话框，选择是否区分大小写、排序方向、排序方法等。（※考点：数据排序）

4.7.3 数据筛选

1. 自动筛选

(1)单字段条件筛选。对工作表"某公司人员情况"数据清单的内容进行自动筛选,条件为:职称为高工。

1)选定数据清单区域,选择"数据→排序与筛选→筛选"命令,此时,工作表中数据清单的列标题全部变成下拉列表框。

2)打开"职称"下拉列表框,用鼠标选中"高工",如图 4.7.3 所示,单击"确定"按钮即可。

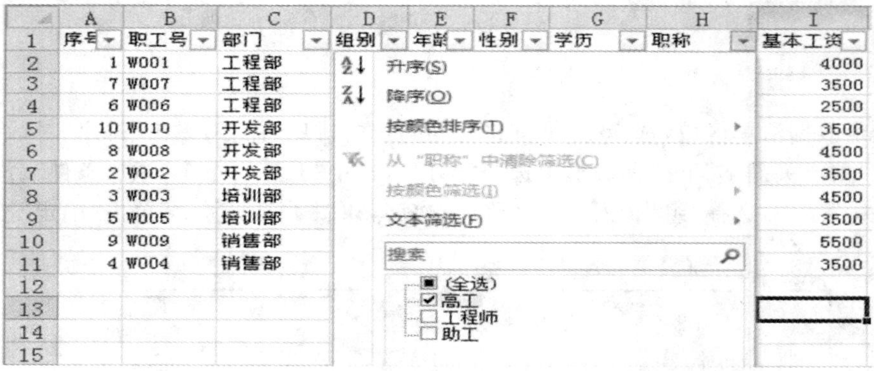

	A	B	C	D	E	F	G	H	I
1	序号	职工号	部门	组别	年龄	性别	学历	职称	基本工资
2	1	W001	工程部						4000
3	7	W007	工程部						3500
4	6	W006	工程部						2500
5	10	W010	开发部						3500
6	8	W008	开发部						4500
7	2	W002	开发部						3500
8	3	W003	培训部						4500
9	5	W005	培训部						3500
10	9	W009	销售部						5500
11	4	W004	销售部						3500

升序(S)
降序(O)
按颜色排序(T)
从"职称"中清除筛选(C)
按颜色筛选(I)
文本筛选(F)
搜索
☑(全选)
☑高工
☐工程师
☐助工

图 4.7.3

(2)多字段条件筛选。对工作表"某公司人员情况"数据清单的内容进行自动筛选,须同时满足两个条件,条件 1 为:年龄大于等于 25 并且小于等于 40;条件 2 为:学历为硕士或博士。

1)以单字段条件筛选方式,筛选出满足条件 1 的数据记录。

2)在条件 1 筛选出的数据清单内,以单字段条件筛选方式,筛选出满足条件 2 的数据记录,如图 4.7.4 所示。

	A	B	C	D	E	F	G	H	I
1	序号	职工号	部门	组别	年龄	性别	学历	职称	基本工资
2	1	W001	工程部	E1	28	男	硕士	工程师	4000
5	10	W010	开发部	D3	36	男	硕士	工程师	3500
6	8	W008	开发部	D2	31	男	博士	工程师	4500
7	2	W002	开发部	D1	26	女	硕士	工程师	3500
11	4	W004	销售部	S1	32	男	硕士	工程师	3500

图 4.7.4

(3)取消筛选。选择"数据→排序与筛选→组的清除"命令,或在筛选对象的下拉列表框中,选择"全选"即可取消筛选,恢复所有数据。

2. 高级筛选

Excel 的高级筛选方式主要用于多字段条件的筛选。

使用高级筛选必须先建立一个条件区域,用来编辑筛选条件。条件区域的第一行是所有作为筛选条件的字段名,这些字段名必须与数据清单中的字段名完全一样。条件区域的其他行输入筛选条件,"与"关系的条件必须出现在同一行内,"或"关系的条件不能出现在同一行内。条件区域与数据清单区域不能连接,须用空行隔开。

对工作表"某公司人员情况"数据清单的内容进行高级筛选,须同时满足两个条件,条件 1 为:年龄大于等于 25 并且小于等于 40;条件 2 为:学历为硕士或博士。

(1)在工作表的第一行前插入四行作为高级筛选的条件区域。

(2)在条件区域(A1:D3)区域输入筛选条件,选择工作表的数据清单区域。

(3)选择"数据→排序与筛选→高级"命令,弹出"高级筛选"对话框,选择"在原有区域显示筛选结果"或"将筛选结果复制到其他位置",利用下拉按钮 确定列表区域(数据清单区域)和条件区域(筛选条件区域)单击"确定"按钮即可完成高级筛选,如图 4.7.5 所示。 ※考点:数据筛选

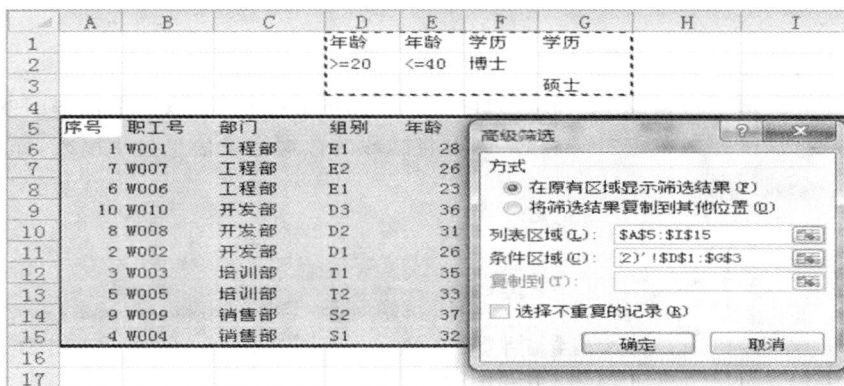

图　4.7.5

4.7.4　数据分类汇总

1.创建分类汇总

利用"数据"选项卡下的"分级显示"命令组的"分类汇总"命令可以创建分类汇总。

对工作表"某公司人员情况"数据清单的内容进行分类汇总,汇总计算各部门基本工资的平均值(分类字段为"部门",汇总方式为"平均值",汇总项为"基本工资"),汇总结果显示在数据下方。

(1)按主要关键字"部门"的递增或递减次序对数据清单进行排序。

(2)选择"数据→分级显示→分类汇总"命令,在弹出的"分类汇总"对话框中,选择分类字段为"部门",汇总方式为"平均值",选定汇总项为"基本工资",选中"汇总结果显示在数据下方",如图 4.7.6 所示,

(3)单击"确定"按钮即可完成分类汇总,对数据清单的部分数据进行分类汇总的结果如图 4.7.7 所示。

2.删除分类汇总

如果要删除已经创建的分类汇总,可在"分类汇总"对话框中单击"全部删除"按钮即可。

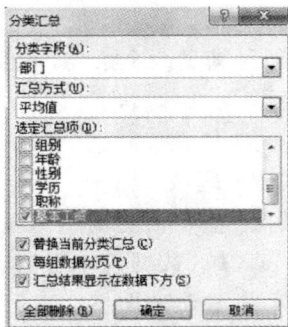

图 4.7.6（分类汇总对话框）

分类汇总

分类字段(A)：部门

汇总方式(U)：平均值

选定汇总项(D)：
- □ 组别
- □ 年龄
- □ 性别
- □ 学历
- □ 职称
- ☑ 基本工资

☑ 替换当前分类汇总(C)
□ 每组数据分页(P)
☑ 汇总结果显示在数据下方(S)

全部删除(R)　确定　取消

图 4.7.6

图 4.7.7

	序号	职工号	部门	组别	年龄	性别	学历	职称	基本工资
1	序号	职工号	部门	组别	年龄	性别	学历	职称	基本工资
2	1	W001	工程部	E1	28	男	硕士	工程师	4000
3	7	W007	工程部	E2	26	男	本科	工程师	3500
4	6	W006	工程部	E1	23	男	本科	助工	2500
5			工程部 平均值						3333.3333
6	10	W010	开发部	D3	36	男	硕士	工程师	3500
7	8	W008	开发部	D2	31	男	博士	工程师	4500
8	2	W002	开发部	D1	26	女	硕士	工程师	3500
9			开发部 平均值						3833.3333
10	3	W003	培训部	T1	35	女	本科	高工	4500
11	5	W005	培训部	T2	33	男	本科	工程师	3500
12			培训部 平均值						4000
13	9	W009	销售部	S2	37	女	本科	高工	5500
14	4	W004	销售部	S1	32	男	硕士	工程师	3500
15			销售部 平均值						4500
16			总计平均值						3850

图 4.7.7

3.隐藏分类汇总数据

单击工作表左边列表树的"－"号可以隐藏该部门的数据记录,只留下该部门的汇总信息,此时,"－"号变成"＋"号;单击"＋"号时,即可将隐藏的数据记录信息显示出来,如图 4.7.8 所示。（※考点：分类汇总）

	A 序号	B 职工号	C 部门	D 组别	E 年龄	F 性别	G 学历	H 职称	I 基本工资
1	序号	职工号	部门	组别	年龄	性别	学历	职称	基本工资
5			工程部 平均值						3333.3333
9			开发部 平均值						3833.3333
12			培训部 平均值						4000
15			销售部 平均值						4500
16			总计平均值						3850

图 4.7.8

4.8 图　　表

4.8.1　了解图表的基本概念

1.图表类型

Excel 提供了标准图表类型。每一种图表类型又分为多个子类型,可以根据需要的不同,选择不同的图表类型表现数据。

常用的图表类型有:柱形图、条形图、折线图、饼图、面积图、XY 散点图、圆环图、股价图、曲面图、圆柱图、圆锥图和棱锥图等(每种图表类型的功用请查看图表向导)。

2.图表的构成(见图 4.8.1)

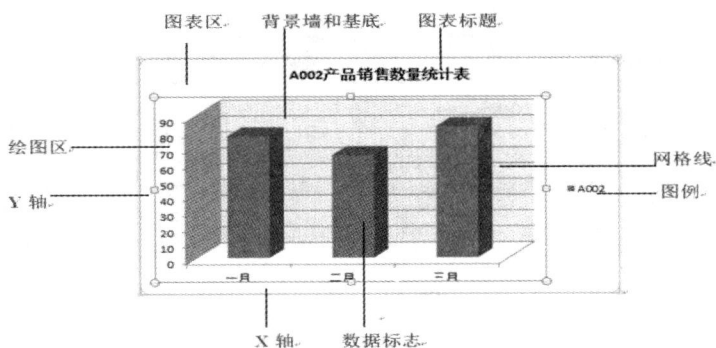

图　4.8.1

4.8.2　创建图表

1．嵌入式图表与独立图表

嵌入式图表：指图表作为一个对象与其相关的工作表数据存放在同一工作表中。

独立图表：以一个工作表的形式插在工作簿中。在打印输出时，独立工作表占一个页面。

嵌入式图表与独立图表的创建操作基本相同，主要利用"插入"选项卡"下的"图表"命令组完成。区别在于它们存放的位置不同。

2．创建图表的方法

以一个简单的学生成绩表为例，以其中一到三班的成绩建立一个柱形图。建立图表结果及图表各部分的说明如图 4.8.2、图 4.8.3 所示。

	A	B	C	D
1	班级名称	数学	语文	英语
2	一班	80	67	67
3	二班	65	72	78
4	三班	88	76	89
5	四班	90	87	76
6	五班	75	66	80

图　4.8.2

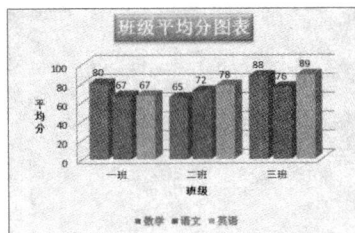

图　4.8.3

建立图表操作步骤如下：

（1）选取工作表中需要建立图表的区域，如本例选取 A1:D4。

（2）单击"插入"选项卡。

（3）在"图表"功能区选择所需要的图表类型，本例单击"柱形图"的下拉按钮选择其下的子类型"三维簇状柱形图"。（※考点：图表的建立）

4.8.3　编辑和修改图表

图表建立以后，如果对图表的显示效果不满意，可以利用"图表工具"功能区按钮或在图表任何位置右击弹出快捷菜单对图表进行编辑或对图表进行格式化设置。选中图表的任一位置即可弹出"图表工具"功能区。单击"设计"选项卡可弹出如图 4.8.4 所示的功能区。

图 4.8.4

1．修改图表类型

2．向图表中添加或删除源数据

根据班级平均分布图表，删除三班的图例，增加四、五班的图例。

（1）鼠标移至三班的柱型图表处右击，在快捷菜单中选择"删除"命令，三班的柱型图形即被删除。

（2）或直接建立四、五班三科的成绩：在柱型图处，点击右键，在快捷菜单中选择"选择数据"，在对话框中的"图表数据区域"输入区域 A1：D3 和 A5：D6，如图 4.8.5、图 4.8.6 所示，单击"确定"按钮。

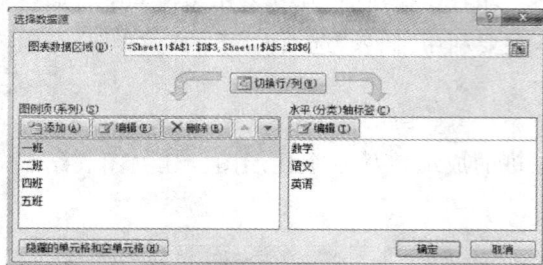

图 4.8.5

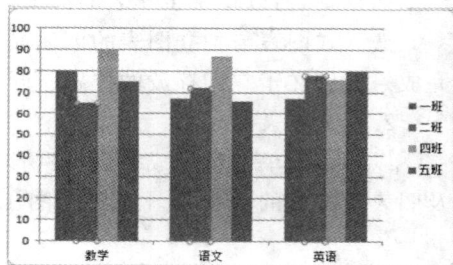

图 4.8.6

（※考点：图表的编辑）

4.9 页 面 设 置

1．页面设置

用户可以对工作表的方向，纸张大小以及页边距等要素进行设置。

（1）页面的设置。单击"页面设置"对话框中的"页面"选项卡，在其中可以指定打印方向是"纵向"或"横向"；调整打印的"缩放比例"；设置纸张大小等，如图 4.9.1 所示。

（2）页边距设置。页边距是指表格中的正文内容与纸张外围的距离，页边距的设置对纸张中所显示的内容有着直接的影响。

单击"页面设置"对话框中的"页边距"按钮，在"页边距"选项卡下的"上"、"下"、"左"、"右"数值框中分别输入需要设置的页边距数值，如图 4.9.2 所示。

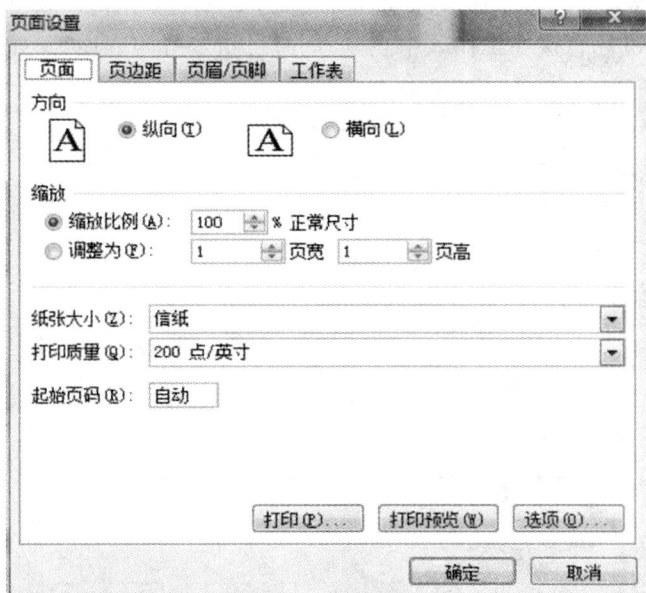

图　4.9.1

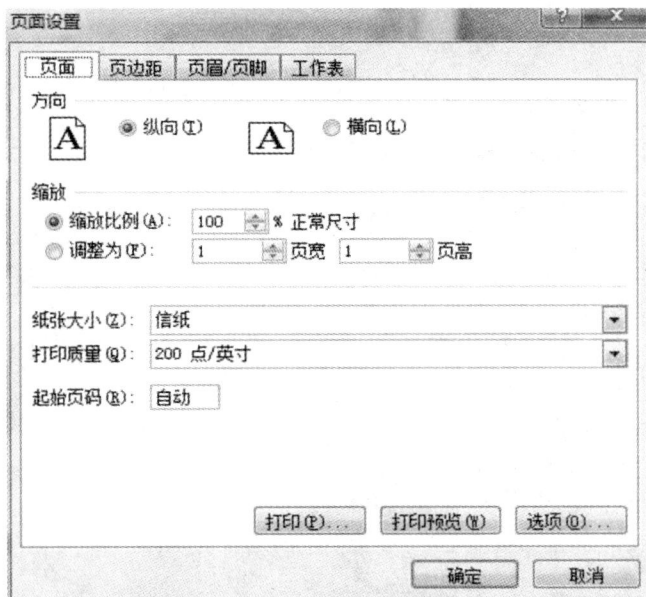

图　4.9.2

（3）页眉页脚设置。单击"页面设置"对话框中的"页眉/页脚"按钮,得到如图 4.9.3 所示的对话框。在"页眉"下拉组合框和"页脚"下拉组合框中可以设置预先设置好的页眉、页脚。

（4）工作表的设置。单击"页面设置"对话框中的"页眉/页脚"按钮,得到如图所示的对话框。若只打印工作表的某个区域,则可以在"打印区域"文本框输入要打印的区域,或用鼠标直接在工作表中点取;若打印的内容较长,要输出在两张纸上,而又希望在第 2 页上具有与第一页相同的行标题与列标题,则在"打印标题"框汇总的"行标题"、"列标题"指定标题行和标题列所在的行和列,或由鼠标直接在工作表中点取;同时可指定打印顺序等,如图4.9.4所示。

图 4.9.3

图 4.9.4

2.打印区域设置

打印工作表时,如果用户只需要打印工作表中的部分内容,则可以手动对打印的区域进行设置,这样打印区以外的表格就不会被打印出来了。

(1)选择打印区域。拖动鼠标选中要打印的区域。

(2)单击"页面布局"选项卡中"页面设置"组中的"打印区域＞设置打印区域"选项。

(3)显示打印区域效果。经过上述操作后,就完成了设置打印区域的操作。执行"文件＞打印"命令,进入预览状态后,即可看到设置后的效果。

3.预览模式下调整页面

在 Excel 中对文件进行预览的同时还可以对页面布局的相关内容进行调整。单击"文件→打印",如图 4.9.5 所示。

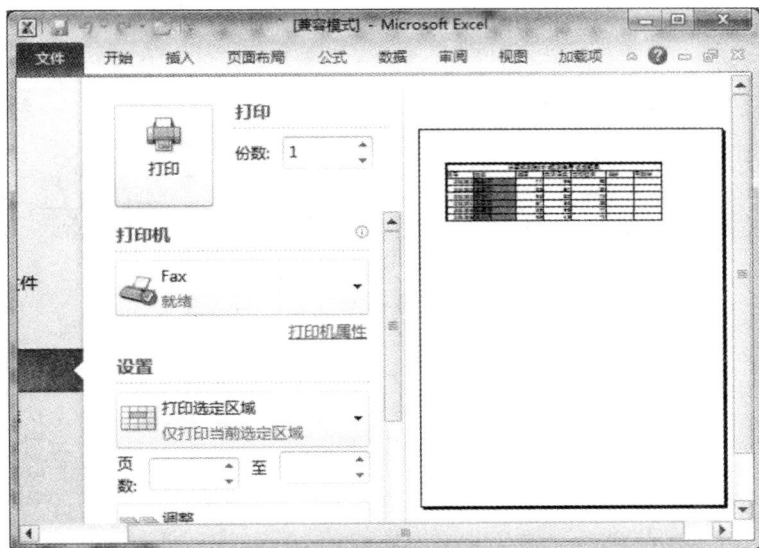

图　4.9.5

（※考点:页面设置）

4.10　邮　件　合　并

又到期末了,老师们又要开始填写学生成绩报告单了,学生人数很多,一张一张手工填写是一件很烦锁的事。其实,用 Word 的"邮件合并"功能,让 Word 2010 和 Excel 2010 协同工作,可以实现成绩报告单"批处理",省时省力,轻松完成学生成绩报告单的填写工作。

1.制作学生成绩统计表

运行 Excel 2010,新建一个工作表,命名为"学生成绩统计表",然后将班级、学生姓名和各科成绩等信息输入表格,并以"学生成绩统计表.xlsx"为文件名,保存在硬盘中备用,如图 4.10.1所示。

2.绘制学生成绩报告单

(1)运行 Word 2010,单击"页面布局",切换到"页面布局"功能区,单击"页面设置"右侧的小箭头,弹出"页面设置"窗口,根据实际需要设置好页边距和纸张大小,如图 4.10.2 所示。

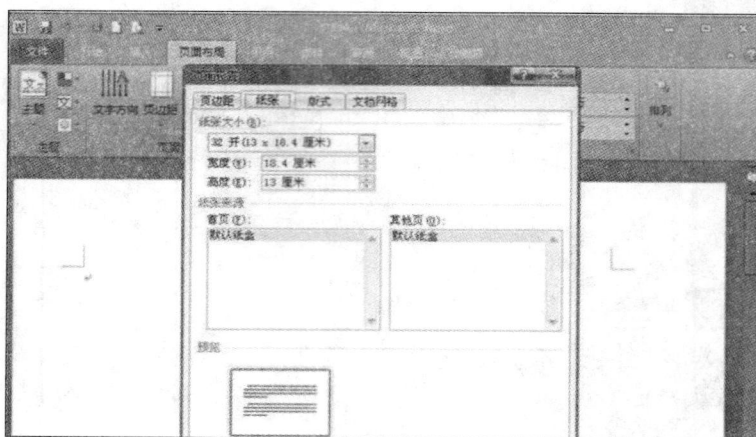

图 4.10.1

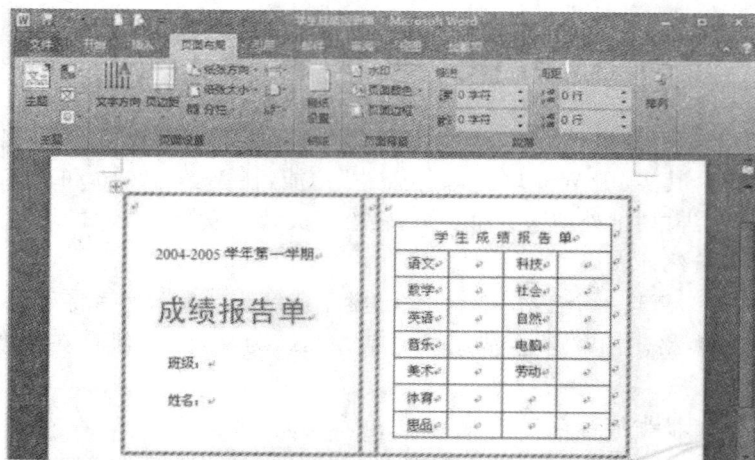

图 4.10.2

（2）单击"确定"按钮，返回 Word 2010 编辑窗口，根据"学生成绩.xlsx"表头中的有关项目，绘制一张学生成绩报告单，并保存为"学生成绩报告单.docx"，如图 4.10.3 所示。

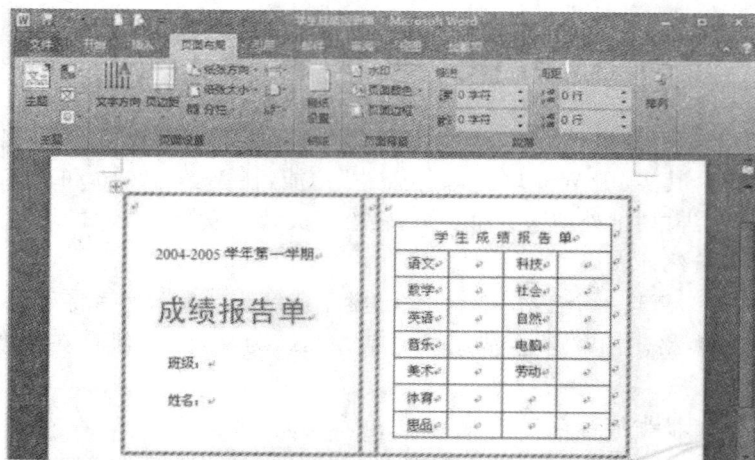

图 4.10.3

3. 批量处理学生成绩报告单

(1)打开刚才建立的"学生成绩报告单.docx",单击"邮件",切换到"邮件"功能区,单击"选择收件人",并在弹出的下拉菜单中选择"使用现有列表",如图 4.10.4 所示,弹出"选取数据源"窗口,找到并选中前面创建的"学生成绩统计表.xlsx",单击"打开"按钮,如图 4.10.5 所示,这时会弹出"选择表格"窗口,选择"学生成绩统计表",单击"确定"按钮,如图 4.10.6 所示。

图　4.10.4

图　4.10.5

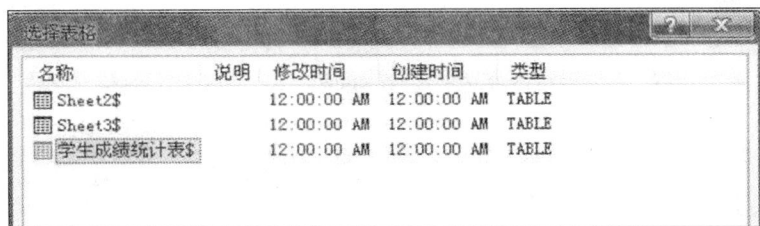

图　4.10.6

(2)返回 Word 2010 编辑窗口,将光标定位到学生成绩报告单需要插入数据的位置,然后单击"插入合并域"按钮,在下拉菜单中单击相应的选项,将数据源一项一项插入成绩报告单相应的位置,如图 4.10.7 所示。

(3)完成邮件合并"按钮,在弹出的下拉菜单中选择"编辑单个文档",弹出"合并到新文档"小窗口,根据实际需要选择"全部"、"当前记录"或指定范围,单击"确定"按钮,如图 4.10.8 所示,完成邮件合并,系统会自动处理并生成每位学生的成绩报告单,并在新文档中一一列出,如图 4.10.9 所示,接下来只要连上打印机打印就大功告成了,如图 4.10.10 所示。

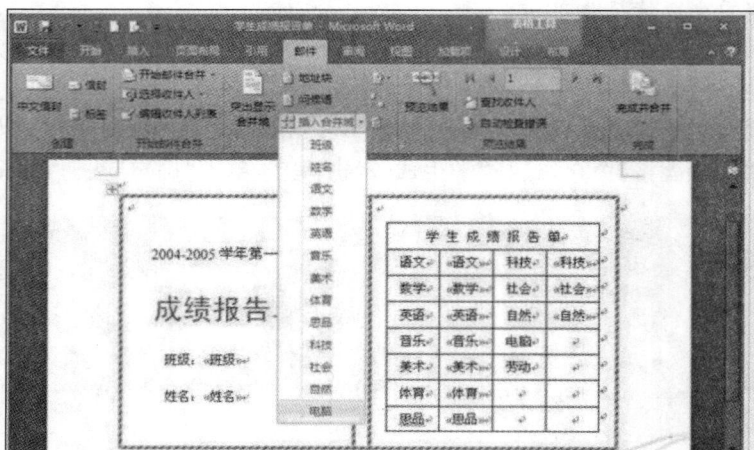

图 4.10.7

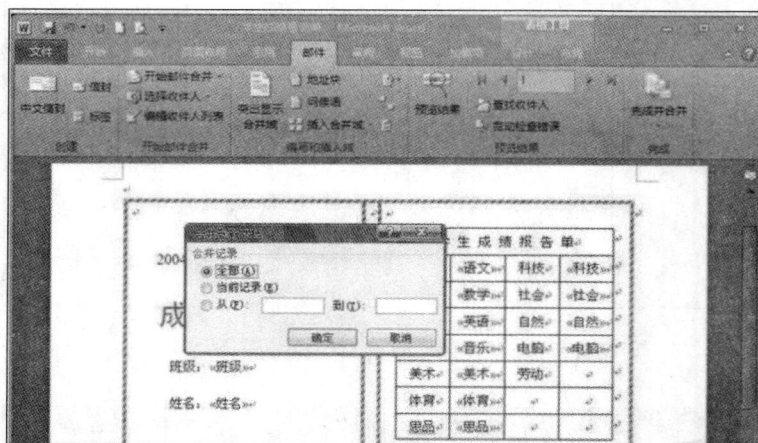

图 4.10.8

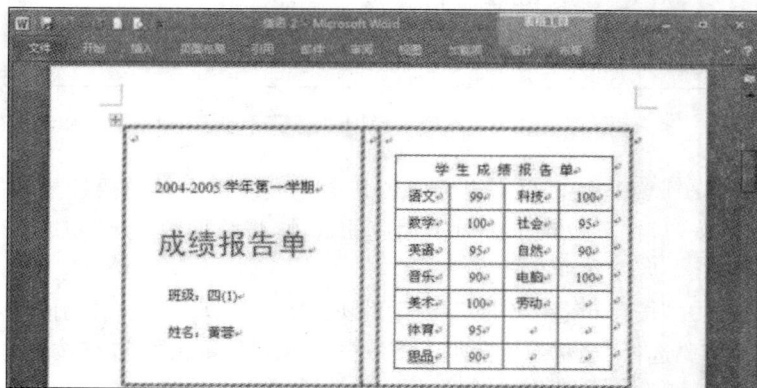

图 4.10.9

图　4.10.10

4.11　学生成绩表的编辑

1.提出任务

根据学生成绩表(见图 4.11.1)制作 Excel 电子表格,要求按大学语文成绩由高到低排序;求出每个同学的总分;以及每门课的平均分;根据总分排出名次;自动筛选出高等数学成绩在 80 分以上的同学信息。

学生成绩表

姓名	性别	大学语文	高等数学	英语	总分	名次	
张登平	女	95	65	70			
李君丽	女	67	92	95			
闻晓丽	女	90	68	78			
冯雪圆	男	85	90	76			
张远明	女	85	75	70			
汪小峰	男	60	56	62			
王三	男	55	75	90			
王燕	女	86	67	70			
赵武	男	80	85	65			
李浩	男	75	80	55			
平均分							

图　4.11.1

本实例完成后的"学生成绩表"效果如图 4.11.2 所示。

2.解决方案

利用 Excel 2010 创建工作簿和工作表。利用 SUM()函数和 AVERAGE()函数求出总分和各科平均分。利用 RANk()函数排出名次。

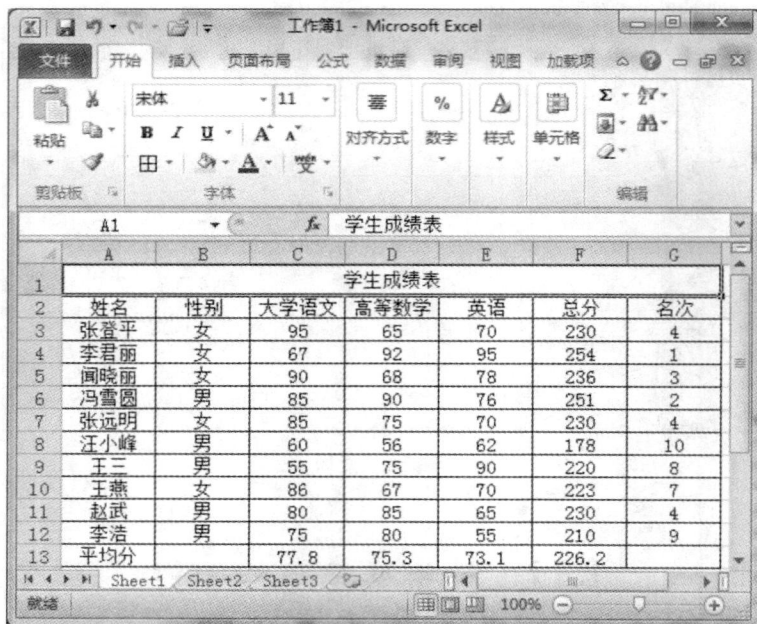

图 4.11.2

3. 实现方法

(1)启动 Excel 2010,新建工作簿。

(2)在工作表的第一行输入"学生成绩表"。第二行输入项目名称,然后输入学生的相关数据。如图 4.11.3 所示。

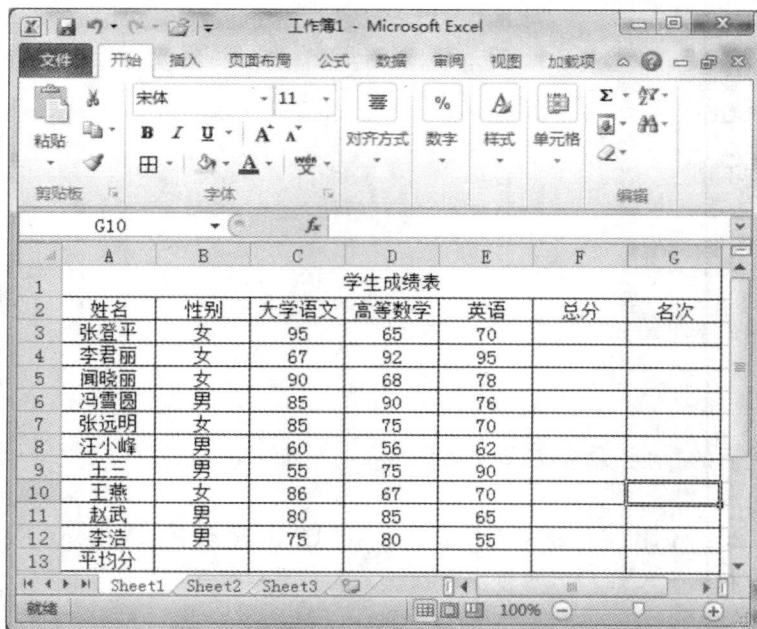

图 4.11.3

(3)选定单元格 F3,然后单击"公式"选项卡中的"自动求和"按钮完成第一个同学的总分计算,如图 4.11.4 所示。

图　4.11.4

(4)将鼠标放在 F3 单元格的右下角,利用公式自动填充功能完成其他同学的总分计算,如图 4.11.5 所示。

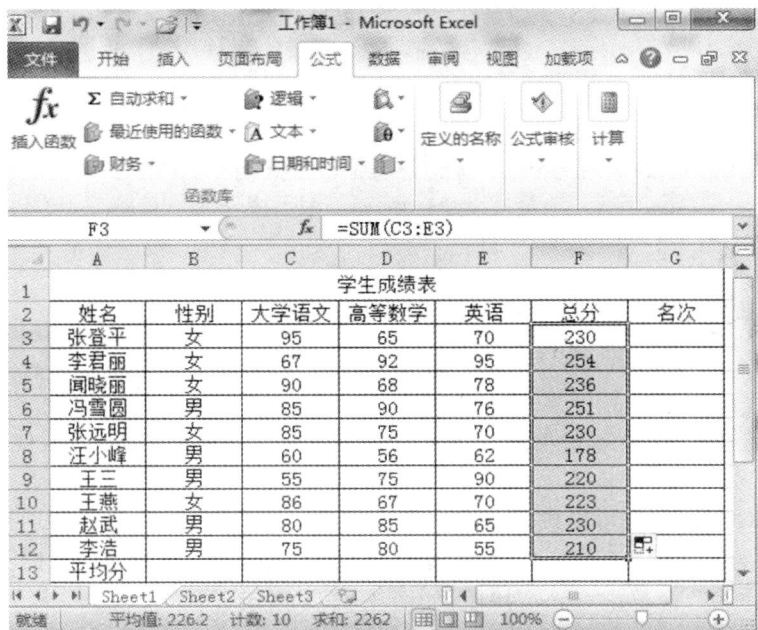

图　4.11.5

　　(5)选定 C13 单元格,选择"公式"选项卡中的"插入函数"按钮,然后在"插入函数"对话框中选择函数"AVERAGE",在单击"确定"按钮,如图 4.11.6 所示。

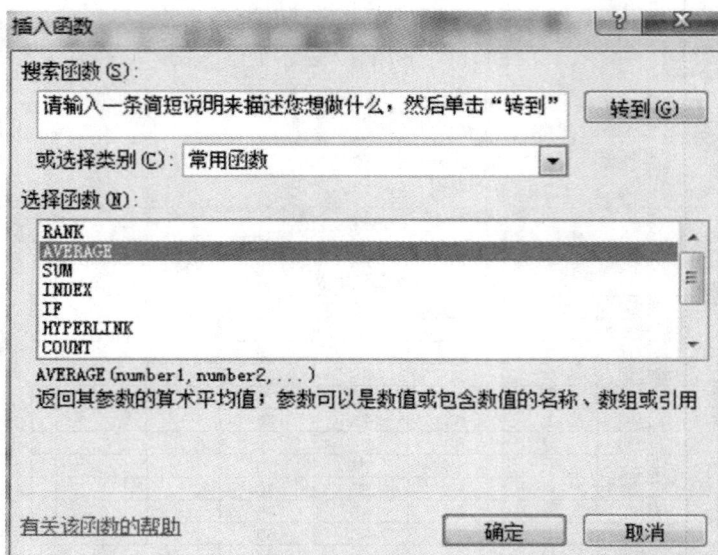

图　4.11.6

　　(6)在"函数参数"对话框中的"Number1",中输入"C3:C12",可计算大学语文的平均分,如图 4.11.7 所示。

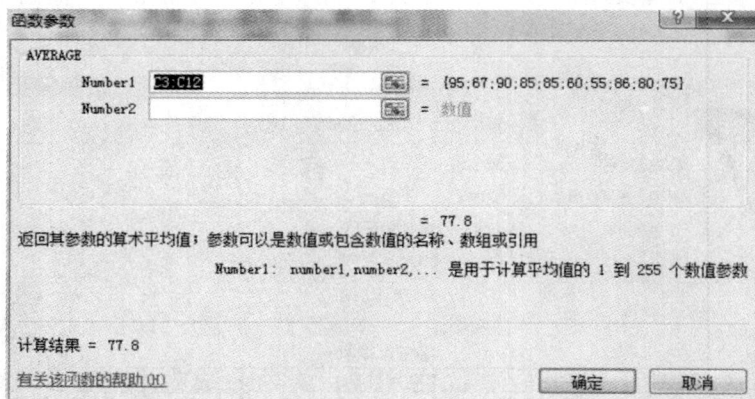

图　4.11.7

　　(7)将鼠标放在 C13 单元格的右下角,利用公式自动填充功能完成其他学科的平均分计算。

　　(8)利用 RANK()函数可以按总分求出名次。

　　(9)选定 G3 单元格,选择"公式"选项卡中的"插入函数"按钮,然后在"插入函数"对话框中选择函数"RANK",在单击"确定"按钮,如图 4.11.8 所示。

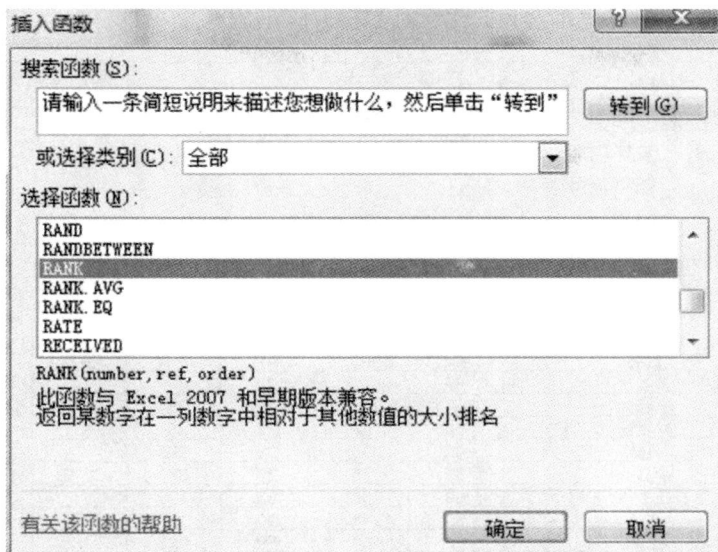

图　4.11.8

(10)在"函数参数"对话框中的"Number",中输入"F4",如图 4.11.9 所示。

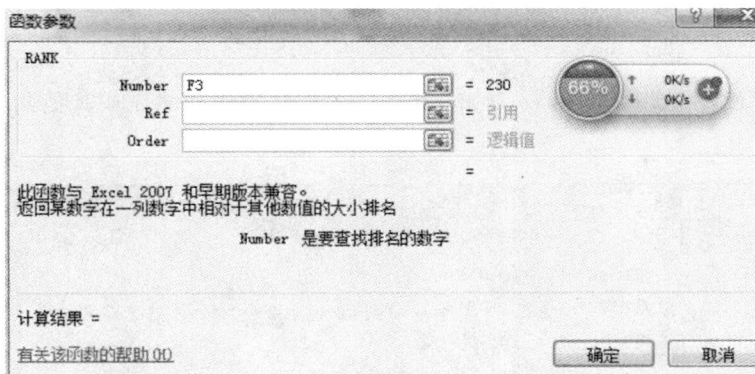

图　4.11.9

(11)在 Ref 中输入"＄F＄3：＄F＄13",如图 4.11.10 所示。

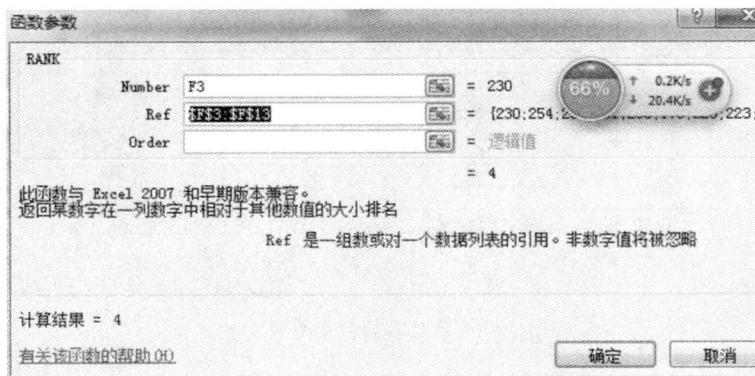

图　4.11.10

(12)单击"确定",即可出现名次,如图 4.11.11 所示。

图 4.11.11

(13)将鼠标放在 G3 单元格的右下角,利用公式自动填充功能完成其他同学的名次,如图 4.11.12 所示。

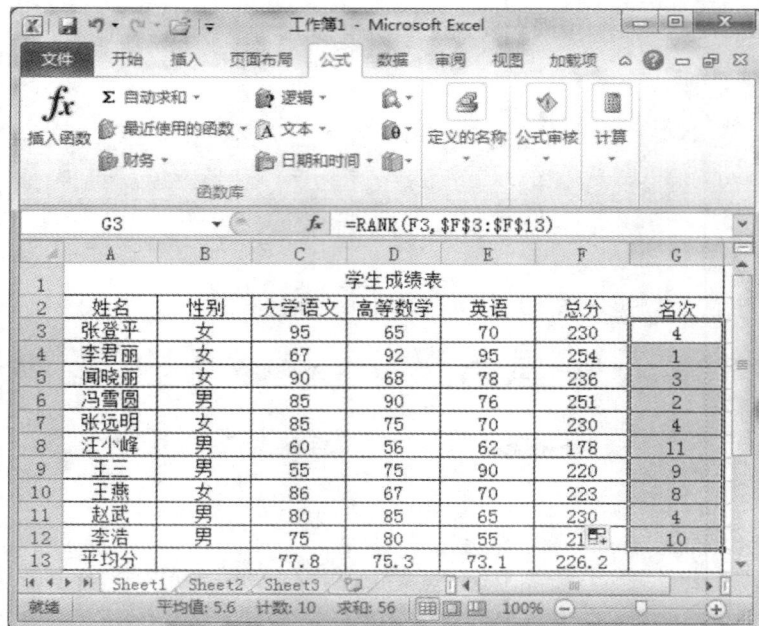

图 4.11.12

4.12 实　　训

理 论 实 训

一、单项选择题

1. Excel 2010 是(　　)软件。

(A)电子表格　　　　(B)数据库管理　　　　(C)幻灯片制作　　　　(D)文字处理

2. 在 Excel 2010 中工作簿文件的默认扩展名为(　　)。

(A)mdbx　　　　(B)pptx　　　　(C)docx　　　　(D). xlsx

3. 在 Excel 2010 中,每张工作表是一个(　　)。

(A)树表　　　　(B)三维表　　　　(C)一维表　　　　(D)二维表

4. 在 Excel 2010 主界面窗口(即工作窗口)中不包含(　　)。

(A)"数据"选项卡　　　　　　　　(B)"开始"选项卡

(C)"插入"选项卡　　　　　　　　(D)"输出"选项卡

5. 在 Excel 2010 主界面窗口中编辑栏上的"fx"按钮用来向单元格插入(　　)。

(A)函数　　　　(B)公式　　　　(C)文字　　　　(D)数字

6. 启动 Excel 2010 应用程序后自动建立的工作簿文件的文件名为(　　)。

(A)BookFile1　　　　(B)Book1　　　　(C)工作簿 1　　　　(D)工作簿文件

7. 在 Excel 2010 中,电子工作表中的第 5 列标为(　　)。

(A)E　　　　(B)F　　　　(C)C　　　　(D)D

8. 在 Excel 2010 中,若一个单元格的地址为 F5,则其右边紧邻的一个单元格的地址为(　　)。

(A)E5　　　　(B)F4　　　　(C)F6　　　　(D)G5

9. 在 Excel 2010 中,若要选择一个工作表的所有单元格,应鼠标单击(　　)。

(A)右上角单元格　　　　　　　　(B)列标行与行号列相交的单元格

(C)表标签　　　　　　　　　　　(D)左下角单元格

10. 若在 Excel 2010 的一个工作表的 D3 和 E3 单元格中输入了星期一和星期二,则选并向后拖拽填充柄经过 F3 和 G3 后松开,F3 和 G3 中显示的内容为(　　)。

(A)星期二、星期二　　　　　　　(B)星期一、星期二

(C)星期一、星期一　　　　　　　(D)星期三、星期四

11. 在 Excel 2010 中,若需要选择多个不连续的单元格区域,除选择第一个区域外,以后每选择一个区域都要同时按住(　　)。

(A)Esc 键　　　　(B)Alt 键　　　　(C)Ctrl 键　　　　(D)Shift 键

12. 在 Excel 2010 工作表中,按下 Delete 键将清除被选区域中所有单元格的(　　)。

(A)所有信息　　　　(B)批注　　　　(C)格式　　　　(D)内容

13. 在 Excel 2010 中,从工作表中删除所选定的一列,则需要使用"开始"选项卡中的(　　)。

(A)"复制"按钮　　　　(B)"剪切"按钮　　　　(C)"删除"按钮　　　　(D)"清除"按钮

14. 在 Excel 2010 中,利用"查找和替换"对话框(   )。

(A)既能查找又能替换　　　　　　　　(B)只能一一替换不能全部替换

(C)只能做替换　　　　　　　　　　　(D)只能做查找

15. 在 Excel 2010 中,对电子工作表的选择区域不能够进行操作的是(   )。

(A)文档保存　　　　(B)条件格式　　　　(C)行高尺寸　　　　(D)列宽尺寸

16. 在 Excel 2010 的工作表中,行和列(   )。

(A)只能隐藏列不能隐藏行　　　　　　(B)只能隐藏行不能隐藏列

(C)都可以被隐藏　　　　　　　　　　(D)都不可以被隐藏

17. 在 Excel 2010"设置单元格格式"对话框中,不存在的选项卡为(   )。

(A)"填充"　　　　(B)"保存"　　　　(C)"数字"　　　　(D)"对齐"

18. 在 Excel 2010 中,右击一个工作表的标签不能够进行(   )。

(A)打印一个工作表　　　　　　　　　(B)重命名一个工作表

(C)插入一个工作表　　　　　　　　　(D)删除一个工作表

19. 在 Excel 2010 中,假定一个单元格的地址为 F25,则该单元格的地址称为(   )。

(A)三维地址　　　　(B)混合地址　　　　(C)绝对地址　　　　(D)相对地址

20. 下列关于 Excel 2010 单元格地址的引用中,(   )是绝对地址。

(A)B5　　　　(B)＄D＄3　　　　(C)＄E6　　　　(D)A＄2

21. 在 Excel 2010 中,单元格 B7 中有公式"＝SUM(B3:B6)",若将该公式复制到 E7 单元格中,则 E7 中的内容为(   )。

(A)＝SUM(E3:E7)　　　　　　　　　(B)＝SUM(E3:E6)

(C)＝SUM(B3:B6)　　　　　　　　　(D)＝SUM(B4:B7)

22. 在 Excel 2010 中,单元格 D3 中保存的公式为"＝B＄3＋C＄3",若把它复制到 E4 中,则 E4 中保存的公式为(   )。

(A)＝B＄4＋C＄4　　　　　　　　　(B)＝C&4＋D&4

(C)＝B3＋C3　　　　　　　　　　　(D)＝C＄3＋D＄3

23. 在 Excel 2010 中,对数据表进行排序时,在"排序"对话框中能够指定的排序关键字个数限制为(   )。

(A)任意　　　　(B)3 个　　　　(C)1 个　　　　(D)2 个

24. 在 Excel 2010 中,若需要将工作表中某列上大于某个值的记录挑选出来,应执行数据菜单中的(   )。

(A)合并计算命令　　　(B)分类汇总命令　　　(C)排序命令　　　(D)筛选命令

25. 在 Excel 2010 的高级筛选中,条件区域中写在同一行的条件是(   )。

(A)异或关系　　　　(B)非关系　　　　(C)或关系　　　　(D)与关系

26. 在 Excel 2010 中,假定存在着一个职工简表,要对职工工资按职称属性进行分类汇总,则在分类汇总前必须进行数据排序,所选择的关键字为(   )。

(A)职称　　　　(B)工资　　　　(C)性别　　　　(D)职工号

27. 在 Excel 2010 中,所包含的图表类型共有(   )。

(A)30 种　　　　(B)20 种　　　　(C)10 种　　　　(D)11 种

28. 在 Excel 2010 中创建图表,首先要打开(   ),然后在"图表"组中操作。

(A)"数据"选项卡 　　　　　　　　　　(B)"公式"选项卡

(C)"开始"选项卡 　　　　　　　　　　(D)"插入"选项卡

29. 在"图表工具"下的"布局"选项卡中,不能设置(或修改)(　　　)。

(A)图表位置　　　　(B)图例　　　　(C)图表标题　　　　(D)坐标轴标题

30. 在 Excel 2010 中,所建立的图表(　　　)。

(A)既不能插入到数据源工作表,也不能插入到新工作表中

(B)可以插入到数据源工作表,也可以插入到新工作表中

(C)只能插入到数据源工作表中

(D)只能插入到一个新的工作表中

31. 在 Excel 2010 中,在单元格中输入下列数据或公式,结果默认左对齐的是(　　　)。

(A)＝5＋3　　　　(B)5＊3　　　　(C)5－3　　　　(D)5/3

32. 在 Excel 2010 中,下列不属于"公式"选项卡下"计算"组的计算选项中的内容是(　　　)。

(A)自动　　　　　　　　　　　　(B)手动

(C)除模拟运算表外自动重算　　　　(D)计算工作表

33. 在 Excel 2010 中,插入新工作表的快捷键为(　　　)。

(A)Alt＋F11　　　　　　　　　　(B)Shift＋F11

(C)Alt＋Shift＋F11　　　　　　　(D)Alt＋Shift＋Ctrl＋F11

34. 在 Excel 2010 中,弹出"插入函数"对话框的快捷键为(　　　)。

(A)Ctrl＋F1　　　(B)Shift＋F2　　　(C)Ctrl＋F3　　　(D)Shift＋F3

35. 在 Excel 2010 中,对数据表要进行分类汇总之前的操作(　　　)。

(A)汇总　　　　　(B)分类　　　　　(C)排序　　　　　(D)筛选

36. 在 Excel 2010 中,以下插入函数的方法错误的是(　　　)。

(A)直接输入"插入函数"　　　　　(B)开始/自动求和

(C)公式/插入函数　　　　　　　　(D)插入函数按钮

37. 在 Excel 2010 的图表中,能反映出数据变化趋势的图表类型是(　　　)。

(A)柱形图　　　　(B)折线图　　　　(C)饼图　　　　(D)条形图

38. 在 Excel 2010 中,编辑图表时,图表工具下不包括的选项卡是(　　　)。

(A)格式　　　　　(B)布局　　　　　(C)设计　　　　　(D)编辑

39. 在 Excel 2010 工作薄中,有关移动和复制工作表的说法,正确的是(　　　)。

(A)工作表可以移动到其他工作薄内,也可以复制到其他工作薄内

(B)工作表可以移动到其他工作薄内,不能复制到其他工作薄内

(C)工作表只能在所在工作薄内移动,不能复制

(D)工作表只能在所在工作薄内复制,不能移动

40. 在 Excel 2010 中,日期型数据"2015 年 6 月 12 日"的正确输入形式是(　　　)。

(A)12.6.2015　　(B)12,6,2015　　(C)15－6－12　　(D)12:6:2015

二、多项选择题

1. 在 Excel 2010 中,对表格可做的操作是(　　　)。

(A)删除行或列　　(B)移动表格　　　(C)使用汇总行　　(D)删除重复行

2.在 Excel 2010 中,设置单元格格式包括数字、(　　)、边框、填充和保护。

(A)颜色　　　　　　　(B)对齐　　　　　　　(C)下划线　　　　　　　(D)字体

3.在 Excel 2010 中,下面(　　)说法是正确的。

(A)使用 Del 键可以删除活动单元格的文字

(B)使用 Del 键不能删除活动单元格的公式

(C)使用 Del 键不能删除活动单元格的颜色

(D)使用 Del 键能删除活动单元格的颜色

4.在 Excel 2010 中,"页面布局"选项卡中可以对页面进行(　　)设置。

(A)页边距　　　　(B)纸张方向、大小　　　(C)打印区域　　　　(D)打印标题

5.Excel 2010 的三要素是(　　)。

(A)工作表　　　　　　(B)工作簿　　　　　　(C)单元格　　　　　　(D)区域

6.下面对图表的描述,正确的是(　　)。

(A)创建图表前,必须有数据

(B)图表是动态的

(C)图表可以更改类型、格式、添加数据系列等

(D)图表可以嵌入到工作表,但不可以显示在单独的图表工作表中

7.在 Excel 2010 中,可以使用哪些方法实现条件格式(　　)。

(A)数据条　　　　　　　　　　　　(B)色阶

(C)图标集　　　　　　　　　　　　(D)项目选取规则

8.在 Excel 2010 中的迷你图,包括哪三种(　　)。

(A)圆环图　　　　　　(B)柱形图　　　　　　(C)折线图　　　　　　(D)盈亏图

9.在 Excel 2010 中,"文件"按钮中的"信息"有哪些(　　)内容。

(A)权限　　　　　　(B)检查问题　　　　　(C)管理版本　　　　　(D)帮助

10.在 Excel 2010 中,工作簿视图方式有哪些(　　)。

(A)普通　　　　　　　　　　　　　(B)页面布局

(C)分页预览　　　　　　　　　　　(D)自定义视图

上 机 实 训

实验一　学生成绩统计表

【实验要求】

请在 Excel 2010 中创建"学生成绩统计表",内容如图 4.12.1 所示,并按要求完成以下操作:

(1)在表格第一行前插入一行,在 A1 单元格输入标题为"学生成绩统计表",字体黑体、字号 20 磅,合并(A1:E1)后居中,所在单元格设置为"红色"底纹、图案颜色为"白色,背景 1,深色 25％"、图案样式为"细对角线条纹",黄色文字。

(2)利用公式计算"总评",四舍五入取整;平时、期中分别占 30％,期末占 40％。

（3）利用 countif 函数计算"优秀人数"。其中 90 分以上（含 90 分）定为优秀。

（4）利用 count 或 counta 函数计算"总人数"。

（5）利用公式计算"优秀率"。"优秀率"以百分数表示，保留两位小数。

（6）将表中所有单元格内容水平居中、垂直居中对齐，行高设为 25，列宽设为 18；添加表格边框线，外边框为蓝色双线、内边框为蓝色单线，当前工作表 sheet1 命名为"学生成绩表"，以"实训 1.xlsx"为文件名保存。

图　4.12.1

【实验内容与步骤】

（1）选中单元格 A1，单击"开始"选项卡中的"插入"标签下的插入工作表行，输入内容，分别在"字体"和"对齐方式"标签下设置相应的格式，单击"对齐方式"标签右下角，显示"设置单元格格式"对话框，在"填充"选项卡下进行底纹和图案的设置。

（2）利用公式 =B3*30%+C3*30%+D3*40%，其余的可利用鼠标拖动的方法填充来实现。

（3）利用 countif 函数，如图 4.12.2 所示。

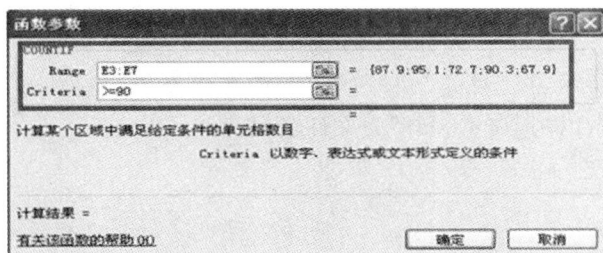

图　.4.12.2

（4）利用 count 函数，如图 4.12.3 所示；或利用 counta 函数，如图 4.12.4 所示。

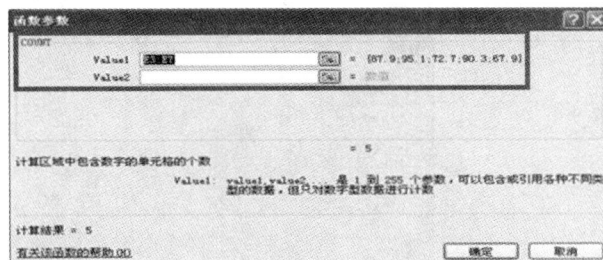

图　4.12.3

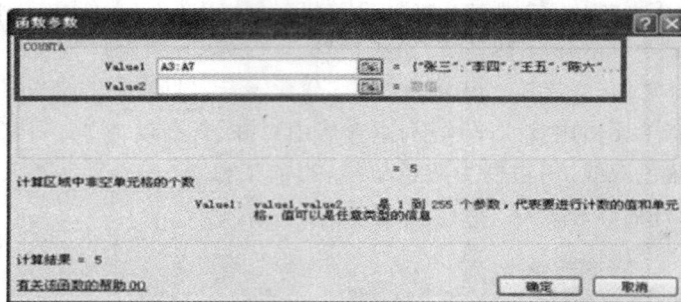

图 4.12.4

(5)利用公式 =B8/E8 ,设置百分比格式如图 4.12.5 所示。

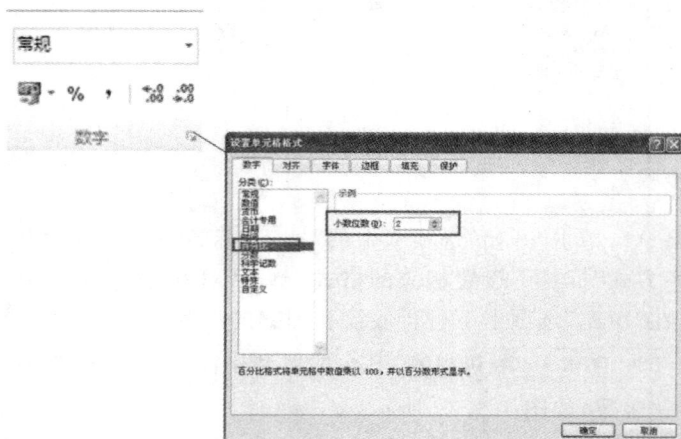

图 4.12.5

(6)如图 4.12.6 所示,在"对齐"和"边框"选项卡中设置,指向 sheet1 单击右键,选重命名,输入"学生成绩表",以"实训 1.xlsx"为文件名保存。

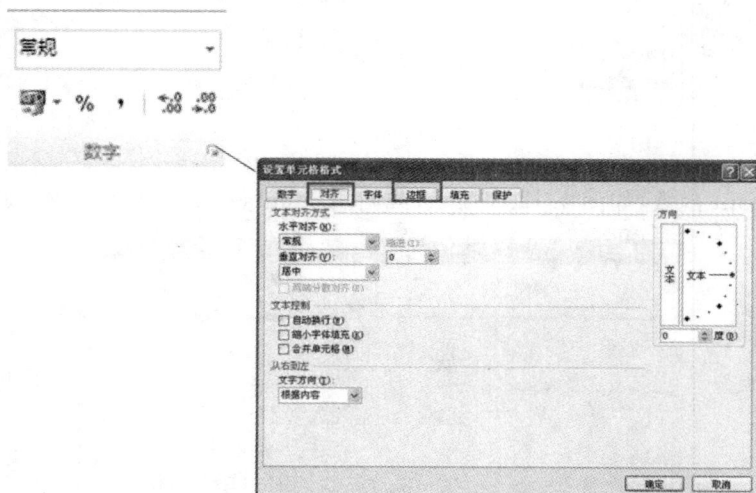

图 4.12.6

实验二　工　资　表

【实验要求】

请在 Excel 2010 中创建"实训 2.xlsx",内容如图 4.12.7 所示,并按要求完成以下操作:

	A	B	C	D	E	F	G	H	I	J
1	部　门	工资号	姓　名	薪级工资	业绩工资	补帖	税收	实发工资	应发工资	平均值
2	策划部		张三	2600	1150	1000				
3	销售部		李四	2700	1000	1000				
4	策划部		王五	2300	900	1000				
5	销售部		刘六	3000	800	1000				
6	策划部		赵七	2500	1050	1000				
7	销售部		伍八	2400	700	1000				

图　4.12.7

(1)将"应发工资"所在列(I 列)移动到"税收"所在列(G 列)之前,并利用求和函数计算"应发工资"("应发工资"是"薪级工资、业绩工资、补帖"之和);

(2)利用 IF 函数计算"税收"(条件是:应发工资大于或等于 4500 的征收超出部分 20%的税,低于 4500 的不征税(公式中请使用 20%,不要使用 0.2 等其他形式);

(3)利用公式计算"实发工资"(实发工资＝应发工资－税收);

(4)在表格第一行前插入一行,并在 A1 单元格内输入标题"工资表",字体宋体、字号 16磅,合并(A1:J1)单元格、水平对齐居中

(5)将(B3:B8)单元格数字格式设置为文本。然后在 B3 单元格内输入工资号"0201512",再用鼠标拖动的方法依次在(B4:B8)单元格内填充上"0201513－0201517",水平居中、垂直居中;

(6)将(D3:J8)数据格式设置为货币型(￥),一位小数,水平居中、垂直居中;

(7)将表格按部门升序排列,利用 Average 函数分别计算各部门实发工资的平均值,分别放在 J5,J8 单元格中。

【实验内容与步骤】

(1)选 I 列单击右键"剪切",选 G 列单击右键"插入剪切的单元格",其余单元格利用鼠标拖动的方法填充,以下函数和公式类推,如图 4.12.8 所示。

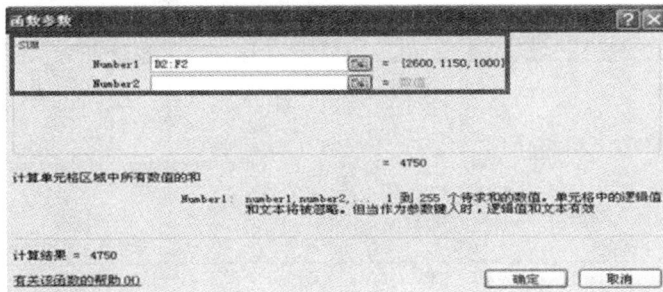

图　4.12.8

（2）利用 IF 函数，求税收，如图 4.12.9 所示。

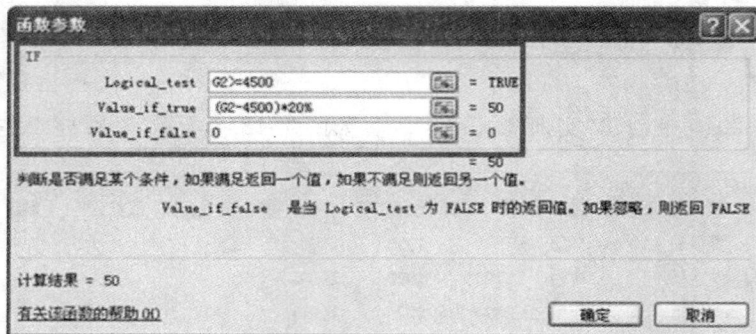

图　4.12.9

（3）利用公式 =G2-H2 。

（4）选中 A1，"开始"→"插入"→"插入工作表行"，在 A1 单元格内输入标题"工资表"，在"设置单元格格式"的"字体"选项卡中设置。

（5）在"设置单元格格式"的"数字"选项卡中设置为"文本"类型。

（6）选中 D3:J8，在"设置单元格格式"的"数字"和"对齐"选项卡中设置。

（7）先选中表格，然后"数据"选项卡中"排序"，如图 4.12.10 所示。

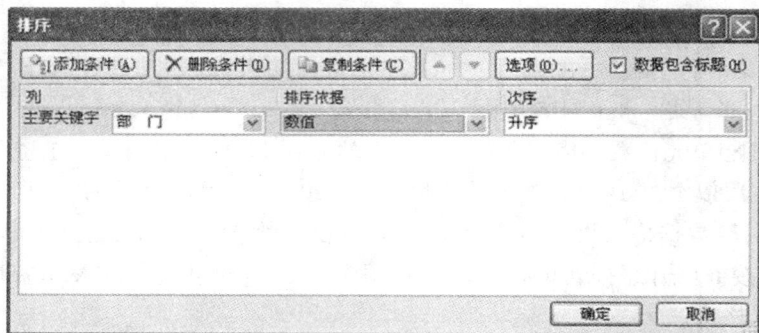

图　4.12.10

（8）利用 Average 函数，求平均值如图 4.12.11、图 4.12.12 所示。

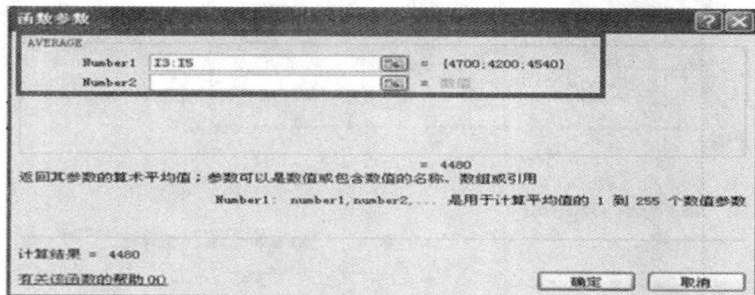

图　4.12.11

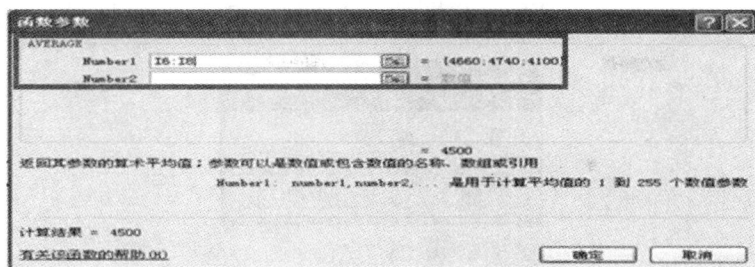

图　4.12.12

实验三　统　计　表

【实验要求】

利用 Excel 2010 创建图 4.12.13 所示的表格，并按要求完成相关操作。

图　4.12.13

（1）利用求和函数计算"学生总数"；

（2）利用公式计算"占学生总数的比例"，数据格式设置为百分比，保留 1 位小数，列宽设为 17.25；

（3）选择"学生类别"和"占学生总数的比例"两列数据，在 sheet1 工作表中插入图表，类型为"三维饼图"，在"图表工具"下的"布局"选项卡中，将"数据标签"设为"百分比"，图表标题设为"学生结构图"，图例在底部显示，图表嵌入在 A11:F21 区域中。

【实验内容与步骤】

（1）利用 SUM 函数，如图 4.12.14 所示。

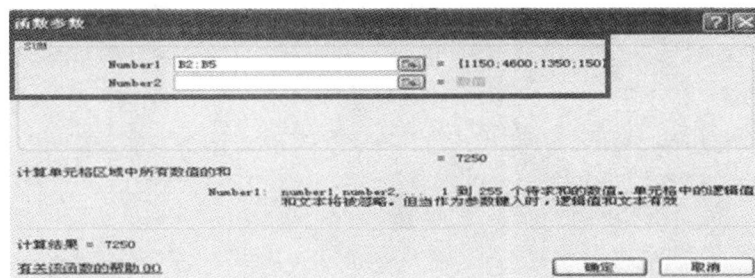

图　4.12.14

（2）利用公式 `=B2/$B$6` 。"开始"→"格式"→"列宽"，如图 4.12.15 所示。

图　4.12.15

（3）先选中"学生类别"所在列，按"Ctrl"键，再选中"占学生总数的比例"所在列，"插入"选项卡中"饼图"标签下的"三维饼图"，在"图表工具"下的"布局"选项卡中，将"数据标签"设为"百分比"，图表标题设为"学生结构图"，图例在底部显示，图表嵌入在 A11:F21 区域中。

第5章 演示文稿处理软件 PowerPoint 2010

Microsoft PowerPoint 现今是制作幻灯片演示文稿最方便、最快捷的工具。使用它可以非常方便地创作集文本、图表、图形、动画、声音以及各种多媒体信息于一体的幻灯片演示文稿。在教育界,使用 PowerPoint 制作课件很方便,因此受到广大教师的欢迎。

5.1 演示文稿的概念

演示文稿(Microsoft Office PowerPoint)是美国微软公司出品的办公软件系列重要组件之一(还有 Excel,Word 等)。用户不仅可以在投影仪或者计算机上进行演示,也可以将演示文稿打印出来,制作成胶片,以便应用到更广泛的领域中。如图 5.1.1 和图 5.1.2 所示。

图 5.1.1

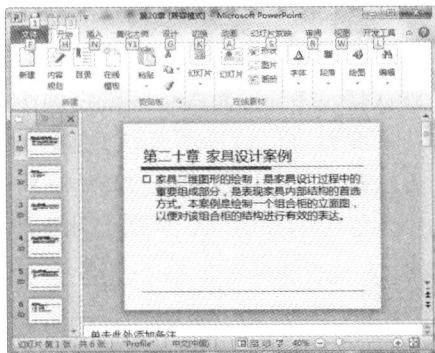

图 5.1.2

体会 PowerPoint 的功能(附微课:体会 PowerPoint 的功能.avi)

Microsoft Office 演示文稿是一种图形程序,是功能强大的制作软件。可协助用户独自或联机创建永恒的视觉效果。它增强了多媒体支持功能,利用演示文稿制作的文稿,可以通过不同的方式播放,也可将演示文稿打印成一页一页的幻灯片,使用幻灯片机或投影仪播放,可以将演示文稿保存到光盘中以进行分发,并可在幻灯片放映过程中播放音频流或视频流。对用户界面进行了改进并增强了对智能标记的支持,可以更加便捷地查看和创建高品质的演示文稿。(※考点:演示文稿的功能)

一套完整的演示文稿文件一般包含:片头动画、PPT 封面、前言、目录、过渡页、图表页、图片页、文字页、封底、片尾动画等。所采用的素材有:文字、图片、图表、动画、声音、影片等。国际领先的演示文稿设计公司有 themegallery,poweredtemplates,presentationload,锐普 PPT

等。所以,中国的演示文稿应用水平逐步提高,应用领域越来越广,主要的演示文稿网站包括锐普 PPT 论坛、扑奔论坛、诺睿论坛等。

演示文稿正成为人们工作生活的重要组成部分,在工作汇报、企业宣传、产品推介、婚礼庆典、项目竞标、管理咨询等领域。

5.2 演示文稿的基本操作

学习并掌握 PowerPoint 2010 的基本技巧,包括新建一份空白演示文稿、插入文本框、直接输入文本、插入图片、插入声音、视频文件、插入艺术字、绘制出相应的图形、插入公式、超级链接。

5.2.1 PowerPoint 2010 的启动与退出

启动:"开始"菜单启动、桌面快捷方式启动、利用文档启动。

退出: ▭ ▢ ✕ 或"Alt+F4"等。

引申 1:最小化与关闭的区别是什么?

_____

引申 2:保存与另存为的区别是什么?

_____

5.2.2 新建一份空白演示文稿

默认情况下,启动 PowerPoint 2010 时,系统新建一份空白演示文稿,就已经新建了 1 张幻灯片。我们可以通过下面以下四种方法,在当前演示文稿中添加新的幻灯片:

方法一:菜单法 1。执行"开始→新建幻灯片"菜单,可以新增一张空白幻灯片。通过版式菜单可选择不同的版式。如图 5.2.1 所示。

方法二:快捷键法。按"Ctrl+M"组合键,可快速添加 1 张空白幻灯片,如图 5.2.2 所示。

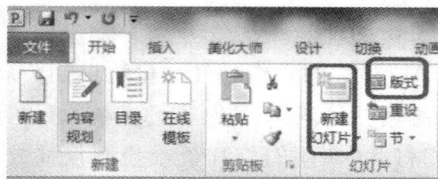

图 5.2.1

图 5.2.2

方法三:回车键法。在"普通视图"下,将鼠标定在左侧的窗格中,然后按下回车键("Enter"),同样可以快速插入一张新的空白幻灯片。

方法四:菜单法 2。执行"插入 → 幻灯片"菜单,也可以新增一张空白幻灯片。(※考点:新建空白演示文稿)

5.2.3　插入文本框

在任务三创建的空白演示文稿中插入一个文本框。

(1)点击菜单"插入→文本框→水平(垂直)"命令,然后在幻灯片中拖拉出一个文本框来,如图 5.2.3 所示。

(2)将相应的字符输入到文本框中。

(3)设置好字体、字号和字符颜色等。（※考点:插入文本框）

(4)调整好文本框的大小,并将其定位在幻灯片的合适位置上即可。

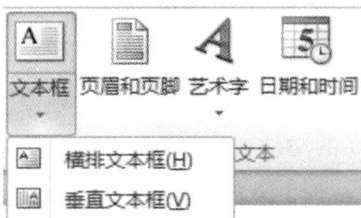

图　5.2.3

引申 1:如果演示文稿中需要编辑大量文本,可在"普通视图"下,将鼠标定在左侧的窗格中,切换到"大纲"标签下。然后直接输入文本字符。每输入完一个内容后,按下"Enter"键,新建一张幻灯片,输入后面的内容。按 Ctrl＋Enter,进入下级标题。如果按下"Enter"键,仍然希望在原幻灯片中输入文本,只要按一下"Tab"键即可。

引申 2:选中文本框,点击格式菜单,可设置文字的艺术效果,如图 5.2.4 所示。

图　5.2.4

引申 3:插入艺术字。

(1)点击"插入→艺术字"菜单,打开"艺术字库"对话框。如图 5.2.5 所示。

图　5.2.5

(2)选中艺术字框,接下来的操作与文本框操作相同。(※考点:插入艺术字)

5.2.4　插入图片

在演示文稿中添加图片可使文稿变得更美观,具体步骤如下:

(1)点击"插入→图片"菜单,打开"插入图片"对话框,如图5.2.6所示。

图　5.2.6

(2)定位到需要插入图片所在的文件夹,选中相应的图片文件,然后按下"插入"按钮,将图片插入到幻灯片中。

(3)用拖拉的方法调整好图片的大小,并将其定位在幻灯片的合适位置上即可。

注意:在定位图片位置时,按住 Ctrl 键,再按动方向键,可以实现图片的微量移动,达到精确定位图片的目的。(※考点:插入图片)

引申:选中图片,点击格式菜单,可设置图片的艺术效果,如图5.2.7所示。

图　5.2.7

5.2.5　插入声音

声音可以大大增强演示文稿的表现力,具体步骤如下:

(1)点击"插入→声频"菜单,打开"插入声音"对话框,如图5.2.8所示。

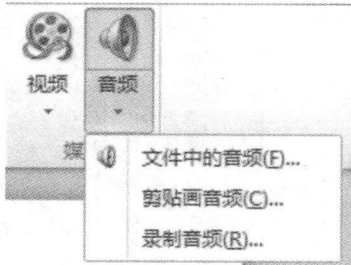

图　5.2.8

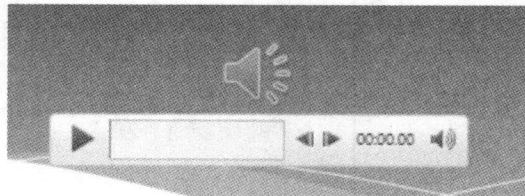

图　5.2.9

(2)定位到需要插入声音文件所在的文件夹,选中相应的声音文件,然后按下"确定"按钮。插入的声音文件后,会在幻灯片中显示出一个小喇叭图片,如图 5.2.9 所示。(※考点:插入声音)

引申:选中音频图标,点击播放菜单,可设置音频的播放效果。如图 5.2.10 所示。

图　5.2.10

5.2.6　添加视频文件

视频和音频一样,也可增加演示文稿的表现力。

(1)点击"插入→视频"菜单,打开"插入影片"对话框。

(2)定位到需要插入视频文件所在的文件夹,选中相应的视频文件,然后按下"确定"按钮。

(3)调整处视频播放窗口的大小,将其定位在幻灯片的合适位置上即可。(※考点:添加视频文件)

引申:选中视频图标,点击格式菜单,可设置视频的图形效果,如图 5.2.11 所示。

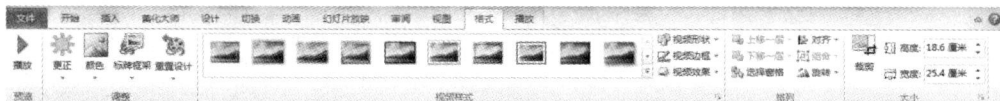

图　5.2.11

选中视频图标,点击播放菜单,可设置视频的播放效果。如图 5.2.12 所示。

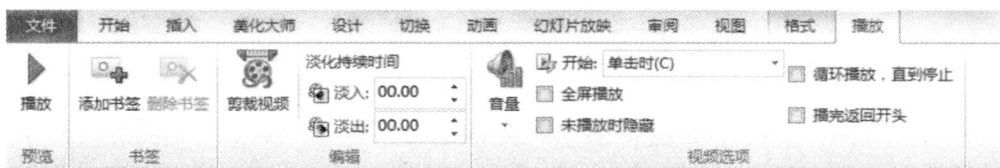

图　5.2.12

5.2.7　绘制出相应的形状

根据演示文稿的需要,经常要在其中绘制一些形状,利用其中的"插入"工具栏的形状菜单即可。

(1)执行"插入→形状"菜单,展开"绘图"工具栏,如图 5.2.13 所示。

(2)点击相应形状,即可绘制出相应的图形。

引申:可右击形状,选择"设置形状格式",编辑形状的特性,如图 5.2.14 所示。(※考点:绘制出相应的图形)

图 5.2.13

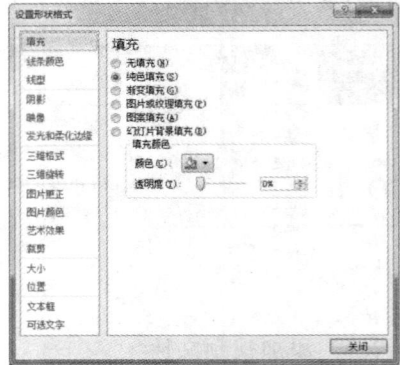

图 5.2.14

5.2.8 绘制表格

表格在数据问题上有较强的表现力,通过"插入→表格"菜单,可插入各种表格,如图 5.2. 15 和图 5.2.16 所示。

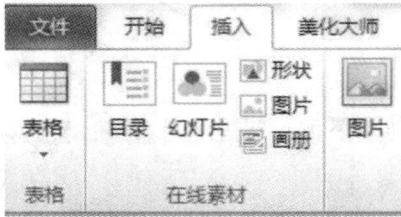

图 5.2.15

图 5.2.16

引申 1:利用"Excel 电子表格"菜单,绘制表格时,与 Excel 中相似,比如图表效果等,如图 5.2.17 和图 5.2.18 所示。

图 5.2.17

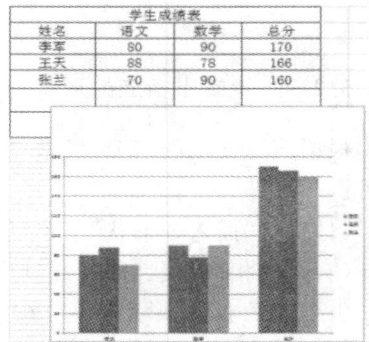

图 5.2.18

引申 2：单击"插入"菜单中的"图表"，可绘制 PowerPoint 中的图表。与引申 1 中相似，也要指定数据源，如图 5.2.19 所示。（※考点：绘制表格）

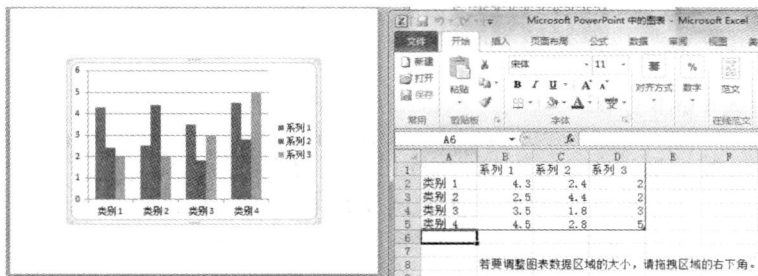

图　5.2.19

5.2.9　插入公式

在制作一些专业技术性演示文稿时，常常需要在幻灯片中添加一些复杂的公式。制作步骤如下。

执行"插入→符号→公式"菜单，打开"公式工具"对话框进行相应操作，如图 5.2.20 所示。（※考点：插入公式）

图　5.2.20

数学教师编辑试卷时，一定会用到这一功能。

5.2.10　超级链接

在 PowerPoint 演示文稿的放映过程中，希望从某张幻灯片中快速切换到另外一张不连续的幻灯片中，可以通过"超级链接"来实现。具体的设置过程如下：

(1)在幻灯片中，用文本框、图形(片)制作一个"超链接"按钮，并添加相关的提示文本。

(2)选中相应的按钮，执行"插入→超链接"命令，打开"插入超链接"对话框。

(3)在左侧"链接到"下面，选中相应的位置，确定返回即可，如图 5.2.21 所示。

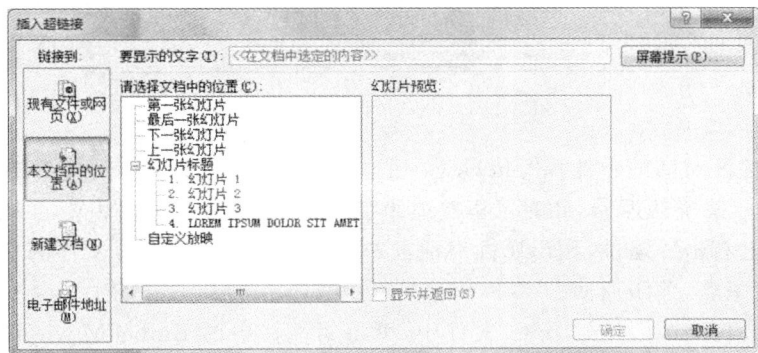

图　5.2.21

引申 1：选择"现有文件或网页"，可超链接到其他文档、程序、网页上。（※考点：超级链接）

引申 2：将文字设置为超链接热点时，运行演示文稿，文字会变色，一般的解决方法是将文字所在的文本框作为超链接热点。

5.2.11 插入 Flash 动画

插入 Flash 可赋予演示文稿灵气，具体操作步骤如下：

（1）首先保存演示文稿，将需要插入的动画文件和演示文稿放在一个文件夹内。（避免文件路径引用出错）

（2）单击"文件"→"选项"，调出选项对话框。在选项对话框中选择"自定义功能区"，在右面自定义功能区先选择主选项卡，勾选下面的"开发工具选项"，确认，如图 5.2.22 所示。

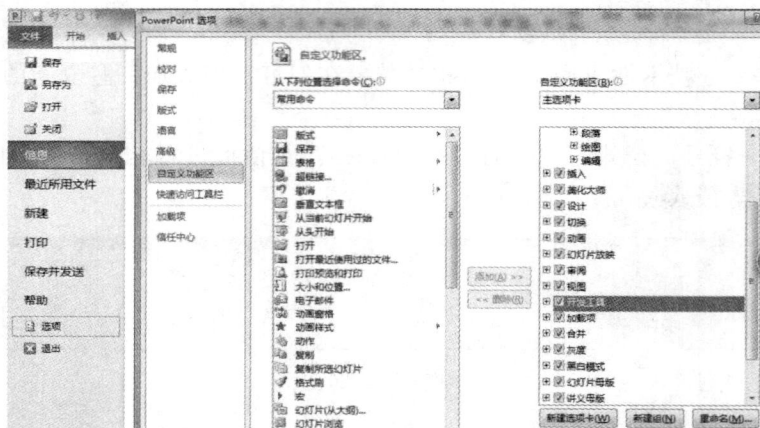

图 5.2.22

（3）在开发工具下的控件选区，选择其他控件。调出"其他控件对话框"，如图 5.2.23 所示。

图 5.2.23

（4）在其他控件对话框中选择"ShockwaveFlash Object"对象（技巧：按 S 键可快速定位到 S 开头的对象名），按确认返回，此时鼠标变成十字，在需要的位置拖出想要的大小。

（5）在控件上右击→属性，调出属性对话框，在 movie 项填上 flash 文件的文件名，请注意，文件名要包括后缀名，关闭返回。

引申：如果要将动画嵌入到 pptx 文件中，可将属性栏中的 EmbedMovie 设置为 True，如

图 5.2.24 所示。

图　5.2.24

5.3　演示文稿视图的使用

PowerPoint 2010 提供了四种视图,即普通视图、幻灯片浏览视图、备注页视图和阅读视图。掌握四种视图的用法,将为制作演示文稿带来方便。可通过右下角的 ⊞品卿⊺ 按钮快速切换。也可通过视图菜单精确切换,如图 5.3.1 所示。

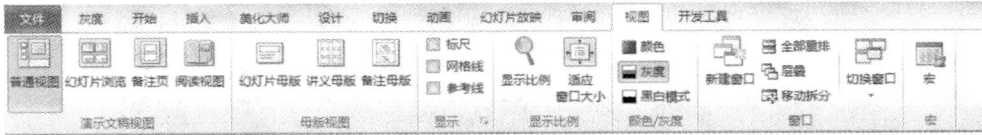

图　5.3.1

5.3.1　了解普通视图

1.普通视图的窗口

普通视图的窗口构成,如图 5.3.2 和图 5.3.3 所示。

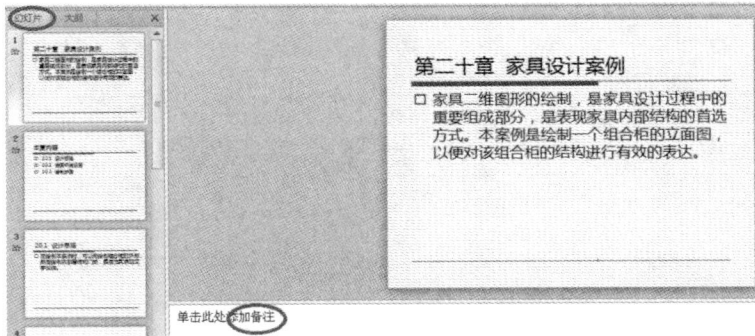

图　5.3.2

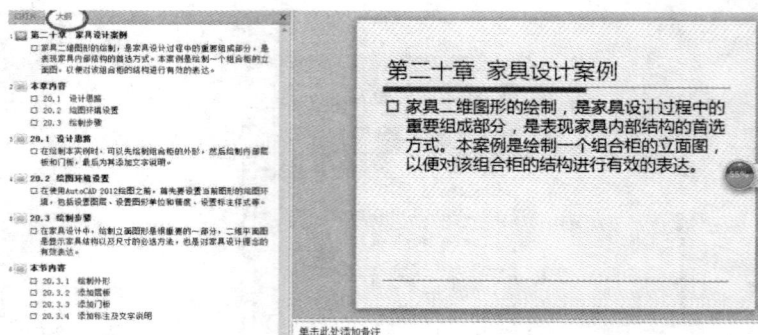

图 5.3.3

2.特色功能

(1)在大纲选项卡中只显示文字,方便文本内容的修改。

(2)在备注栏中可对当前页进行注解,注解的内容放映是看不见。

5.3.2 了解幻灯片浏览视图

1.幻灯片浏览视图的窗口

幻灯片浏览视图的窗口构成,如图5.3.4所示。

2.特色功能

可直观地实现幻灯片页面的移动(拖拽)、复制和删除等操作。

备注:可通过调节右下角的缩放比例按钮,来设置一屏内显示的页面数量。

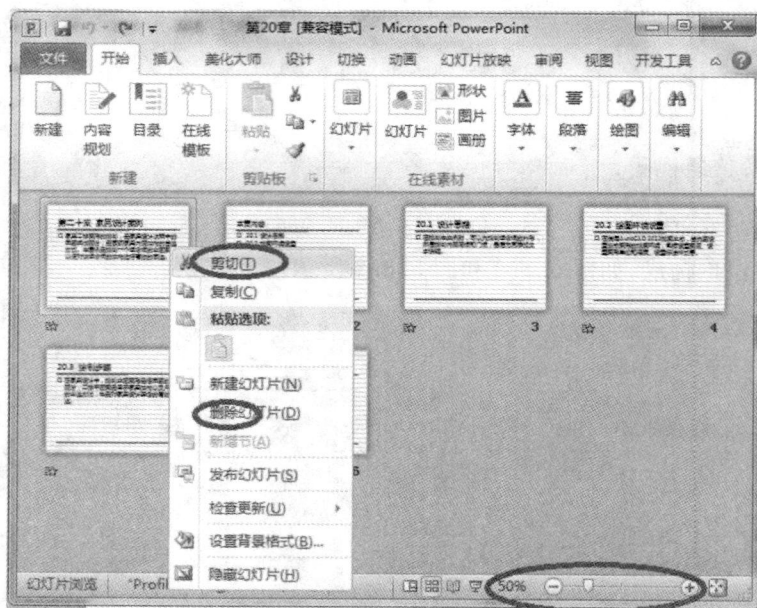

图 5.3.4

5.3.3　了解备注页视图

1.幻灯片备注页视图

幻灯片备注页视图的窗口构成,如图 5.3.5 所示。

图　5.3.5

2.特色功能

普通视图中备注只能为文字,备注页视图中的备注可以插入图片等。

5.3.4　了解阅读视图

1.幻灯片阅读视图的窗口

幻灯片阅读视图的窗口构成,如图 5.3.6 所示。

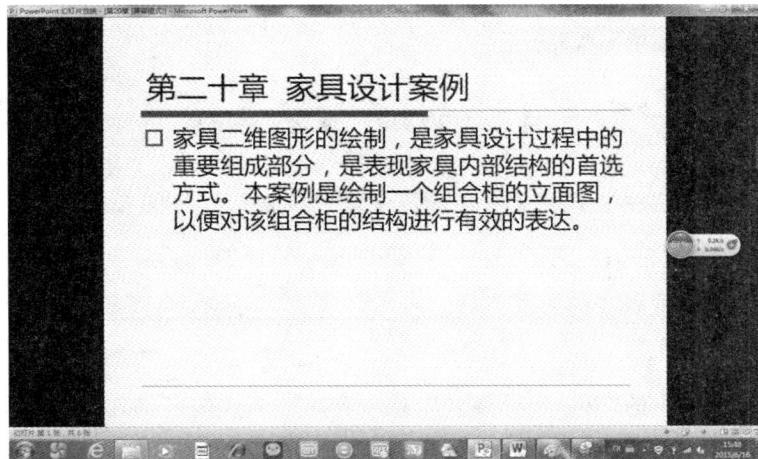

图　5.3.6

2.特色功能

可将演示文稿中的音频、视频及动画等效果展示出来。

引申 1:单击 ⬚ 进入幻灯片放映视图,如图 5.3.7 所示,与阅读视图相似,不同的是它提供了指针选项。

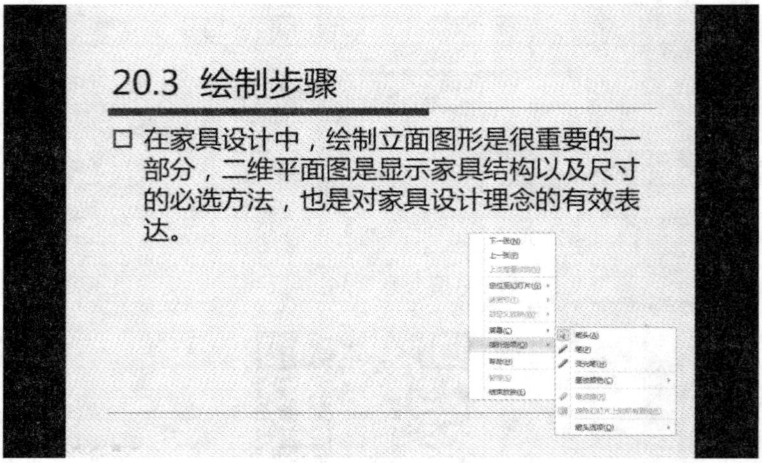

图　5.3.7

引申 2:单击视图菜单中的显示、显示比例和颜色/灰度等菜单可调节幻灯片的显示风格,如图 5.3.8 所示。

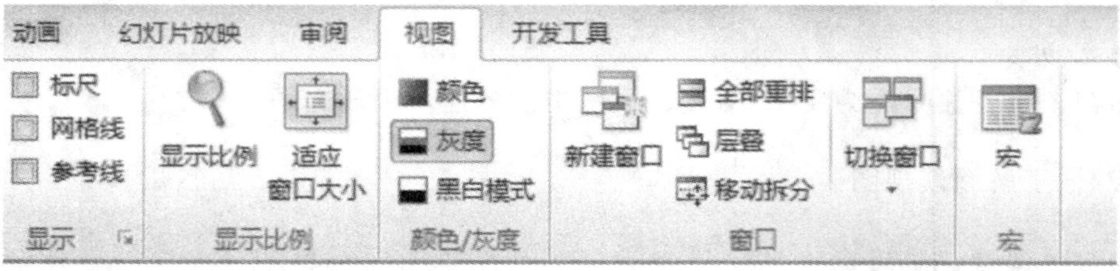

图　5.3.8

（※考点:演示文稿视图的使用）

5.4　幻灯片基本操作

PowerPoint 2010 提供版式和母版功能可快速地设置幻灯片的布局风格。本节主要介绍这两方面的内容。

5.4.1　掌握幻灯片版式的设置方法

1.幻灯片版式的设置

单击 PowerPoint 中的"开始"→"版式",选择合适的版式即可,如图 5.4.1 所示。

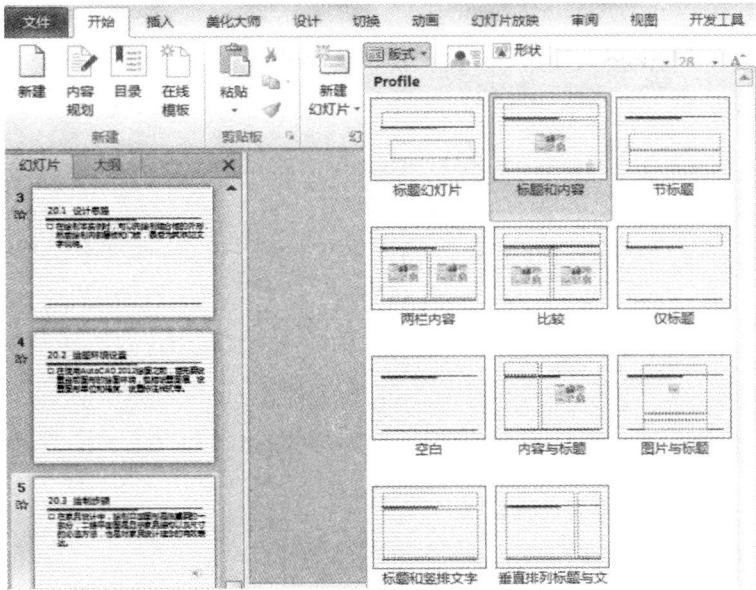

图　5.4.1

2.特色

可快速的定义幻灯片的页面布局,再也不需为杂乱的界面而烦恼了。（※考点:幻灯片的版式）

5.4.2　认识幻灯片母版

1.幻灯片母版视图的设置

单击 PowerPoint 中的"视图",可进入各种"母版视图"的编辑界面,如图 5.4.2 所示。

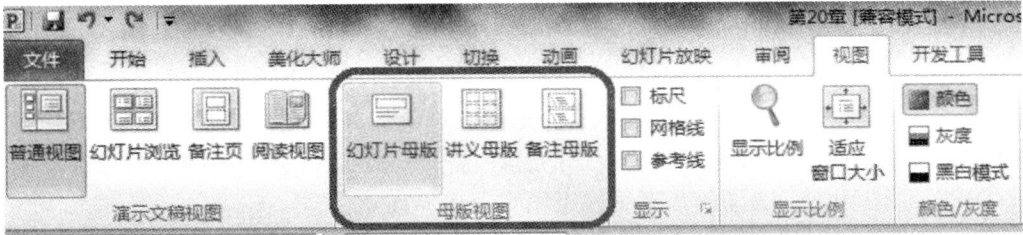

图　5.4.2

2.特色功能

在创建新的演示文稿时,标题和文本的文字内容最初的格式都是统一的,包括它们的位置、字体、字号及颜色等,这种统一是由母版决定的。如果母版的格式改变了,所有幻灯片上的文字格式也将随之改变。

3.PowerPoint 提供的 3 种母版

(1)幻灯片母版:用于确定幻灯片上的标题和文本格式。

(2)讲义母版:用于确定幻灯片上的讲义文本的格式。

(3)备注母版:用于确定幻灯片上的备注文本的格式。

4.幻灯片母版功能

幻灯片母版的功能如图 5.4.3 所示。

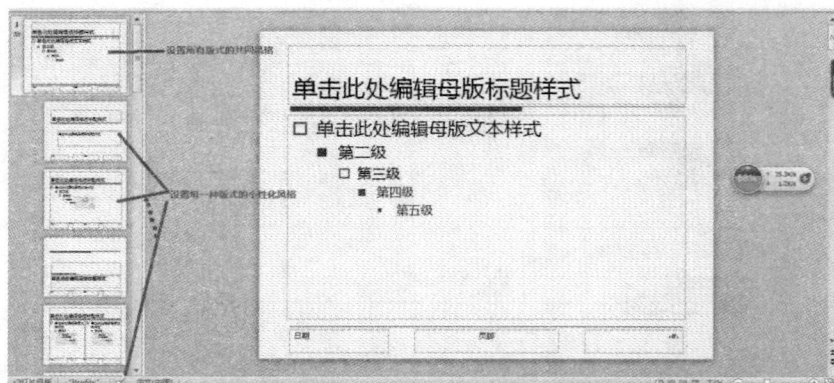

图　5.4.3

还可添加或删除版式,如图 5.4.4 所示。

图　5.4.4

注意:母版编辑完之后,一定要单击"关闭母版视图"按钮,千万不能在母版下做演示文稿。

5.5　幻灯片基本制作

本节主要介绍幻灯片动画的设计。幻灯片中的对象如果一次全部显示出来,不能突出过程性,尤其在制作课件时,教师总希望教学的过程能分布显示,这就需要制作幻灯片动画。在 PowerPoint 2010 中专门为动画设置了一个图形菜单界面。

5.5.1　初识动画

1.认识动画

选中某一操作对象后,单击 PowerPoint 中的"动画"选项卡,可进入"动画"的编辑界面,如图 5.5.1 所示。

2.动画的分类

动画可大体上分为进入动画、强调动画、退出动画和动作路径动画四类。

(1)进入动画。对象从无到有时采用的动画效果。在触发动画之前,被设置为"进入"动画的对象是不出现的,在触发之后,那它或它们采用何种方式出现呢,这就是"进入"动画要解决的问题。

（2）强调动画。对象从"有"到"有"时采用的动画效果，起到了对对象强调突出的目的。比如设置对象为"强调动画"中的"变大/变小"效果，可以实现对象从小到大（或设置从大到小）的变化过程，从而产生强调的效果。

图　5.5.1

（3）退出动画。"进入"动画可以使对象从无到有，而"退出"动画正好相反，它可以使对象从"有"到"无"。对象在没有触发动画之前，是存在屏幕上，而当其被触发后，则从屏幕上以某种设定的效果消失。

（4）动作路径动画。它是通过引导线，使对象沿着引导线运动。比如设置对象为"动作路径"中的"向右"效果，则对象在触发后会沿着设定的方向线向右移动。

5.5.2　设置动画

（1）选中要添加动画效果的对象。

（2）在"动画"选项卡"动画"组中选择"动画样式"，如图 5.5.1 所示。

（3）如果需要选择其他动画方案，可点击"更多（进入）效果"，如图 5.5.2 所示。弹出"更多（进入）效果"对话框，选择相应效果，如图 5.5.3 所示。（四种动画均有更多 XX 效果对话框）

（4）在"动画"选项卡"动画窗格"按钮，如图 5.5.4 所示，可弹出动画窗格如图 5.5.5 所示。如果幻灯片中有多个对象都添加了动画效果，可以单击"重新排序"中的"向前移动"和"向后移动"，调整动画的发生顺序（或在动画窗格中直接拖曳）。

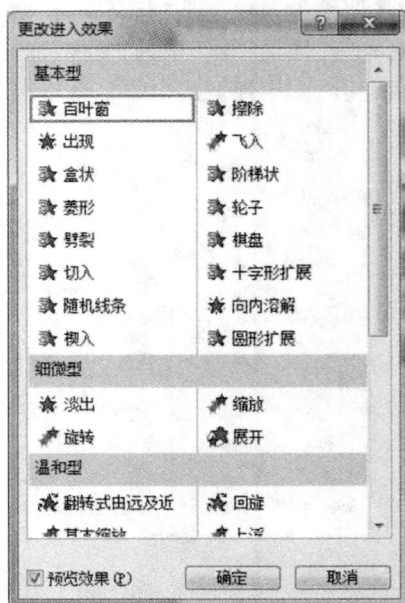

图　5.5.3

图　5.5.2

图　5.5.4

图　5.5.5

(5)在动画窗格中某动画上单击右键,调出快捷菜单,有许多菜单可设置动画的详细属性,如图 5.5.6 所示。(单击快捷菜单中的"删除"菜单可删除动画窗格中的选定动画)

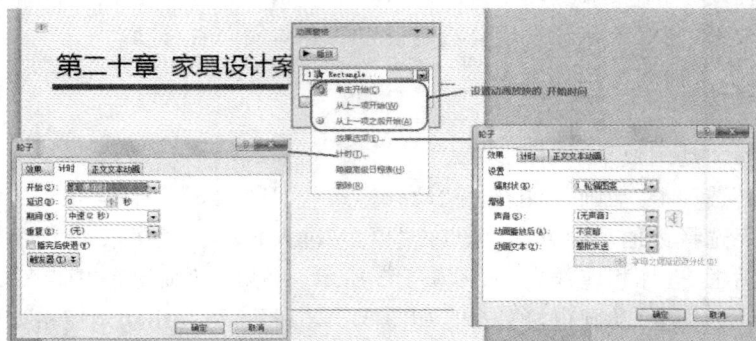

图　5.5.6

1)"效果"组中可以对动画声音等进行更详细的设置。

2)"计时"组中可以对动画延迟时间等进行更详细的设置。

(6)在"动画窗格"选项卡"播放"按钮可预览动画效果。

引申 1:设置好的动画效果可以通过"动画刷"进行复制,如图 5.5.7 所示。

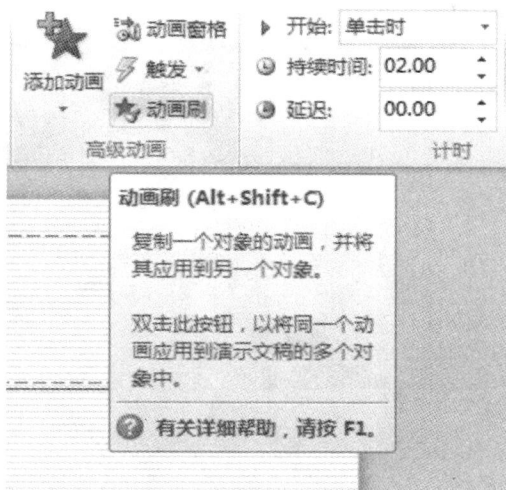

图　5.5.7

引申 2:触发器的使用——升旗实例。

单击升旗按钮时旗面升起,如图 5.5.8 所示。

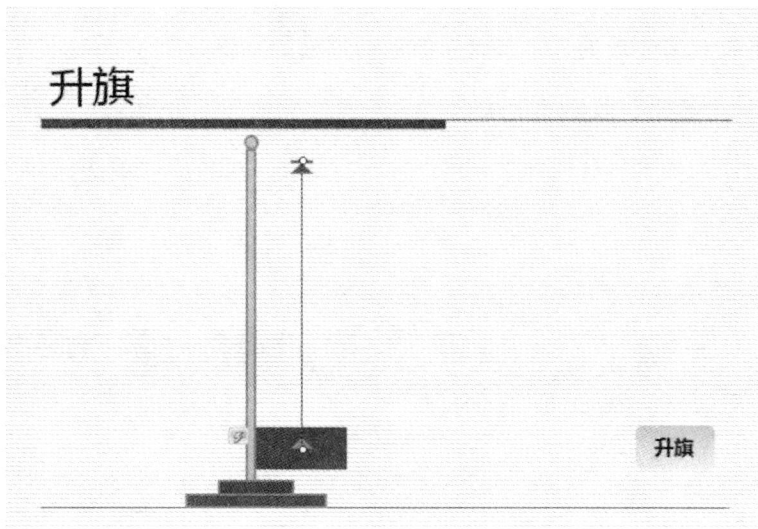

图　5.5.8

(1)单击"插入"选项卡中的"形状"按钮,制作旗面、旗杆和升旗按钮等。

(2)选择旗面,在"动画"选项卡中,选择"更多动画路径",在弹出的对话框中选择"向上",确定,调整结束位置(红三角)到旗杆顶。

（3）在动画窗格中，选择该动画，右键，快捷菜单中选择"计时"选项卡，单击"触发器"按钮，选择"单击下列对象时启动效果"，选择"升旗"按钮，如图 5.5.9 所示。

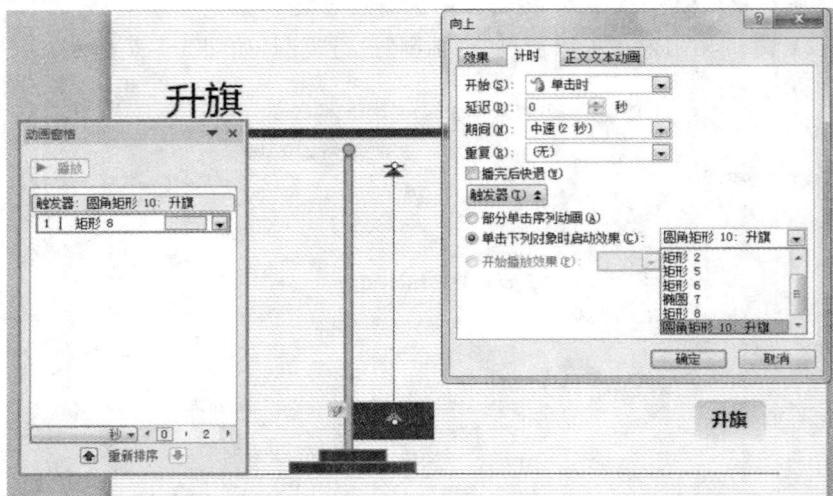

图　5.5.9

（※考点：幻灯片动画的设计）

5.6　演示文稿主题选用与幻灯片背景设置

许多人制作的幻灯片具有丰富的色彩和漂亮的视觉效果，这主要是通过演示文稿主题选用与幻灯片背景设置来实现的。本节将介绍这两方面的知识。

5.6.1　掌握内置主题效果的用法。

（1）单击"设计"，弹出设计选项卡，如图 5.6.1 所示。在"主题"中选择相应的主题可以快速设置幻灯片的视觉效果。

图　5.6.1

（2）主题面板右侧"颜色"、"字体"和"效果"按钮，可整体改变幻灯片的颜色、字体和图形的显示风格。如图 5.6.2、图 5.6.3、图 5.6.4 所示（颜色和字体面板中提供了新建主题颜色和新建主题字体的功能，方便进行个性化设置）。

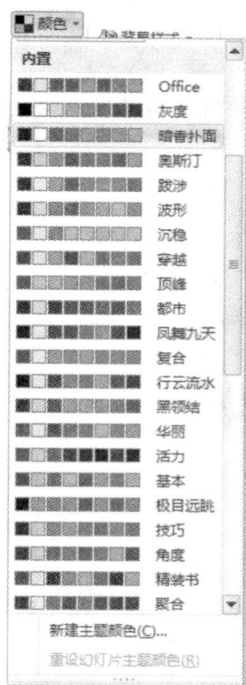
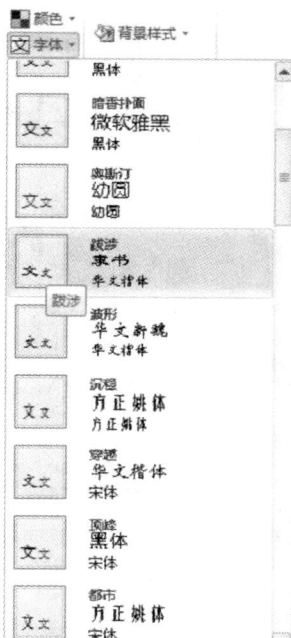
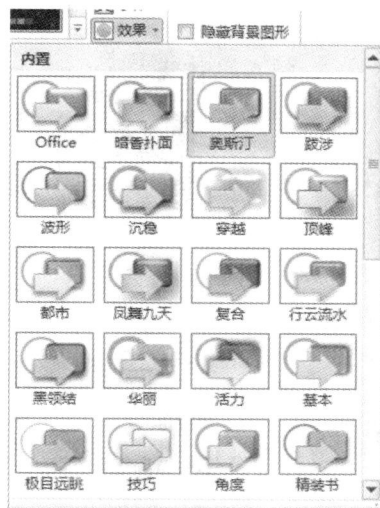

图　5.6.2　　　　　　图　5.6.3　　　　　　图　5.6.4

引申 1：页面大小、方向的设置。单击"设计"，进入设计选项卡，在左侧单击"页面设置"按钮，弹出页面设置对话框，如图 5.6.5 所示，可快速设置幻灯片的页面大小和方向。

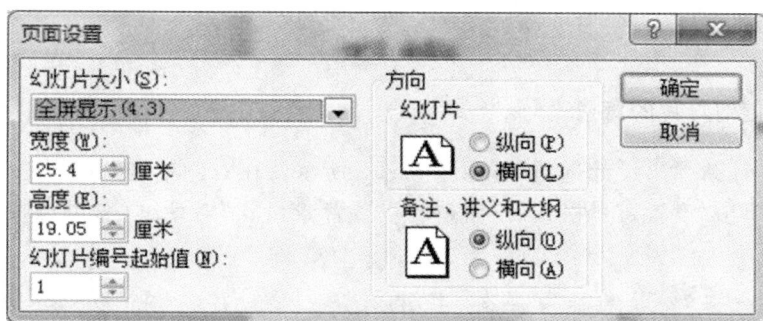

图　5.6.5

引申 2：在线模板——"设计"选项卡，左侧"模板库"提供许多微软官方的在线模板，这种模板不断更新，很漂亮。如图 5.6.6 所示。

引申 3：利用颜色、字体和效果面板对某一主题调整后，单击主题下拉菜单，利用"保存当前主题"按钮，可创建一个新的主题。利用"浏览主题"可寻找更多的主题。如图 5.6.7 所示。（※考点：演示文稿主题选用）

— 221 —

图 5.6.6

图 5.6.7

5.6.2 设置幻灯片的背景

（1）单击"设计"，弹出设计选项卡，如图 5.6.8 所示。在右侧单击"背景格式"按钮，在弹出的下拉菜单中，单击"设置背景格式"按钮，在"设置背景格式"对话框中，可以快速设置幻灯片的背景。

图 5.6.8

(2)重点:图片或纹理填充,可设置幻灯片的页面背景,如图 5.6.9 所示。通过此菜单可以将一个外部图片设置为幻灯片的背景。(※考点:幻灯片背景设置)

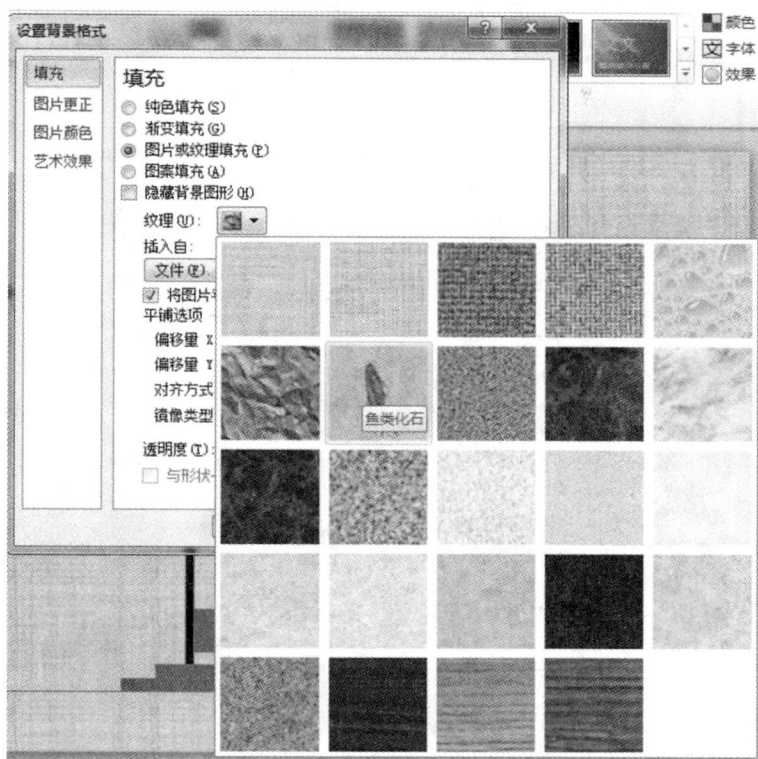

图　5.6.9

5.7　演示文稿放映设计

5.7.1　设置幻灯片放映方式

1.总体认识"幻灯片放映"对话框

单击"幻灯片放映",弹出"幻灯片放映"选项卡,如图 5.7.1 所示。

"开始放映幻灯片"中选择放映的方式;

"设置"中进行放映相关设置,包括设置排练计时、放映类型等;

"监视器"中可以快速调整放映时监视器的分辨率。

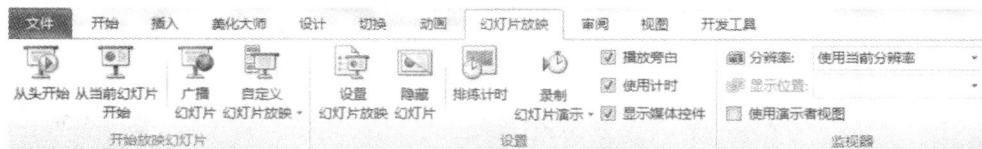

图　5.7.1

2.设置放映方式

单击"设置幻灯片放映"按钮,提供了3种不同的放映方式,如图5.7.2所示。

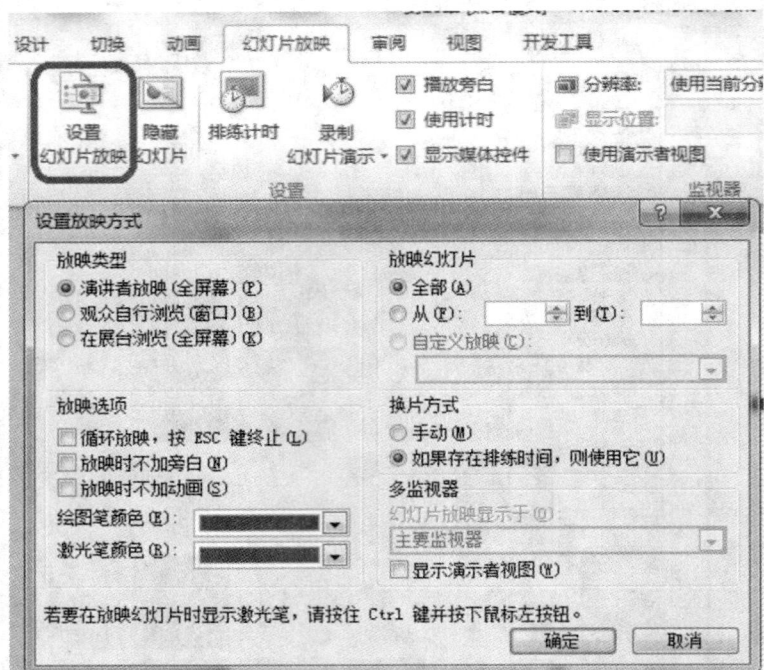

图 5.7.2

(1)演讲者放映。由演讲者在现场直接给观众放映,类似于普通的幻灯片放映。在放映过程中,演讲者可以边讲解边放映,对一些关键问题可以用 PowerPoint 提供的指针或绘图笔强调。

(2)观众自行浏览。选择该选项时,会向观众提供一个专门的浏览窗口,演示文稿会出现在其中,并提供在放映时移动、编辑、复制和打印幻灯片的命令。

(3)在展台浏览。展台浏览是指幻灯片的放映自动进行,不需要专人操作。

(※考点:幻灯片放映方式设置)

其他设置参见图5.7.2。

5.7.2 设置页面切换方式

(1)选中要添加切换效果的幻灯片。

(2)单击"切换",弹出"切换"选项卡,如图5.7.3所示。

图 5.7.3

(3)选择需要的切换方案。

（4）在"切换"选项卡"计时"组中可以对切换效果的属性进行设置，包括切换声音、切换持续时间、换片方式等。（如果点击"全部应用"，则设置对所有幻灯片生效）（※考点：幻灯片切换效果设置）

5.7.3　排练计时

（1）单击"幻灯片放映"，弹出"幻灯片放映"选项卡，点击"排练计时"可设置幻灯片放映的节奏，如图 5.7.4 所示。

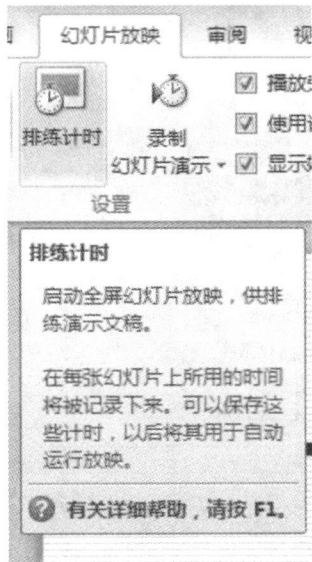

图　5.7.4

（2）单击鼠标，控制播放节奏，如图 5.7.5 所示。

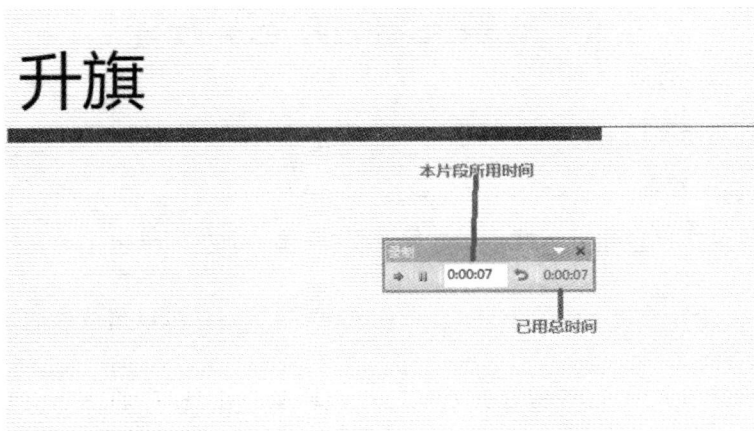

图　5.7.5

（3）设置排练计时后，不仅可将幻灯片保存为.pptx 格式，还可保存为视频格式，如图

5.7.6所示。

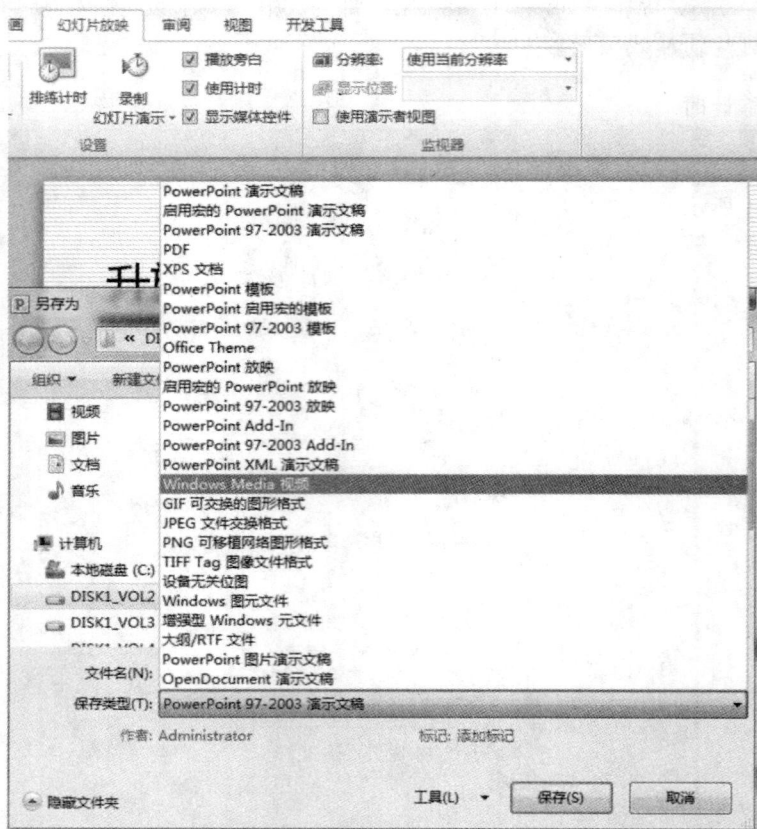

图　5.7.6

5.8　演示文稿的打包和打印

5.8.1　打包演示文稿

1.打包的目的

(1)通过打包操作可将相关文件一起打包带走,避免了演示文稿由于子文件缺失而无法正常使用。

(2)打包后,无论计算机有没有安装 PowerPoint 2010,一样可以播放该演示文稿。

2.如何打包演示文稿

(1)在"文件"选项卡中选择"保存并发送",在级联菜单中选择"将演示文稿打包成 CD",如图 5.8.1 所示。

(2)右侧选择"打包成 CD",弹出对话框如图 5.8.2 所示。

图　5.8.1

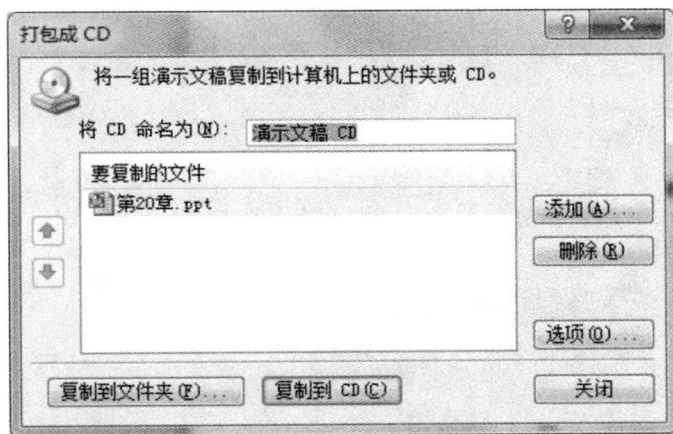

图　5.8.2

（3）选择好要复制的文件。

（4）单击"复制到文件夹"按钮，弹出对话框如图 5.8.3 所示。

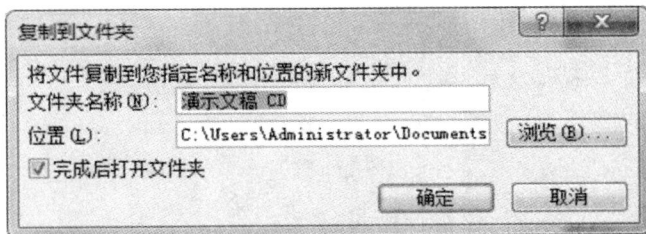

图　5.8.3

（5）指定文件夹的位置和名称，单击"确定"按钮，打包完成。

引申:在图5.8.3中,单击"选项"命令,在弹出的"选项"对话框中可设置"包含的文件"和安全性等,如图5.8.4所示。(※考点:演示文稿打包)

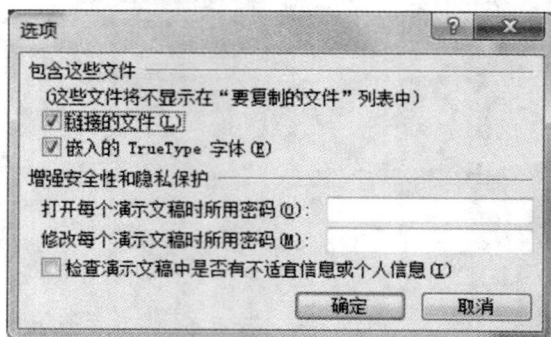

图 5.8.4

5.8.2 打印演示文稿

(1)单击"文件"选项卡,然后单击"打印",如图5.8.5所示。

图 5.8.5

1)在"打印"→"份数"下,可以设置打印分数。

2)在"设置"→"幻灯片"下,可自定义打印范围。可使用逗号将各个编号隔开(无空格)。例如,1,4,6-8表示打印1,4,6,7,8五页。

3)单击"整页幻灯片",可设置幻灯片的打印版式,如图 5.8.6 所示。

4)"颜色"列表,可设置打印的颜色模式。

(2)设置完成后,单击"打印"即可。

（※考点：演示文稿打印）

引申：单击图 5.8.5 中的"编辑页眉和页脚",可设置页眉和页脚,如图 5.8.7 所示。

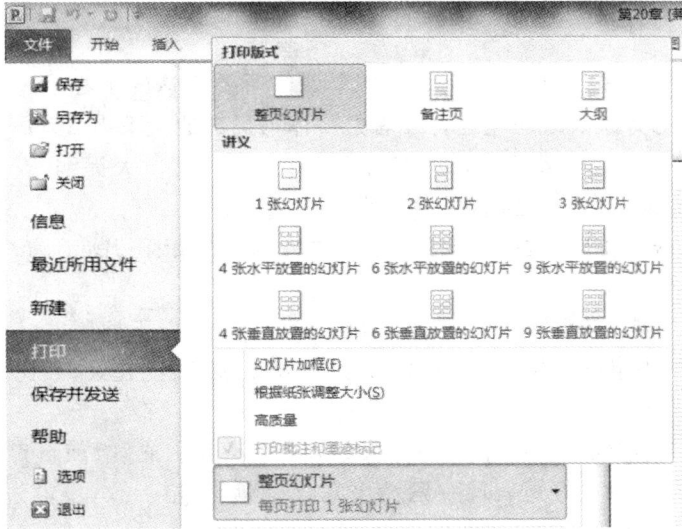

图　5.8.6

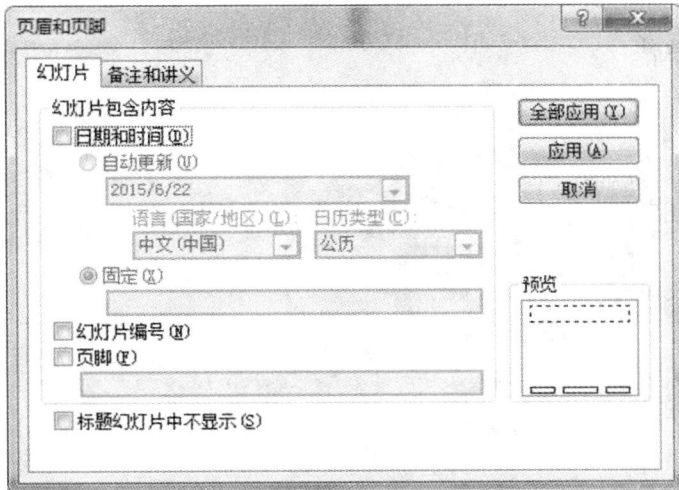

图　5.8.7

5.9　制作课件

不同的媒体,对听课人产生的效果不同。采用那种直观的形象化的媒体,更利于人们理解记忆。正因如此,PowerPoint 2010 深受到广大教师的喜欢,它可制作出形象直观的课件,启发学生的思维。本节主要讲解 PowerPoint 课件的制作。

5.9.1 学习课件制作的流程

1.制作流程

确定主题→列出提纲→准备素材→初步制作→美化加工→预演调试→保存使用

2.流程详解

(1)确定主题:主题是幻灯片的灵魂,是整个课件所要表达的中心思想。整个课件表现一个大主题。每张幻灯片来表现小主题。二者是整体与局部的关系。

(2)列出提纲:根据整个课件的主题,确定课件的内容,列出大提纲,安排先后顺序。根据每张幻灯片的主题,确定内容,列出小提纲,安排先后顺序。

(3)准备素材:根据主题和提纲,收集所需要的文字、表格、图片、动画、音频、视频等素材。统一放到固定素材文件夹。

(4)初步制作:按照提纲,逐项插入准备好的素材。遵行以下原则:文字要少,简洁、通俗;字体尽量用一种,不要超过三种,字体清晰,颜色不要太多;图比表好,表比字好,图文并茂;适当留白,不能填充太满。

(5)美化加工:对 PPTX 初稿中的各种元素,进行效果设置,增加自定义动画、切换效果等,使 PPTX 更生动。以更好地表现主题为出发点;前后风格一致,不能过于花哨;动画和切换的类型不要太多。建议应用设计模板美化。

(6)预演调试。

(7)保存使用。

5.9.2 制作课件

制作类似于图 5.9.1 和图 5.9.2 的效果。

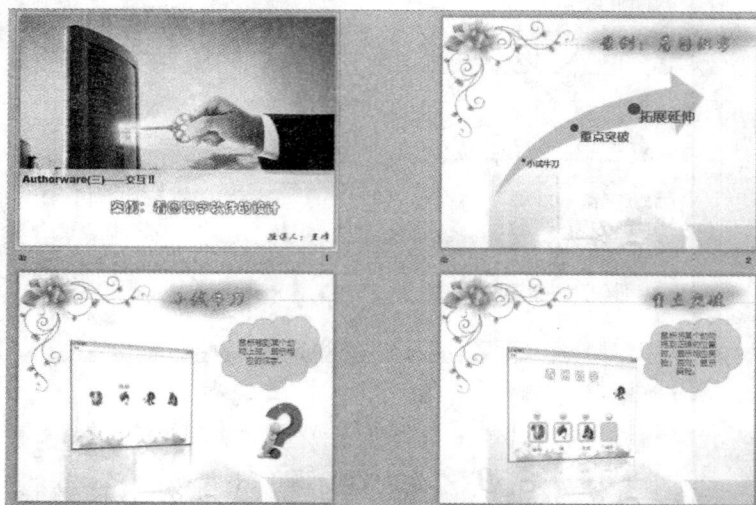

图 5.9.1

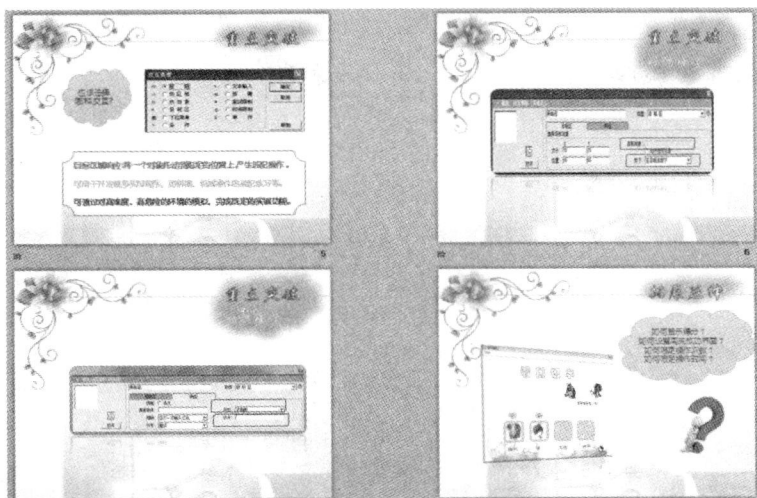

图　5.9.2

1. 主要知识点

①网络模板；②艺术字；③SmartArt 图；④自定义动画；⑤幻灯片切换方式；⑥图片样式等。

2. 制作步骤

(1)上网下载一个自己喜欢的 pptx 模板，双击模板文件，进入编辑状态。(或者下载"PPT美化大师"，并安装。PowerPoint 中就会嵌入许多在线模板，很好用，如图 5.9.3 所示。)

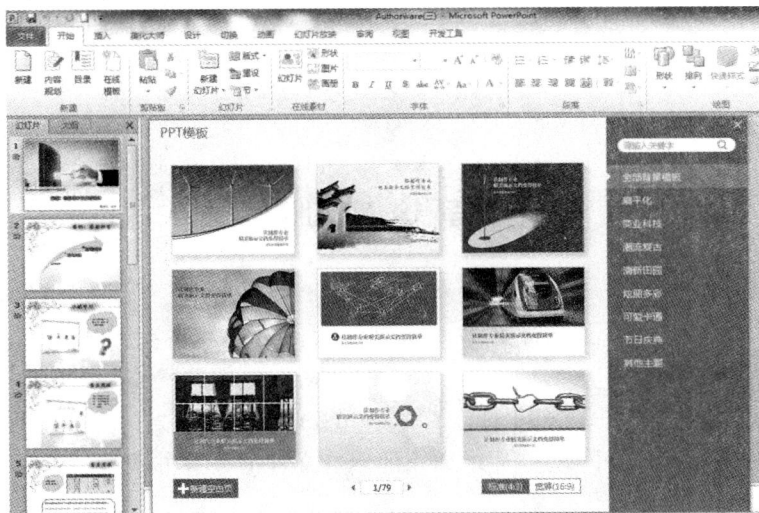

图　5.9.3

(2)单击"视图"选项卡，点击"幻灯片母版"(见图 5.9.4)，进入母版，如图 5.9.5 所示。修改各种"版式"的风格，这里添加了一个小的图饰，如图 5.9.6 所示。单击"关闭母版视图"按钮，返回普通视图。

图 5.9.4

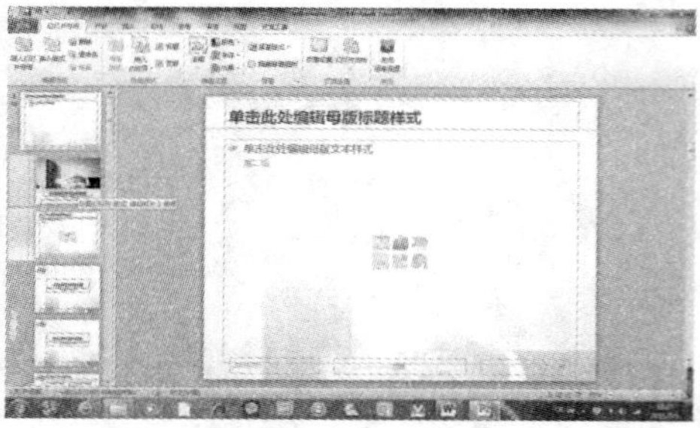

图 5.9.5

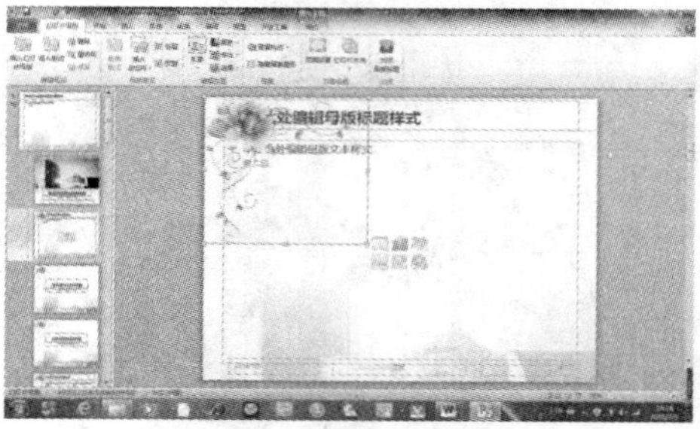

图 5.9.6

(3)在第一页中,输入文字,利用"格式"选项卡中的"艺术字样式"功能,设置文字效果。

(4)在第二页中,利用文字的艺术字样式,设置主题文字"案例:看图识字";利用 SmartArt 图形,设置目录;利用"动画"选项卡,设置第二页内容的动画效果。

(5)后面几页,同第二页类似。图片可利用"格式"选项卡,设置各种图片样式。

(6)选择其中一页,利用"切换"选项卡,设置页面的切换效果,并全部应用。

(7)在第二页中,利用超链接命令,设置各文字链接到各对应的页面。

(8)保存(打包)。

5.10 实 训

理 论 实 训

一、单项选择题

1.在 PowerPoint 2010 中,如果希望在演示过程中终止幻灯片的放映,随时可按键( )。

(A)Delete (B)Ctrl+E (C)Shift+E (D)Esc

2.在 PowerPoint 2010 中,幻灯片中插入的声音文件的播放方式是( )。

(A)只能设定为自动播放

(B)只能设定为手动播放

(C)可以设为自动播放,也可以设为手动播放

(D)取决于放映者的放映操作流程

3.如果要求幻灯片能在无人操作的条件下自动播放,应该事先对演示文稿进行( )操作。

（A）存盘 （B）打包 （C）排练计时 （D）播放

4. PowerPoint 2010 中,如果对幻灯片内容的排列方式不满意,可以通过（　　）选项卡中的"幻灯片"-"版式"来调整。

（A）开始 （B）插入 （C）设计 （D）切换

5. 在 PowerPoint 2010 的"切换"选项卡中,正确的描述是（　　）。

（A）可以设置幻灯片切换时的视觉效果和听觉效果

（B）只能设置幻灯片切换时的听觉效果

（C）只能设置幻灯片切换时的视觉效果

（D）只能设置幻灯片切换时的定时效果

6. PowerPoint 2010 可将编辑文档存为多种格式文件,但不包括（　　）格式。

（A）pdf （B）pptx （C）wmv （D）bat

7. PowerPoint 2010 的"设计"选项卡中包含（　　）。

（A）预定义的幻灯片样式和配色方案 （B）预定义的幻灯片版式

（C）预定义的幻灯片背景颜色 （D）预定义的幻灯片配色方案

8. 在 PowerPoint 2010 中下列说法错误的是（　　）。

（A）可以设置动画重复播放 （B）可以设置动画播放后快退

（C）可以设置动画效果为彩色打印机 （D）可以设置单击某对象启动效果

9. 将幻灯片改为"灰度"是在（　　）中设置。

（A）设计 （B）视图 （C）审阅 （D）开始

10. 当在幻灯片中插入了声音以后,幻灯片中将会出现（　　）。

（A）喇叭标记 （B）一段文字说明 （C）链接说明 （D）链接按钮

二、多项选择题

1. 下列对 PowerPoint 2010 的主要功能叙述中,正确的是（　　）。

（A）课堂教学 （B）学术报告 （C）产品介绍 （D）图像处理

2. 在 PowerPoint 2010 中,下列对幻灯片的超级链接叙述正确的是（　　）。

（A）可以链接到外部文档

（B）可以链接到互联网上

（C）可以在链接点所在文档内部的不同位置进行链接

（D）一个链接点可以链接两个以上的目标

3. 在 PowerPoint 2010 中,使所有幻灯片具有统一外观的方法中包括（　　）。

（A）使用设计模板 （B）应用母版 （C）幻灯片设计 （D）使用复制粘贴

4. PowerPoint 2010 中,可以实现的功能有（　　）。

（A）设置幻灯片的播放次序 （B）在文本框对象中加入图形文件

（C）设置声音的播放 （D）设置幻灯片的切换效果

5. 在 PowerPoint 2010 幻灯片的"插入"选项卡中,设置的超级链接对象可以是（　　）。

（A）下一张幻灯片 （B）一个应用程序

（C）其他的演示文稿 （D）幻灯片中的某一对象

6. 在 PowerPoint 2010 的幻灯片浏览视图中,用户可以进行（　　）。

（A）插入幻灯片 （B）删除幻灯片 （C）修改幻灯片内容 （D）复制幻灯片

7. 要实现幻灯片之间的跳转,可用的方法有( )。

(A)设置对象的动画效果 　　　　　(B)设置动作按钮

(C)设置超级链接 　　　　　(D)设置幻灯片的切换效果

8. 在 PowerPoint 2010 中,以下叙述正确的有( )。

(A)一个演示文稿中只能有一张应用"标题幻灯片"母版的幻灯片

(B)在幻灯片上可以插入图形、图表、声音和视频等多种对象

(C)任一时刻,幻灯片窗格内只能查看或编辑一张幻灯片

(D)备注页的内容与幻灯片内容分别存储在两个不同的文件中

9. 在 PowerPoint 2010 中,以下( )是可以打印出来的。

(A)幻灯片中的图片 　　　　　(B)幻灯片中的动画

(C)母版上设置的标志 　　　　　(D)幻灯片的展示时间

10. 有关自定义动画,以下叙述正确的是( )。

(A)各种对象均可设置动画 　　　　　(B)动画设置后,先后顺序不可改变

(C)同时还可配置声音 　　　　　(D)可将对象设置成播放后隐藏

上 机 实 训

【实验目的与要求】

(1)了解演示文稿的制作过程,掌握制作演示文稿的方法。

(2)掌握演示文稿的编辑方法。

(3)掌握演示文稿的编辑方法。

(4)掌握动画设置和幻灯片切换效果设置。

【实验目的与要求】

一、实验内容

制作一个演示文稿,其界面如图 5.10.1 所示。单击第二页的不同按钮跳到相应的页面,单击其他页的返回回到第二页;不同页面切换时有"翻转"效果;每一页的主体内容出现时"浮入"效果。

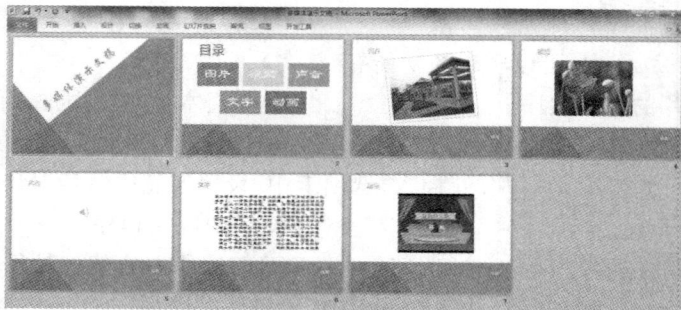

图 　5.10.1

二、操作步骤(附微课:PowerPoint 实验. avi)

(1)打开 PowerPoint 2010 新建一个演示文稿。

(2)在"设计"选项卡中选择一种主题("角度"),如图 5.10.2 所示。

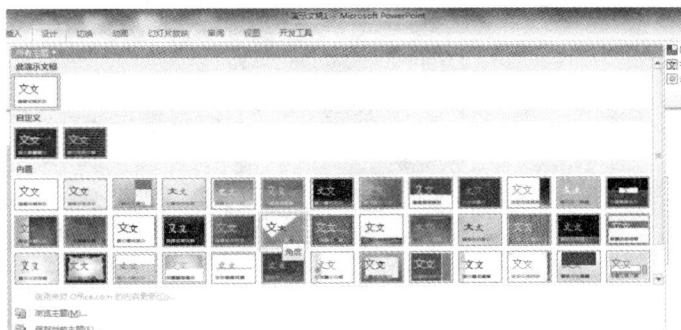

图　5.10.2

(3)输入主题"多媒体演示文稿",副标题"PowerPoint 练习一",如图 5.10.3 所示。

图　5.10.3

(4)选择标题两个标题,在"开始"选项卡中设置字体、大小,在"格式"选项卡中选择一种"艺术字",如图 5.10.4～图 5.10.6 所示。

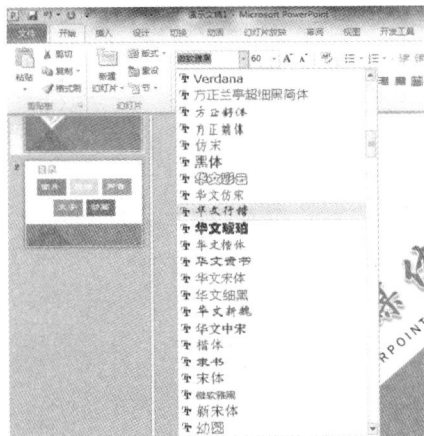

图　5.10.4

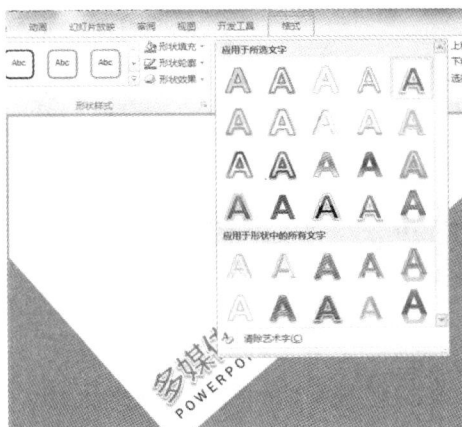

图　5.10.5

图 5.10.6

（5）单击"开始"-"新建幻灯片"，新建一张幻灯片，如图 5.10.7 所示。

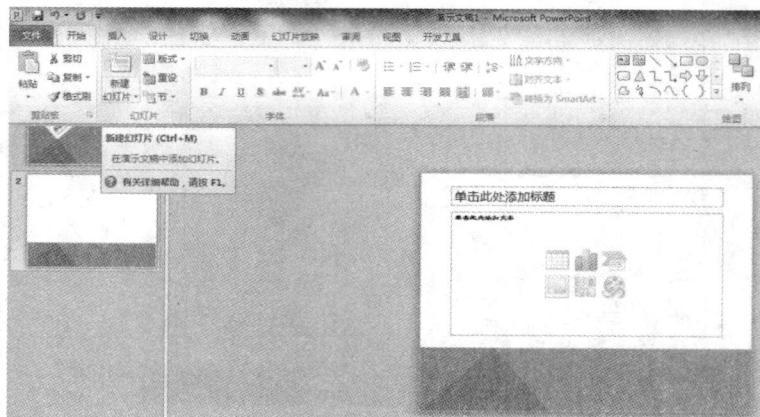

图 5.10.7

输入标题——"目录"，单击 SmartArt 创建目录结构图，如图 5.10.8、图 5.10.9 所示。

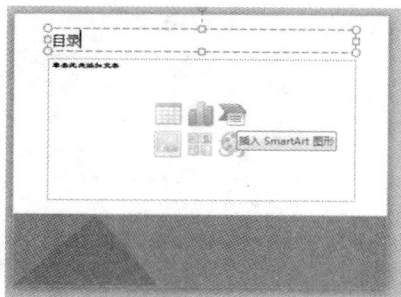

图 5.10.8

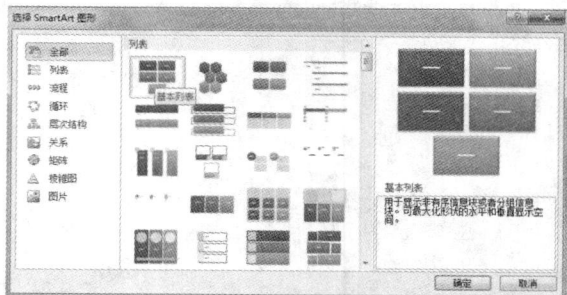

图 5.10.9

（6）选择标题"目录"，设置字体、大小，在格式——艺术字样式中选择一种样式，如图 5.10.10所示。

图　5.10.10

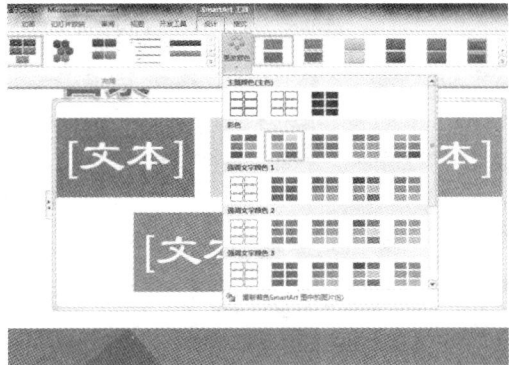

图　5.10.11

(7)选择刚才创建的 SmartArt 图形,在"设计"选项卡中单击"更改颜色",设置结构图的颜色,如图 5.10.11 所示。

(8)在 SmartArt 图形中输入相关文字如图 5.10.12 所示。

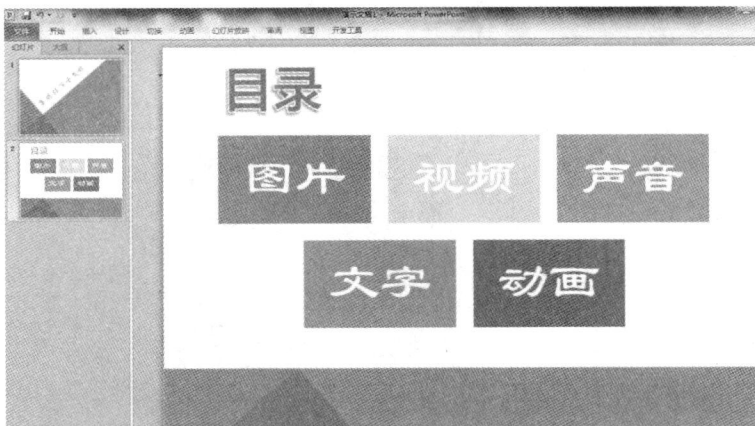

图　5.10.12

(9)单击"开始",在"新建幻灯片"下拉菜单中选择"仅标题"版式,新建一张幻灯片。如图 5.10.13 所示。输入标题——"图片",并设置字体、大小和艺术字样式,如图 5.10.14 所示。

在"插入"选项卡中,单击"图片"插入一个图片,如图 5.10.15 所示。选择图片,在"格式"选项卡中,选择一种图片样式,如图 5.10.16。

(10)单击"开始",在"新建幻灯片"下拉菜单中选择"仅标题"版式,新建一张幻灯片。输入标题——"视频",并设置字体、大小和艺术字样式。

图 5.10.13

图 5.10.14

图 5.10.15

图 5.10.16

在"插入"选项卡中,单击"视频"插入一个视频。选择视频,在"格式"选项卡中,选择一种图片样式,如图 5.10.17 所示。

图 5.10.17

选择视频,在"播放"选项卡中,设置播放参数(可剪辑,可调节音量,设置开始方式等),如图 5.10.18 所示。

(11)单击"开始",在"新建幻灯片"下拉菜单中选择"仅标题"版式,新建一张幻灯片。输入标题——"声音",并设置字体、大小和艺术字样式。

在"插入"选项卡中,单击"声音"插入一个音频。选择音频,在"播放"选项卡中,设置播放参数(可剪辑,可调节音量,设置开始方式等),如图 5.10.19 所示。

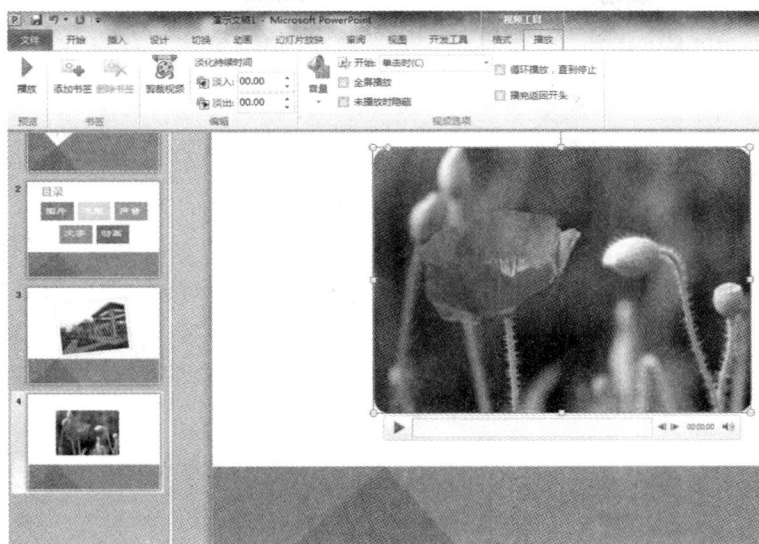

图　5.10.18

图　5.10.19

　　(12)单击"开始",在"新建幻灯片"下拉菜单中选择"仅标题"版式,新建一张幻灯片。输入标题——"文字",并设置字体、大小和艺术字样式。从外部复制一些文字,到幻灯片当前页,按 CTRL+V,粘贴文字,如图 5.10.20 所示。右击文本框,在快捷菜单中选择"设置形状格式","文本框",设置文本框格式,如图 5.10.21 所示。

　　(13)单击"开始",在"新建幻灯片"下拉菜单中选择"仅标题"版式,新建一张幻灯片。输入标题——"动画",并设置字体、大小和艺术字样式。

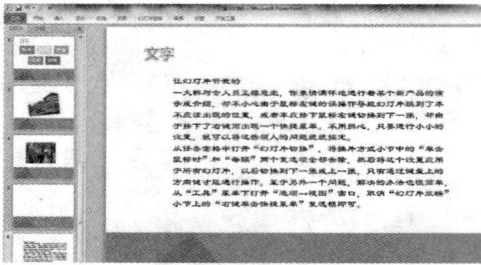

图　5.10.20

图　5.10.21

1）首先保存演示文稿，将需要插入的动画文件和演示文稿放在一个文件夹内。

2）单击"文件"→"选项"，调出选项对话框。在选项对话框中选择"自定义功能区"，在右面自定义功能区先选择主选项卡，勾选下面的"开发工具选项"，确认，如图 5.10.22 所示。

图　5.10.22

3）在开发工具下的控件选区，选择其他控件。调出"其他控件对话框"，如图 5.10.23 所示。

图　5.10.23

4）在其他控件对话框中选择"ShockwaveFlash Object"对象（技巧：按 S 键可快速定位到 S 开头的对象名），按确认返回，此时鼠标变成十字，在需要的位置拖出想要的大小。

5）在控件上右击→属性，调出属性对话框，在 movie 项填上 flash 文件的文件名，请注意，文件名要包括后缀名，关闭返回。

如果要将动画嵌入到 pptx 文件中，可将属性栏中的 EmbedMovie 设置为 True，如图

5.10.24 所示。

图　5.10.24

最终本页效果如图 5.10.25 所示。

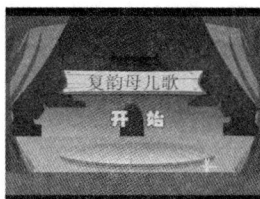

图　5.10.25

(14)在第二张幻灯片中,选择"图片"所在的矩形框,右击,快捷菜单中单击"超链接",如图 5.10.26 所示。链接到本文档的第三页,如图 5.10.27 所示。(类似作其余的链接)

图　5.10.26

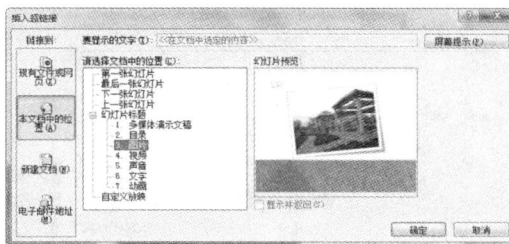

图　5.10.27

在第三页右下角,"插入"——"形状"——"星与旗帜"——"前凸带形",插入一个图形,单击右键,选择"编辑文字",输入"返回"。右击图形,在"设置形状格式菜单"中设置图形的样式,如图 5.10.28、图 5.10.29 所示。

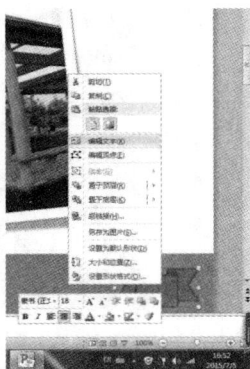

图 5.10.28

图 5.10.29

选择"返回"所在的图形,右键,超链接到第二页。并将"返回图形"复制粘贴到后面的几页。

(15)选择任意一页,在"切换"选项卡中设置切换效果为"翻转",如图 5.10.30 所示。并单击"全部应用"按钮。

图 5.10.30

(16)选择第三页中的主体内容——图片,在"动画"选项卡中选择"浮入"效果,如图 5.10.31 所示。

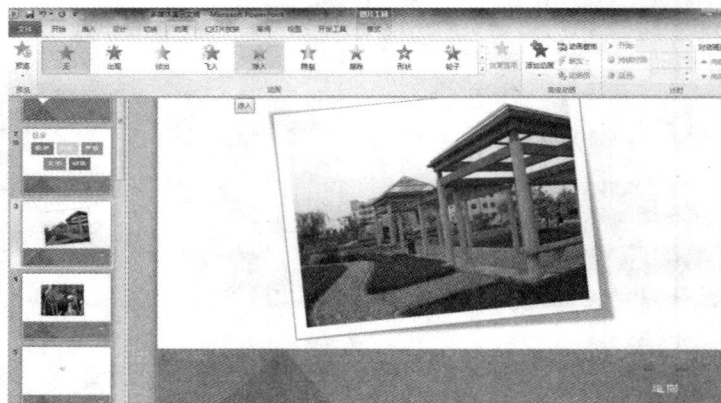

图 5.10.31

类似可给其他页面的主体内容设置动画效果。(如果动画相同,可以用动画刷操作)

第6章 计算机网络

进入 21 世纪以来,计算机技术与通信技术以惊人的速度发展,从而使计算机网络得到巨大发展和普及,深刻地影响了人们的社会生产和生活。人们的生活方式、工作方式、教育方式、学习方式等都发生了重大的变化。教师利用计算机网络进行教育教学以及教研,能够取得很多意想不到的良好效果。因此,我们有必要学习和掌握一些计算机网络的基础知识以及 Internet 的简单应用。

6.1 计算机网络的基本概念

随着社会的发展,人们对信息共享和信息传递的日益增强,同时,计算机技术和通信技术的发展,计算机网络随之应运而生。

6.1.1 了解计算机网络的发展

1. 第一阶段,远程终端联机阶段

由一台具有独立的数据处理能力的计算机作为主机,将没有独立的数据处理能力的计算机作为终端。主机通过通信线路、网络连接设备等设施连接异地的终端,构成面向终端的网络系统。终端以命令交互方式访问主机,主机将处理结果返回终端。如 20 世纪 50 年代美国的 SAGE 系统(美国半自动防空系统)。

这一阶段的计算机网络采用了计算机技术与通信技术相结合的技术,是一种以单个主机为中心的星形网络,各终端通过通信线路共享主机的软件、硬件资源,奠定了计算机网络的理论基础。

2. 第二阶段,多台主机互联阶段

20 世纪 60 年代,随着一些计算机用户提出了共享软件、硬件及数据资源的需求,开始出现了多台主机通过通信系统互连的系统,进入了"主机—主机"通信时代,这样异地且具有独立功能的计算机就可以通过通信线路,彼此之间共享软件、硬件及数据资源。如美国的 ARPANET 网。

这一阶段的计算机网络强调了网络的整体性,用户不仅可以共享本地主机资源,而且还可以共享其他主机的软件、硬件及数据资源。它采用分组交换技术,奠定了互联网的基础。但这一阶段的计算机网络是相互独立的,没有统一标准,同一网络中只能采用同一厂家生产的计算机,不同厂家生产的计算机在同一网络中互不兼容。

3.第三阶段,标准化的计算机网络阶段

20 世纪 70 年代,一些计算机公司制定了自己的网络技术标准。如 1974 年,美国 IBM 公司制定出了网络分层模型系统网络体系结构(System Network Architecture,SNA)。这些计算机网络的标准不同,导致不同计算机公司设计的计算机系统不能互联。

1977 年,国际标准化组织(Internation Standardization Organization,ISO)制定了各种计算机能够在世界范围内互联成网的开放系统互连参考模型(Open System Interconnect/Reference Model,OSI/RM)简称 OSI,使得只要遵守参考模型和有关标准的计算机系统都可以进行互连。这一阶段计算机网络的特点是制订了统一的各种计算机互联的标准,因此可以实现不同计算机公司设计的计算机系统之间的互联。

4.第四阶段,以因特网(Internet)为核心的计算机网络阶段

20 世纪 90 年代以来,随着数字通信技术的出现和发展,计算机网络具有了综合化和高速化,综合化是指将需要交换的数据业务传送综合到一个网络中完成。如语音、数据、图像等信息以二进制代码的数字形式综合到一个网络之中传送。因特网作为全球互联网与大型信息服务系统就是这样一种计算机网络,因特网在人类生活的各个方面发挥了越来越大的作用,深刻地影响了人们的生活、工作和学习方式。

第五阶段,未来的网络发展

未来的互联网将实现多网合一,是一个多业务综合平台和智能化平台,如电信、电视、计算机三网融合。未来的互联网将把现今所有的通信业务加以融合,推动整个信息技术产业向前发展。(※考点:计算机网络的发展)

6.1.2 了解计算机网络的基本概念

计算机网络是以相互共享软件、硬件及数据资源为目的,利用通信线路、通信设备及网络软件将分布在不同地点的具有独立功能的多个计算机系统互相连接起来,能够实现相互之间的数据通信和资源共享的综合系统。(※考点:计算机网络的定义)

按照以上定义的计算机网络具备以下几个主要的功能。

1.资源共享

计算机资源主要指计算机的硬件、软件与数据资源。计算机网络用户不但可以使用本地计算机资源,而且可以通过计算机网络访问其他计算机的资源。

2.数据通信

计算机网络中通过通信设备和通信线路可以实现计算机与终端设备及计算机与计算机之间进行信息传递,其中的信息是以数据通信的形式实现的。

3.分布式处理

分布式处理是指在控制系统的统一管理控制下,远程调用计算机网络中一台或多台计算机一起完成协调地完成一项大规模任务。

另外还有计算机网络的功能还有集中管理、降低系统的维护费用、提高系统的可靠性和可用性等。其中计算机网络主要的功能是资源共享和数据通信。(※考点:计算机网络的功能)

6.2 计算机网络的硬件组成

完整的计算机系统由硬件系统和软件系统组成,完整的计算机网络系统也是由网络硬件

系统与网络软件系统组成。计算机网络是一个通信网络,各计算机之间通过通信线路、通信设备进行数据通信,计算机可以通过网络软件实现资源共享。其中把计算机网络中实现网络通信功能的设备及其软件的集合称为计算机网络的通信子网,而把计算机网络中实现资源共享功能的设备及其软件的集合称为资源子网。(※考点:资源子网与通信子网)

计算机网络硬件包括网络接口卡及计算机、传输介质、网络互联设备等。(※考点:计算机网络硬件的组成)

1. 网络接口卡(Network Interface Card)

网络接口卡又叫网络适配器,简称网卡(NIC),是计算机与传输介质之间的物理接口。如图 6.2.1 所示。网卡一方面将计算机的数据转变成传输介质上传输的信号发送出去,另一方面将传输介质上的信号转变成在计算机内能够处理的数据。根据网络技术的不同,网卡有所不同,采用的传输介质和网络协议也不同。根据带宽不同,可分为 10Mbit/s 网卡、100 Mbit/s 网卡、1000 Mbit/s 网卡和 1G 网卡。根据网络结构不同,可以分为 ATM 网卡、Ethernet 以太网卡(局域网卡)、Token Ring 令牌环网卡。根据有无连线,分为无线网卡、有线网卡。

图　6.2.1

2. 计算机

计算机作为网络硬件可以是工作站,也可以是服务器。一台计算机可以有一个网卡,也可以有多个网卡,计算机通过网卡和传输介质,与其他网络硬件连接。

计算机网络中网络管理、控制的核心是网络服务器,网络服务器可以是专用的,如 HP、IBM、SUN 等专用服务器,也可以是一台配置较高的个人计算机,负责为计算机网络中其他计算机提供各种网络服务。

3. 网络互联设备

网络互联设备包括集线器、交换机、路由器、无线 AP 等。

(1)集线器(HUB)。集线器的主要功能是通过对接收到的数据信号进行再生整形放大,从而扩大了网络的传输距离,同时也把所有节点集中在以它为中心的节点上,集线器本身不能识别目的地址。当同一局域网内的某一主机给另一主机传输数据时,数据包在以集线器为中心的网络上以广播方式进行传输,由局域网内每一台计算机通过验证数据包的地址信息来确定是否接收。当前集线器有多个端口,为共享网络提供多端口服务,如图 6.2.2 所示。

(2)交换机(Switch)。交换机是一种在通信系统中完成信息交换功能的设备,如图 6.2.3 所示。在数据包传输量较大的局域网中,集线器将无法有效地传输数据,为了对集线器共享工作模式的改进,提出了交换概念。交换机可以为接入交换机的任意两个计算机提供独享的通信线路。它的主要功能包括网络拓扑结构、物理编址、帧序列以及流控、错误校验。当前交换机还有一些新的功能,如对虚拟局域网(VLAN)的支持、对链路汇聚的支持,甚至有的交换机还具有防火墙的功能。

图　6.2.2

图　6.2.3

(3)路由器(Router)。为实现因特网中各局域网之间、局域网与广域网之间的互联,需要使用路由器这种设备。路由器根据通信通道的情况自动选择和设定路由,以最佳路径,按前后顺序发送信号,如图 6.2.4 所示。

图　6.2.4

(4)无线 AP(Access Point)。无线 AP 即无线访问接入点,是移动计算机用户进入有线网络的接入点。主要用于宽带家庭、大楼内部以及园区内部,典型距离覆盖几十米至上百米,与其他 AP 或者主 AP 连接,以扩大无线覆盖范围,无线 AP 实质上也就是无线网络的无线交换机,它是无线网络的核心。目前主要技术为 802.11 系列。

4.传输介质(Media)

传输介质是把网络节点连接起来的数据传输通道,包括无线传输介质和有线传输介质。如:双绞线、同轴电缆、光缆有线等是有线传输介质;无线电波、红外线、卫星通信等是无线传输介质。传输介质是网络中数据传输的通路,所有的网络数据信息都要通过传输介质进行传输。

6.3　计算机网络的拓扑结构

用计算机与连接线之间的几何位置关系来表示计算机网络的结构,这种结构称为计算机网络的拓扑结构。把每个计算机定义为节点,两节点间的通信线路定义为链路,那么网络节点和链路的几何位置就是计算机网络的拓扑结构。计算机网络的拓扑结构主要有星形、总线型、环形、树形和网状拓扑结构。(※考点:计算机网络的拓扑结构)

6.3.1　理解计算机网络的拓扑结构

1. 星形拓扑结构

星形拓扑结构是由一个中央节点和若干从节点组成,各从节点呈辐射状排列在中央节点周围,如图 6.3.1 所示。中央节点可以与从节点直接通信,但是从节点之间的通信必须通过过中央节点的转发。星形拓扑结构的优点是结构简单,建网容易,传输速率高,每一节点独占一条传输线路,消除了数据传送堵塞现象。一个节点的故障不会影响到整个网络,网络比较容易管理及维护。缺点是网络可靠性完全依赖于中央节点,中央节点一旦出现故障将导致全网瘫痪。

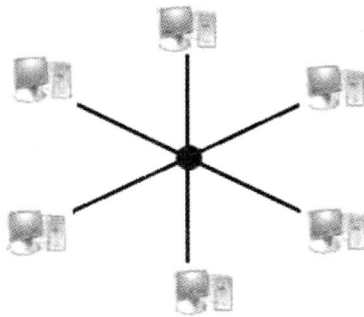

图　6.3.1

2. 总线型拓扑结构

总线拓扑结构是将网络中的所有节点以及相应硬件接口都连接到一根总线,通信时数据信息沿总线进行广播式传输,如图 6.3.2 所示。

总线拓扑结构的优点是结构简单,网络中任何一个节点的故障都不会造成全网的瘫痪,可靠性高,管理及维护比较容易。缺点是任何两个节点之间传送数据都要经过总线,当节点数目比较多时,容易发生数据 信息拥塞。

相对来说总线结构安装布线比较容易,可靠性较高,投资省,所以在传统的局域网中,是通常采用总线型拓扑结构。

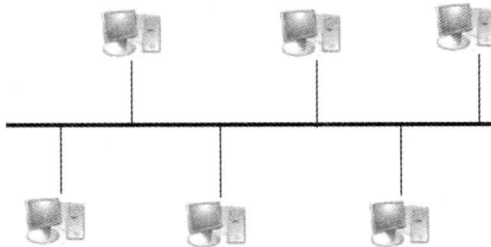

图　6.3.2

3. 环形拓扑结构

环形拓扑结构是将所有节点连接在一条封闭的环形通路中,数据信息沿着环进行广播式的传送,如图 6.3.3 所示。在环形拓扑结构中每一节点只能和相邻节点直接通信。与不相邻的两节点通信时,信息必须依次经过二者间的节点。

环形拓扑结构的优点是结构简单,实时性好。缺点当某一节点发生故障故障都会导致全网瘫痪,可靠性较差。网络的管理比较复杂,扩展性及灵活性差,维护困难。

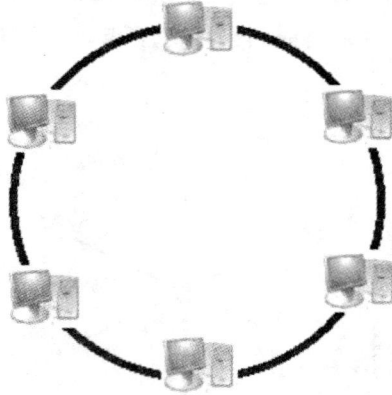

图   6.3.3

4. 树型拓扑结构

树型拓扑结构是综合总线拓扑结构及星形拓扑结构,将网络中的所有节点按照一定的层次连接起来,形状像一颗倒置的树,顶端是树根,树根以下带有分支,每个分支还可再带子分支.如图 6.3.4 所示。树根接收各站点发送的数据,然后再广播式的发送到全网。

树型拓扑结构的优点是易于扩展,排除故障比较容易,缺点是各个节点对根节点的依赖性太大,如果是根节点发生故障,那么全网不能正常工作。

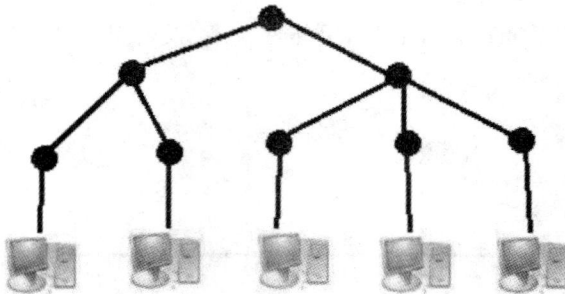

图   6.3.4

5. 网状拓扑结构

网状拓扑结构中的任何两个节点的连接都是任意的,没有规律。网状拓扑的优点是系统的可靠性高,容错能力强,资源共享方便。缺点是结构复杂,必须采用路由协议、流量控制等方法。因此,局域网中很少使用这种拓扑结构。而广域网中基本都采用网状拓扑结构,如图 6.3.5 所示。

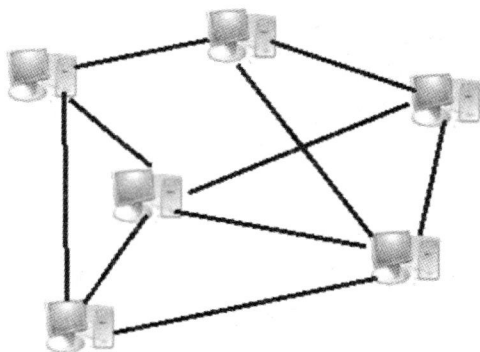

图　6.3.5

6.4　计算机网络的分类

从不同角度,计算机网络的分类有不同的方法:根据网络所使用的传输介质分类有双绞线、光纤、同轴电缆、无线网;根据网络的功能分类有通信子网和资源子网;根据网络的用途分类有科研网、教育网、军事网等;根据网络覆盖的地理范围和规模分类有局域网、城域网、广域网等。其中根据网络覆盖的地理范围和规模分类的方法能较好地反映出网络的本质特征。(※考点:计算机网络的分类)

6.4.1　理解计算机网络的分类

1.局域网

局域网(Local Area Network,LAN)一般是用微型计算机通过高速通信线路相连(速度通常在 10Mbit/s 以上),但在地理上则局限于较小的范围(10km 以内)。

2.城域网

城域网(Metropolitan Area Network,MAN)的作用范围在广域网和局域网之间。城域网传输速度比局域网的更高,规模局限在一座城市的范围内,5～50km 的区域。目前城域网使用最多的是基于光纤的千兆或万兆以太网技术。

3.广域网

广域网(Wide Area Network,WAN)的作用范围通常为几十到几千千米,网络跨越国界、洲界,甚至全球范围。

在以上三种网络类型中,传统的局域网常采用单一的传输介质,而城域网和广域网采用多种传输介质。目前,局域网和广域网是网络的热点,局域网是组成其他两种类型网络的基础,城域网一般都加入了广域网。广域网的典型代表是因特网(Internet)。需要说明的是,局域网的发展速度十分迅猛,所能覆盖的地域范围日渐增大、使用的传输介质也呈多样化,因此局域网和城域网的界限就更加模糊了。

6.4.2 理解局域网的组成与应用

1. 局域网的组成（※考点:局域网的组成）

局域网由网络硬件和网络软件两部分组成。

(1)网络硬件主要有:服务器、工作站、传输介质和其他网络连接部件等。网络软件包括控制信息传输的网络协议及相应的协议软件、网络操作系统、网络应用软件等。

服务器又可分为文件服务器、通信服务器、打印服务器、数据库服务器等。文件服务器是局域网上最基本的服务器,用来管理局域网内的文件资源;通信服务器主要负责本地局域网与其他局域网、主机系统或远程工作站的通信;打印服务器为用户提供网络共享打印服务;数据库服务器则是为用户提供数据库检索、更新等服务。

工作站(Workstation)也称为客户机(Clients),可以是一般的个人计算机,也可以是专用电脑。工作站可以有自己的操作系统,独立工作;通过运行工作站的网络软件可以访问服务器的共享资源。

工作站和服务器之间的连接通过传输介质和网络连接部件来实现。

网络连接部件主要包括网卡、中继器、集线器和交换机等。

(2)网络软件也是局域网的一个重要组成部分。目前常见的网络操作系统主要有Netware,Unix,linux,Windows NT,Windows Server 2003/2013 等。

2. 局域网的应用

(1)文件的共享。文件共享,是指不同的用户在局域网内共享自己的文本、图片、音乐、影视、软件等信息资源。

(2)外部设备的共享。通过局域网,局域网内部的用户可以共享在任何一台局域网中的各种外部设备,比如打印机、扫描仪等。

(3)Internet 共享。通过局域网,局域网内部的用户可以接入因特网(Internet)。

(4)网络教学。在学校的网络教室搭建的局域网,可以帮助教师实现教学演示等多媒体教学活动。

(5)网上办公。利用单位的局域网,可以进行网上办公,极大地提高了工作效率。
（※考点:局域网的应用）

6.5 Internet 的基本概念

Internet 中文含义为"因特网"或"国际互联网",是由遍布全球的各种网络系统、主机系统,通过统一的 TCP/IP 协议连接在一起所组成的世界性的计算机网络系统。（※考点:因特网的定义）

Internet 是当前世界上最大的互联网络,它是把分布在全球各地已有的各种网络(局域网、数据通信网、公道话交换网等)互联起来,组成一个跨国界的庞大的互联网,因此,也将它也被称为"网络中的网络"。

6.5.1　了解 Internet 的起源和发展

1. 因特网的起源

20 世纪 60 年代末,美国国防部高级研究计划署（ARPA）建立了著名的阿帕网（ARPANET）。开始时它是由四个节点组成的分组交换网,是最早出现的计算机网络之一。

20 世纪 70 年代,ARPANET 从一个实用性网络变成一个可运行网络。在 ARPANET 不断增长的同时,美国国防部高级研究计划署（ARPA）开发研制了卫星通信网与无线分组通信网,并希望将它们联入 ARPANET,由此导致网络互联协议 TCP/IP 的出现。

20 世纪 80 年代中后期,美国国家科学基金会（National Science Foundation,NSF）围绕其六个超级计算机中心建立了 NSFNET,并且允许研究人员对 Internet 进行访问,以使他们能够共享研究成果并查找信息,并与 ARPANET 相连。NSFNET 代替 ARPANET 成为 Internet 的新主干。

20 世纪 90 年代,Internet 以惊人的速度发展,提供了电子邮件、WWW、文件传输、图像通信等数据服务,成为全球连接范围最广、最多、涉及众多领域、用户最多的互联网络。

2. 因特网在我国的发展

1994 年我国实现了与因特网的连接。到 1996 年初,我国的因特网已经形成了四大具有国际出口的网络体系:中国教育与科研计算机网（CERNET）、中国科技网（CSTNET）、中国金桥信息网（CHINAGBN）、中国公用计算机互联网（CHINANET）。其中前两个网络主要面向科研机构,后两个网络向社会提供因特网服务。

6.5.2　了解 TCP/IP 协议

网络协议（Protocol）是一种特殊的软件,是计算机网络实现其功能的最基本机制。网络协议的本质是规则,即各种硬件和软件必须遵循的共同守则。TCP/IP（Tansmission Control Protocol/Internet Protocol）是 Internet 中最基本的协议,它是由网络层的 IP 协议和传输层的 TCP 协议组成。它可以在不同的硬件结构以及不同操作系统的计算机之间相互通信。它是一个公开标准,完全独立于硬件或软件,可以运行在不同体系的计算机上。（※考点:TCP/IP 协议）

1. TCP/IP 的分层结构

TCP/IP 由网络接口层、网络层、传输层和应用层四个层次组成。TCP 是指传输控制协议,IP 是指互联网协议。

应用层:负责向最终用户提供各种具体应用。TCP/IP 协议族在这一层面有着很多协议来支持不同的应用。如万维网（wwww）访问用到了超文本及传输协议（HTTP 协议）、文件传输用的 FTP 协议、电子邮件发送用 SMTP 协议、域名的解析用 DNS 协议、远程登录用 Telnet 协议等,都是属于 TCP/IP 的应用层。（※考点:超文本及传输协议）

传输层:传输层的主要功能是提供应用程序间的通信。主要功能包括格式化信息流及提供可靠传输。在传输层上的协议有传输控制协议 TCP 及用户数据报协议 UDP。TCP 为上层提供面向连接的服务,UDP 为上层提供无连接的服务。

网络层:网络层负责网络中主机的信息传输,它主要定义了 IP 地址格式,从而使不同应用类型的数据能够在 Internet 上通畅地传输。IP 就是一个网络层协议。

网络接口层:网络接口层是 TCP/IP 软件的最底层,负责接收 IP 数据包并通过网络物理接口发送,或者从网络上接收数据帧,抽出 IP 数据报,交给网络层。

2．TCP/IP 的功能

（1）IP。IP 处于网络层,需要完成数据从网络上一个节点向另一个节点的移动。IP 传输的是一种基本的信息单位,称为数据包。IP 的主要功能是为数据的发送寻找一条通向目的地的路径,将不同格式的物理地址转换成统一的 IP 地址和将不同格式的帧转换为 IP 数据包,并向 TCP 所在的传输层提供 IP 数据包,实现数据包传送。

（2）TCP。TCP 处于传输层。TCP 提供了数据可靠传输,所提供的服务包括多路复用、可靠性、有效流控、数据流传送和全双工操作。

6.5.3　了解 IP 地址与域名服务

在 Internet 中有无数的计算机和服务器,它们之间进行通信,如何找到对方显然是一个十分关键的问题。当用户与网上其他用户进行通信或访问 Internet 中的各种资源时,首先必须知道对方的地址。就好像去某位朋友家访问,我们需要知道这位朋友家的地址,而门牌号能够很好地标识地址。

接入网络的计算机地址编号称为主机地址,在 Internet 中,主机地址是唯一的。主机地址可以使用直接识别的数字表示,与门牌号的作用类似,称为 IP 地址。如:"218.22.50.188"。为使用方便起见,主机地址也可以使用字母表示,称为域名。如:"cern.net.cn"。在 Internet 中 IP 地址唯一地标识一台主机。（※考点:IP 地址,域名）

1．IP 地址及分类

目前 IP 协议版本有 IPv4 和 IPv6 版本,IPv4 版本中 IP 地址由 2^4 即 32 位的二进制数组成,8 位一组,每组之间用点隔开,如:"11001010.01100011.10100000.00110010",为方便表示一般以 4 个 0～255 的十进制数字表示,每个数字之间用点隔开,如"202.99.160.50"。IPv6 版本中 IP 地址由 2^6 即 128 位的二进制数组成,能产生 2^{128} 个 IP 地址,地址资源极其丰富,是下一代 IP 协议。

IP 地址采用一种两级结构:一部分表示主机所属的网络号;另一部分表示主机号,网络号就像电话的区号,表示主机所在的子网,主机号表示在子网内具体的主机。即 IP 地址的基本组成为:"网络号＋主机号"。

IP 地址地址分配的基本原则是,为位于同一网络内所有主机分配相同的网络号,同一网络内的不同主机必须分配不同的标识号,以区分主机。不同网络内的每台主机必须具有不同网络号,但是可以具有相同的主机号。

为充分利用 IP 地址资源,考虑到不同规模网络的需要,IP 将 32 位地址空间划分为不同的地址级别,并定义了 5 类地址,A～E 类。其中 A、B、C 三类由 InterNIC 在全球范围内统一分配,D、E 类为特殊地址,其地址编码方法见表 6.1。

国际互联网络信息中心（InterNIC）统一管理 IP 地址,这是为了确保 Internet 中 IP 地址的唯一性。如果需要建立网站,需要向管理本地区的网络机构申请和办理 IP 地址。

在网络配置当中还可以使用"子网掩码"来区分 IP 地址中表示的网络部分和主机部分。子网掩码也是由一个 32 位的二进制数字组成,8 位一组,分为 4 组,每组用点隔开,如:"11111111.11111111.11111111.11111111.00000000"。同样可以用 4 个十进制数表示。如:"255.255.255.0"。例如,IP 地址"218.22.50.188",配以子网掩码"255.255.255.0",就表示这是一个 C 类地址,前三组表示网络标识号,后一组表示主机标识号。可以理解成这是 218. 22.50 网段的 188 号主机。

表　6.5.1

地址类别	高位字节	网络标识范围	可支持的网络数目	每个网络支持的主机数
A	1	1～126	2^7	$2^{24}-2$
B	10	128～191	2^{14}	$2^{16}-2$
C	110	192～223	2^{21}	2^8-2

2.域名和 URL 地址

(1)域名。IP 地址虽然可以有效标识网络中的主机,但使用不方便。为了方便用户使用、维护和管理,在 Internet 中使用了域名系统(Domain Name System,DNS),域名是用一定含义的字符串来标识主机,就像用人的姓名对应这个人的身份证号码一样,既好记忆又好理解。这一系统采用了分层命名的方法。域名的基本结构为:主机名. 单位名. 类型名. 国家代码。例如:www. cern. net. cn,表示中国教育资源网,名为 www 的主机。域名中的国家代码部分也称为顶级域名,表 6.2 列出了部分国家和地区的顶级域名。

表　6.5.2

国家	中国	日本	英国	法国	加拿大	香港
代码	cn	jp	uk	fr	ca	hk

计算机是不能直接识别域名的。域名与 IP 地址对应关系,可以通过 DNS 服务器进行转换,将域名转换成对应的 IP 地址。

(2) URL 地址。每个信息资源在 Internet 中都有统一的且唯一的地址,该地址就叫统一资源定位标志(UniformResource Locator,URL)。URL 由三部分组成:资源类型、存放资源的主机域名或地址、资源文件文件名。例如:http://www. cern. net. cn/newcern/kjds/13. html,其中 http 表示该资源类型为超文本信息;www. cern. net. cn 表示中国教育资源网的 www 主机域名;newcern/kjds 为存放文件的目录;13. html 为资源文件名。

6.6　Internet 的连接方式

用户若要使用 Internet 资源,首先必须通过一种方式让计算机接入 Internet(因特网),目前电信、移动、联通以及其他网络服务公司作为 Internet(因特网)服务提供商(Internet Service Provide,ISP),提供的接入 Internet 的方式有很多种,如:拨号接入方式、专线接入方式、无线接入方式、通过局域网接入因特网。(※考点:因特网的接入方式)

1. 电话拨号接入

电话拨号入网可分为两种:一是个人计算机经过调制解调器(modem)和普通模拟电话线,与公用电话网连接;二是个人计算机经过专用终端设备和数字电话线,与综合业务数字网(Integrated Service Digital Network,ISDN)连接。通过普通模拟电话拨号入网方式,数据传输能力有限,传输速率较低(最高 56kb/s),传输质量不稳,上网时不能使用电话。通过 ISDN 拨号入网方式,信息传输能力强,传输速率较高(128kb/s),传输质量可靠,上网时还可使用电话。

2. 专线接入方式

专线接入方式常见的有常见的有 Cable moden(有线电视)接入、DDN 专线接入、光纤接入、ADSL 接入等。目前电话线接入因特网的主流技术是非对称数字用户线路(Asymmetric Digital Subscriber Line,ADSL)。其非对称体现在上、下行速率的不同。上网的同时可以打电话,互不影响。安装 ADSL 也非常方便快捷,只需要在现有电话线上安装 ADSL Modem 即可。

3. 无线接入

在商务区、大学、机场、家庭等各种场所,Wi－Fi 目前已经普遍应用。Wi－Fi 实际上是无线网络通过有线网络接入因特网。它的设置是通过单击 Windows 任务栏右端"无线网络"按钮,打开无线网络列表,如图所示 6.6.1。单击要连接的名称(图中是 Fxopen),显示如图 6.6.2 所示,单击"连接"按钮。显示"连接到网络"对话框,在"安全密钥"文本框中输入密码。单击"确定"按钮,稍等后连接到网络,任务栏右端的无线网络图标将显示为 ▦ 。

图　6.6.1

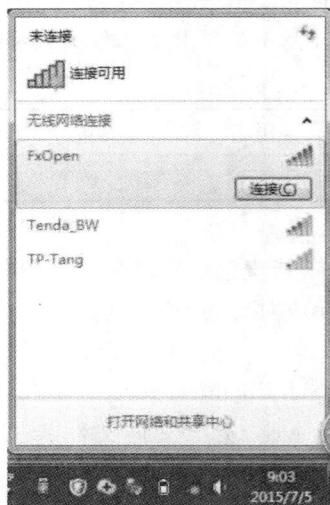

图　6.6.2

4. 局域网接入

许多学校、机关、公司等单位经常采用通过局域网方式接入因特网。局域网采用双绞线连接,可提供高速、高效、安全、稳定的网络连接。如果使用的是单位(如学校)的局域网,要向校园网或局域网管理机构申请一个用户 IP 地址;用户计算机需要配置一块网卡。需要手工设置 IP 地址、子网掩码、网关、DNS 等项目,设置方法为:

(1)单击"开始",在"开始"菜单中,单击"控制面板",在"控制面板主页"的大图标查看方式下,单击"网络和共享中心"。打开"网络和共享中心"窗口,如图 6.6.3 所示。

(2)在左侧的窗格中,单击"更改适配器设置",打开"网络连接"窗口。右击"本地连接",在快捷菜单中选择"属性"命令,如图 6.6.4 所示。

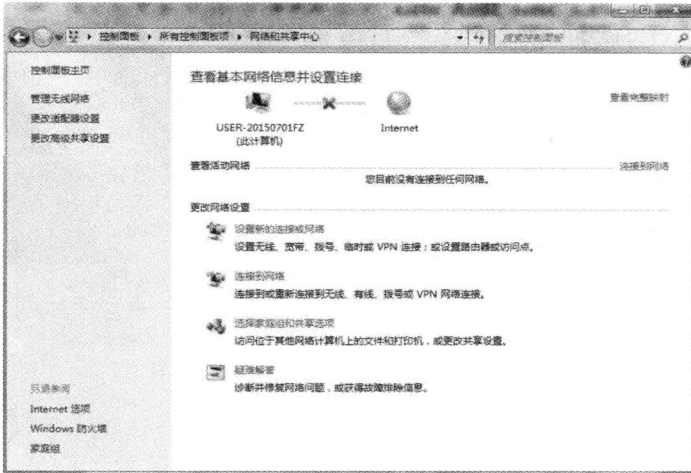

图　6.6.3

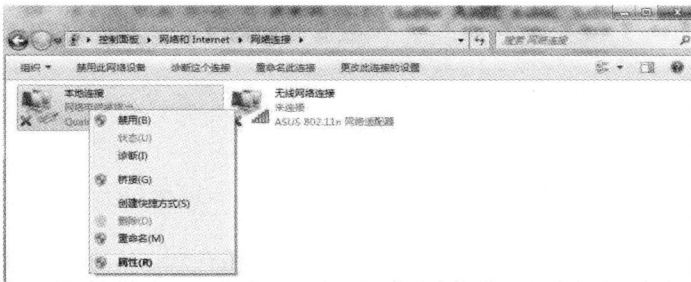

图　6.6.4

（3）在"本地连接属性"对话框，在"此连接使用下列项目"中，选择"Internet 协议版本 4（TCP/IPv4）"选项后，单击"属性"按钮，如图 6.6.5 所示。

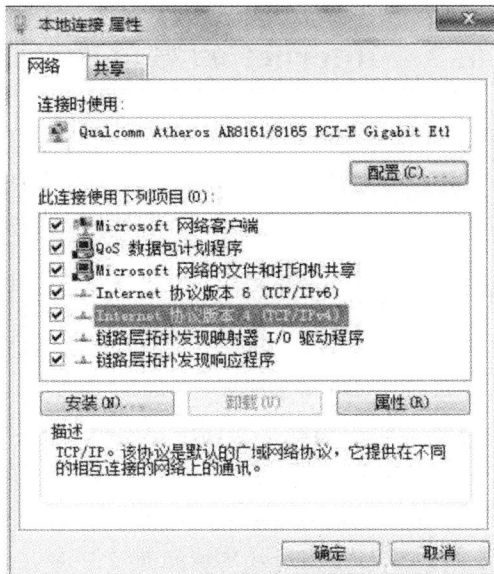

图　6.6.5

（4）在"Internet 协议版本 4（TCP/IPv4）属性"对话框中，"常规"选项卡中的项目包括 IP 地址、子网掩码、默认网关、DNS 服务器等项目。以上项目中的具体数字和选项，由网络中心的网络管理人员或网络用户的服务商提供。如果是"自动获得 IP 地址"，则不用填写，如图 6.6.6 所示。

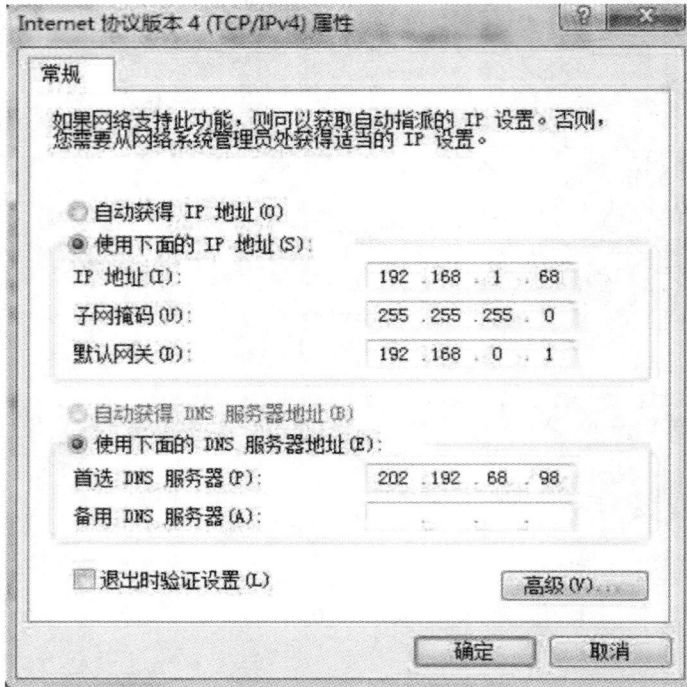

图　6.6.6

（5）依次单击"确定"按钮，即完成网络设置。

6.7　Internet 的简单应用

如今，人们通过因特网提供的服务进行交流和获取信息，这些服务包括万维网服务（www）、电子邮件服务（E－mail）、文件传输服务（FTP）、电子公告板（BBS）、新闻组服务（Usent）、即时通信（IM）、博客（Blog））、远程登录服务（Telnet）、搜索引擎（Search）等。

6.7.1　掌握 IE 浏览器的简单应用

1. 基本概念

（1）万维网（WWW）。环球信息网（Word Wide Web，WWW），中文名字为"万维网"。WWW 是基于 Internet 超文本的全球分布式信息网络，WWW 服务能把各种类型的信息以超文本的形式集成起来，存储在不同的 WWW 服务器平台上，方便用户在 Internet 上搜索和浏览信息。它是 Internet 上应用最广泛的一种网络服务。也称为 Web 服务。用户可以使用不同的浏览器访问 WWW 服务器。WWW 服务还集成数据库服务、多媒体服务、文件传输服务和电子邮件服务等。

（2）WWW 服务器。WWW 服务器的主机名为 WWW，通常大的网站都有 WWW 服务器，如：www. sohu. com，www. sina. com 等。WWW 服务器指能为网络提供 WWW 服务的服务器，采用客户机/服务器工作模式，以 Web 页面方式存储信息资源并响应客户端的请求。

（3）网页中的超链接和超文本。网页（Web）是 WWW 的基本文档，它是用超文本标识语言（Hypertext Markup Language，HTML）编写的，WWW 网站中的信息是通过网页的形式提供的。网页中包括文字、图片、动画，还有连接到其他网页中的超链接。超链接是指从文本、图片、图形或图像指向另一网页、文件、电子邮件地址等的连接关系。（※考点：网页的构成）

（4）超文本（Hypertext）。在网页中用鼠标单击一下页面的超链接，便可跳转到新的网页或其他位置，从而获得相关信息。超文本是把一些信息根据需要连接起来的信息管理技术。

（5）超文本传输协议（HTTP）。超文本传输协议是专门用于 WWW 服务的通信协议，它是 TCP/IP 协议中位于应用层的协议。（※考点：超文本及传输协议）

（6）文件传输协议（FTP）。文件传输协议（File Transfer Protocol，FTP）是 Internet 上两台计算机能够传送文件的协议，是因特网提供的基本服务，从而实现了 Internet 中主机间可以共享、传送文件。

（7）统一资源定位器（URL）。在 WWW 中，统一资源定位器（Uniform Resource Locator，URL）是用来描述资源地址。URL 由三部分组成：协议类型、IP 地址或域名、路径、文件名。书写格式为：

协议://IP 地址或域名/路径/文件名

其中协议是指 URL 所链接的网络服务性质，如 ftp 代表文件传输传输协议、http 代表超文本传输协议等。

IP 地址或域名是指提供服务的主机的 IP 地址或域名。

路径是指提供存放文件的文件夹。

例如：http://www. tsinghua. edu. cn/publish/newthu/index. html，其中 http 表示该资源类型是超文本信息，www. tsinghua. edu. cn 是清华大学的主机域名，publish/newthu 为存放目录，index. html 为资源文件名。

（8）浏览器。浏览器是 WWW 服务中安装在用户端计算机上，主要作用是用于浏览 WWW 网页文件。

当前浏览器程序有许多种，常用的浏览器有 Microsoft 公司的 Internet Explored（IE）、腾讯公司的 TT、奇虎公司的 360 等等。

2. 浏览器的简单应用（※考点：IE 的使用）

以 Internet Explorer 9（简称 IE9）为例，介绍浏览器的常用功能和操作方法。

（1）Internet Explorer 的启动和关闭。

启动：

方法一：单击锁定到工具栏中的 IE 按钮。

方法二：单击"开始"按钮，从"所有程序"菜单中选择"Internet Explorer"命令。

关闭：

单击 IE 窗口的"关闭"按钮，或通过按组合键（Alt＋F4）。

在一个 IE9 窗口中可以打开多个网页，它是一个选项卡式的浏览器。因此在关闭 IE 窗口时会显示对话框,可选择"关闭所有"选项卡或"关闭当前"的选项卡。

（2）Internet Explorer 9 的窗口组成。启动 Internet Explorer 后,窗口内将显示一个选项卡,其中显示默认主页,窗口结构如图 6.7.1 所示。

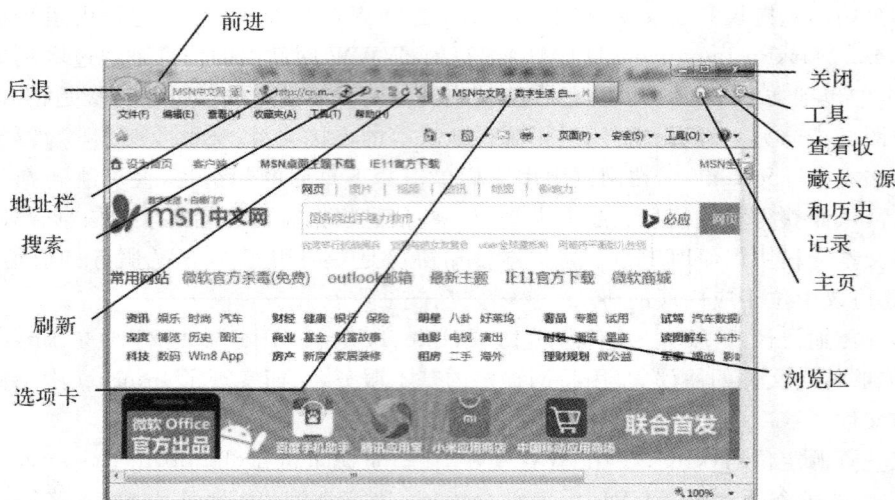

图　6.7.1

1）后退:通过单击"后退"按钮,可以返回到以前浏览过的网页。

前进:通过单击"前进"按钮,可以转到下一页。

2）地址栏:左侧为文本框,右侧有"搜索""自动完成""兼容性视图"和"刷新"等一些按钮。在文本框中输入 Web 地址或 IP 地址,即输入 URL(统一资源地址),然后按 Enter 键。在文本框中输入搜索关键词,然后单击"搜索"按钮,将按设定的搜索引擎查找。

单击"兼容性视图"按钮切换到兼容视图,以便能正常显示为旧版本浏览器设计的网页。单击"刷新"按钮刷新网页。在网页加载过程,将显示"停止"按钮,单击此按钮将停止加载。

3）选项卡:选项卡左侧显示网站图标,其后显示的是网页的名称。单击选项卡右端的关闭按钮将关闭该选项卡及打开的网页。

4）主页:单击"主页"按钮,当前选项卡将显示默认的主页。主页的地址通过在工具菜单项中单击 Internet 选项,弹出"Internet 选项"对话框,在常规选项卡下设置默认主页。

5）查看收藏夹、源和历史记录:IE9 把收藏夹、源和历史记录集成在一起。单击该按钮将打开收藏夹列表,单击"源"或"历史记录"选项卡,可以切换到相应功能。如图 6.7.2 所示。

6）工具:单击"工具"按钮,有打印、文件、缩放等功能。

7）浏览窗口:此处显示打开的网页。对浏览器窗口中看不到的网页内容,可以通过移动窗口中的水平和垂直滚动条,使之显示出来。

8）状态栏:在浏览窗口中,当鼠标指针指向带有链接的文字、图片时,IE 窗口左下角状态栏将显示该链接地址。

（3）浏览网页。在 IE 地址栏中文本框输入网址(即 URL 地址)后,按下回车键后,将载入该网址所对应的网页,当屏幕上显示出该网页,用户即可对该资源地址的网页进行浏览。其中首先看到的一页称为首页或主页。主页上的超链接可以引导用户跳转到其他位置。超级链接可以是文字、图片等。当鼠标箭头移到某一项时,如果箭头改为手形,表明这一项是超链接。同时,IE 窗口左下角状态栏将显示该链接地址。单击一个超链接可以从一个网页跳转到链接网页。

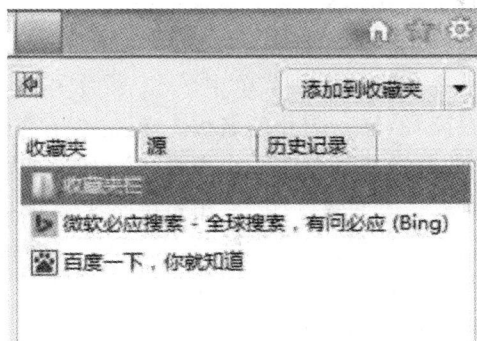

图　6.7.2

(4)网页的保存和打开。用浏览器浏览网页时,可以把某个网页或网页中的图片等内容保存到自己的计算机中,在不上网时也能阅读。

1)保存网页。

方法一:在 IE 中打开要保存的网页。单击"工具"按钮,选择"文件",单击"另存为"(或者按 Ctrl+S 键),弹出"保存网页"对话框,完成文件名的输入,确定保存类型,选择保存位置,单击"保存"按钮,如图 6.7.3 所示。

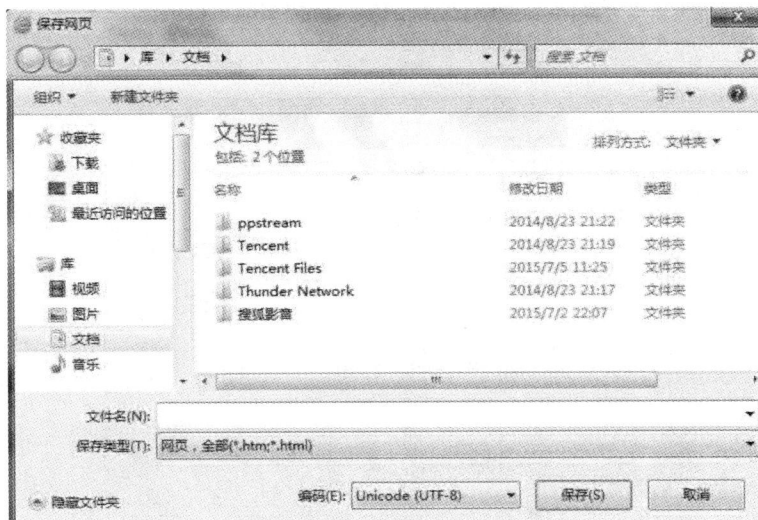

图　6.7.3

方法二:选中文件菜单项,单击"另存为",弹出"保存网页"对话框,同上。

2)打开保存在计算机中的网页。保存在计算机磁盘中的网页文件,可以在不连接因特网的情况下显示出来。

单击 IE"文件"菜单中的"打开",显示"打开"对话框。在"打开"对话框中,单击"浏览"按钮,从文件夹中选取要打开的网页。如果知道保存网页的路径和文件名,可以直接在"打开"框中输入。最后单击"确定"按钮,打开保存在磁盘上的网页。

3)保存网页中的部分选定内容。在网页中选定需要复制的文字、图片内容,按 Ctrl＋C 键复制到剪贴板。切换到打开的 Word 程序等文本处理软件中,按 Ctrl＋V 键把剪贴板中的内容粘贴到文档中,最后保存文档。

4)保存图片。右击图片,在弹出的快捷菜单中单击"图片另存为"命令。弹出"保存图片"对话框,在对话框中选择保存路径,输入图片的名称。单击"保存"按钮。

5)下载文件。在网页中的超链接都指向一个资源,可以是网页,也可以是音频文件、压缩文件、EXE 文件、视频文件等文件。下载方法为:在超链接上右击,在弹出的快捷菜单中选择"目标另存为"命令,弹出"另存为"对话框,在对话框中选择保存路径,输入文件名称。单击"保存"按钮。也有的网页带有"下载"功能,单击按钮即可下载。

（5）设置 IE 主页。用户可以把经常浏览的网页设置为打开 IE 时显示的默认网页,以节省时间。更改主页的方法为:在 IE 中,单击"工具"按钮,在列表中单击"Internet 选项",显示"Internet 选项"对话框的"常规"选项卡,如图 6.7.4 所示。在"主页"区的"地址"框中输入地址。如果在 IE 中已经显示了该网页,单击"使用当前页"按钮,当前 IE 中显示网页的地址将被自动添加到"地址"栏中,如果不希望显示任何网页,则单击"使用空白页"按钮。单击"确定"按钮。

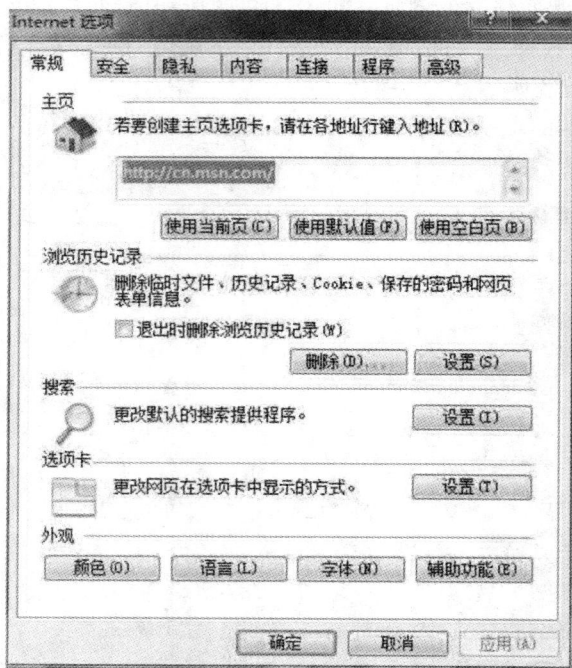

图　6.7.4

（6）使用"历史记录"。IE 自动把浏览过的网页地址按日期顺序保存在历史记录中,历史记录保存的天数可以设置,也可以随时删除历史记录。

1)浏览历史记录。在 IE 窗口中单击按钮,打开"收藏夹、源和历史记录"列表选项卡,如图 6.7.5 所示,历史记录默认"按日期查看",单击其后的下拉菜单按钮可以更改查看方式。单击日期按钮可以展开历史网站,单击网站图标可展开具体访问的网址。单击网址则可打开网页。

图　6.7.5

2)设置和删除历史记录。在 IE 中,单击"工具"按钮,在列表中单击"Internet 选项",显示"Internet 选项"对话框的"常规"选项卡,如图 6.7.4 所示。在"浏览历史记录"区中单击"设置"按钮,显示"Internet 临时文件及临时记录设置"对话框,可以设置保存的天数,默认保存 20 天。

如果删除所有历史记录,单击"删除"按钮,弹出"删除浏览记录"对话框,选中想要删除的项目,单击"删除"按钮即可删除相应内容。

(7)使用收藏夹。当用户在 Internet 上发现了自己感兴趣或有价值的网站,为了下次快速访问该页内容,可以使用 IE 浏览器中的收藏夹功能。

1)把网页地址添加到收藏夹中。

方法一:打开要收藏的网页,单击"收藏夹、源和历史记录"按钮,显示"收藏夹、源、历史记录"列表。如图 6.7.5 所示。单击"添加到收藏夹"按钮,显示"添加收藏"对话框,如图 6.7.6 所示。单击"添加"按钮将保存到收藏夹的根位置。

网页可以收藏到其他文件夹,在"创建位置"后单击下拉菜单按钮从列表中选取保存的文件夹,或者单击"新建文件夹"按钮在收藏夹中新建文件夹。也可以更改名称后保存。最后,单击"添加"按钮。

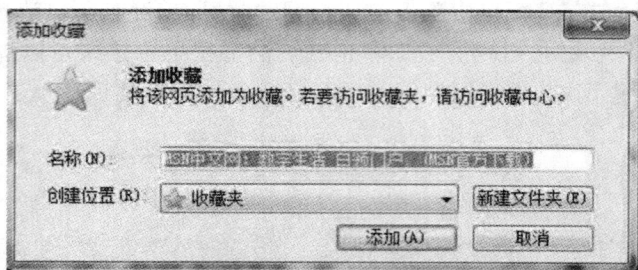

图 6.7.6

方法二:在菜单中选择"收藏夹"菜单项,单击"添加到菜单栏",同样也可弹出如图 6.7.6 "添加收藏"对话框。

2)在收藏夹中打开网页。

方法一:单击"收藏夹、源和历史记录"按钮,显示"收藏夹、源、历史记录"列表。在"收藏夹"选项卡中单击要打开的网页名称。

方法二:在菜单中选择"收藏夹"菜单项,单击网页名称。如果网页名称在文件夹中,先单击文件夹名,再单击网页名。

3)整理收藏夹。为了便于用户查找和使用所收藏的网页,需要整理收藏夹。选择菜单项"收藏夹",单击"整理收藏夹",弹出"整理收藏夹"对话框,如图 6.7.7 所示,在"整理收藏夹"对话框中执行删除、复制、剪切、重命名、新建文件夹等操作,还可以按住左键拖动来移动网页以及文件夹位置,从而改变收藏夹的组织结构。

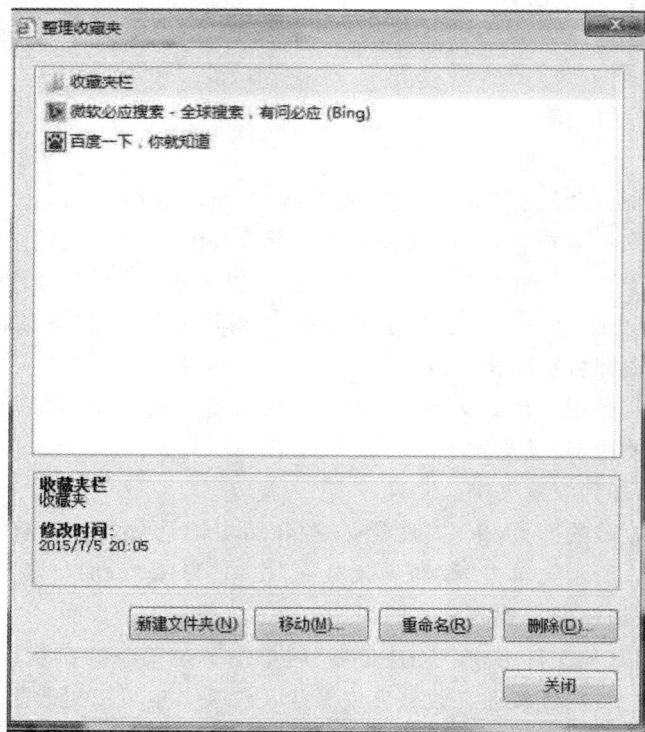

图 6.7.7

6.7.2　认识搜索引擎的使用

Internet 中的信息浩瀚如海，怎样快速并且准确地找到自己想要的信息，是每位用户需要掌握的方法。搜索引擎（Search Engine）是根据一定的策略、运用特定的计算机软件从 Internet 上自动搜索信息。Internet 搜索引擎是一种能够接受用户的查询指令，并且能够向用户提供符合其查询要求的信息资源所在网址的系统。

搜索引擎的主要任务有信息搜集、信息处理、信息查询等。根据搜索引擎工作方式的不同，搜索引擎分为两类：全文搜索和目录分类搜索。当前最常用的方法是利用搜索引擎进行全文搜索。

国外常用的搜索引擎有：雅虎（http://www.yahoo.com/）、必应（http://www.bing.com/）、谷歌（http://www.google.com/）、等。

国内常用的搜索引擎有：百度（http://www.baidu.com/）、搜狗（http://www.sogou.com/）搜搜（http://www.soso.com/）等。

Internet 中的搜索引擎虽然不同，但其具体使用方法都类似。※考点：搜索引擎的使用

1. 使用搜索引擎的基本方法

（1）简单查询。在搜索栏中输入关键词，单击"搜索"，优点是方法简单，缺点是查询的结果不准确。

（2）具体化查询条件。在搜索栏中输入两个关键词，两个关键词之间用空格隔开。如想找关于 Excel 的数学函数的使用方法，在搜索栏中输入"Excel 数学函数使用方法"，Excel 与数学函数使用方法之间用空格隔开。搜索结果大大减少。有的搜索引擎用"＋"表示同时满足两个条件。

（3）使用引号。在查询的关键词上加上引号，搜索引擎不会对引号内的内容进行拆分，从而保证了搜索结果的准确性。

（4）网页快照。当单击链接时，有些链接失效，这时可以单击"百度快照"按钮。

2. 搜索引擎的其他功能

以百度为例，如图 6.7.8 所示，从图中可以看到，关键字文本框上方除了默认的"网页外，还有"新闻"、"地图"、"贴吧"、"知道"、"音乐"、"图片"、"视频"、"地图"，下方有"百科"、"文库"、"更多"等百度产品。搜索时，选择相关分类可以对该类信息进行搜索，提高了搜索效率。

6.7.3　掌握电子邮件的管理

电子邮件（Electronic Mail，E-Mail）与普通邮件相似，发信者都需要注明收件人的姓名与地址即邮件地址。电子邮件由负责发送邮件的服务器开始，由网上的多台邮件服务器合作完成存储转发，最终到达邮件地址指示的邮件服务器中。电子邮件支持发送和接收文本信息、文本文件、声音文件、图片文件、视频文件等。与传统的邮件相比，具有方便、快速、经济，以及不受时间、地点限制的特点。

1. 电子邮件的基本概念

（1）电子邮件服务器。在 Internet 上处理电子邮件的计算机被称为邮件服务器，邮件服务器分为发送邮件服务器和接收邮件服务器。

1）发送邮件服务器。用户通过发送邮件服务器将电子邮件发送到收信人的接收邮件服务

器中。

图　6.7.8

邮件服务器遵循简单邮件传输协议（Simple Message TransferProtocol，SMTP），SMTP协议是存储转发协议，允许邮件通过一系列的服务器转发到最终目的地。

2）接收邮件服务器。多数接收邮件服务器遵循邮局协议（Post Office Protocol，POP3），接收邮件服务器将对方发给用户的电子邮件暂时寄存在服务器邮箱中，直到用户从服务器上将邮件取到自己计算机的硬盘上（收件夹）。

（2）电子邮件账号和电子邮件地址。E－mail 账号是用户在网上接收 E－mail 时所需的登录邮件服务器的账号，包括一个用户名和一个密码，是用户在申请注册邮件账号时设定的。

E－mail 地址的格式是：用户名@主机域名。

用户名就是用户在站点主机使用的登录名。例如：fxshfmbx@163.com，表示用户名fxshfmbx 在 163.com 邮件服务器上的电子邮件地址。现在已有许多网站向用户提供免费的电子邮件服务。

（3）收发电子邮件的方式。

方式一：电子邮件客户端软件方式。如常用的电子邮件客户端软件有 Microsoft Outlook 2010、网易闪电邮、Foxmail 等。在用户的计算机系统中安装电子邮件客户端软件，通过该软件登录到邮件服务器上。适合有固定上网计算机、邮件数量多、有多个邮件账号的用户。

方式二：Web 方式。利用浏览器登录到邮件服务器，例如，163 免费邮箱（http://mail.163.com/）。这种方式不用安装电子邮件客户端软件，可以在任何上网的计算机上收发邮件，使用方便。但如果收发大量邮件时使用效率低。所以 Web 方式适合邮件数量少，无固定上网计算机的用户。

2.电子邮件格式

主题（Subject）：由发信人填写。

发信日期（Date）：由电子邮件程序自动添加。

发信人地址（From）：由电子邮件程序自动填写。

收信人地址(To)：收信人的电子邮件地址(只能填写一个)。

抄送地址(Cc)：可以多个，用"；"或"，"分隔。可以互相看到邮件地址。

密送地址(Ecc)：可以多个，用"；"或"，"分隔。互相看不到邮件地址。

内容(Content)：新的正文内容。

附件(Attachment)：可以添加任何类型的文件。

3.免费邮箱的申请

微软 Live(www.live.com)、搜狐(www.sohu.com)、新浪(www.sina.com)、网易(www.163.com)等网站都提供免费邮箱。申请免费邮箱很简单，进入这些网站的主页，单击注册免费邮箱的链接，按照步骤操作即可。

6.7.4　了解文件传输服务及其使用

FTP(文件传输协议)能够使连入 Internet 的计算机之间方便地传送文件，目标是提高文件的共享性。完成两台计算机之间数据的复制。如果将本地计算机中文件复制到远程计算机中称为"上传"文件。如果将远程计算机中文件复制到本地计算机中称为"下载"文件。

FTP 站点是一个巨大的信息仓库，包括文本文件、共享软件、免费软件和多媒体文件等。只要是计算机文件，都可以通过 FTP 在 Internet 上传输。FTP 的使用也非常广泛。我们制作的个人网页、网站内容，往往都是通过 FTP 上传到 Internet 服务器，申请的虚拟主机也是通过 FTP 来管理的。 ※考点：文件传输

6.8　QQ、微信等网络软件简介

腾讯 QQ(简称"QQ")与微信是当前流行的两种通信软件。

6.8.1　了解 QQ

QQ 目前是国内最为流行功能最强的即时通信(IM)软件。QQ 支持在线聊天、视频聊天以及语音聊天、点对点断点续传文件、共享文件、网络硬盘、自定义面板、远程控制、QQ 邮箱、传送离线文件等多种功能，并可与多种通讯方式相连。

6.8.2　了解微信

微信是腾讯公司研发并推出的另一种通信软件，微信具有以下功能：

1.添加好友

微信支持查找微信号(具体步骤：点击微信界面下方的发现，添加朋友，搜号码，然后输入想搜索的微信号码，然后点击查找即可、查看 QQ 好友添加好友、查看手机通讯录和分享微信号添加好友、摇一摇添加好友、二维码查找添加好友和漂流瓶接受好友等多种方式。

2.聊天

支持发送语音短信、视频、图片(包括表情)和文字，是一种聊天软件，支持多人群聊。

3.实时对讲机功能

用户可以通过语音聊天室和一群人语音对讲，但与在群里发语音不同的是，这个聊天室的消息几乎是实时的，并且不会留下任何记录，在手机屏幕关闭的情况下也仍可进行实时聊天。

6.9 实　　训

理 论 实 训

一、单项选择题

1. 一般认为,当前的 Internet 起源于(　　)。
(A)Ethernet　　　　　(B)美国的 ARPANET　　　　(C)CDMAD　　　　(D)ADSL

2. 下面不属于局域网的硬件组成的是(　　)。
(A)服务器　　　　　　　　　　　　　(B)工作站
(C)网卡　　　　　　　　　　　　　　(D)调制解调器

3. 网络的(　　)称为拓扑结构。
(A)接入的计算机多少　　　　　　　　(B)物理连接的构型
(C)物理介质种类　　　　　　　　　　(D)接入的计算机距离

4. 因特网中的域名服务器系统负责全网 IP 地址的解析工作,它的好处是(　　)。
(A)IP 地址从 32 位的二进制地址缩减为 8 位的二进制地址
(B)IP 协议再也不需要了
(C)用户只需要简单地记住一个网站域名,而不必记住 IP 地址
(D)IP 地址再也不需要了

5. 不同网络体系结构的网络互连时,需要使用(　　)。
(A)中继器　　　　(B)网关　　　　　　　(C)网桥　　　　　(D)集线器

6. 互联网提供的文件传输协议是(　　)。
(A)FTP　　　　(B)SMTP　　　　　　(C)BBSD　　　　(D)POP3

7. 在计算机网络术语中,WAN 表示(　　)。
(A)局域网　　　　(B)广域网　　　　　　(C)有线网　　　　(D)无线网

8. 下列各项中,(　　)不能作为 Internet 的 IP 地址。
(A)202.102.192.14　　(B)211.86.1.120　　(C)64.300.12.1　　(D)202.112.186.34

二、多项选择题

1. 在 Internet 中,(统一资源定位器)URL 组成部分包括(　　)。
(A)协议　　　　　　　　　　　　　　(B)路径及文件名
(C)网络名　　　　　　　　　　　　　(D)IP 地址或域名

2. 电子邮件服务器需要的两个协议是(　　)。
(A)POP3 协议　　　　　　　　　　　(B)SMTP 协议
(C)FTP 协议　　　　　　　　　　　　(D)MAIL 协议

3. 在下列关于计算机网络协议的叙述中,错误的有(　　)。
(A)计算机网络协议是各网络用户之间签订的法律文书
(B)计算机网络协议是上网人员的道德规范
(C)计算机网络协议是计算机信息传输的标准

(D)计算机网络协议是实现网络连接的软件总称

4.下列叙述中正确的是(　　)。

(A)Internet 上的域名由域名系统 DNS 统一管理

(B)WWW 上的每一个网页都可以加入收藏夹

(C)每一个 E-mail 地址在 Internet 中是唯一的

(D)每一个 E-mail 地址中的用户名在该邮件服务器中是唯一的

上 机 实 训

实验一　无线路由器的安装与配置

【实验目的与要求】

(1)认识无线路由器,掌握无线路由器安装与配置的方法。

(2)掌握连接路由器的计算机网络配置。

【实验内容与步骤】

一、实验内容

(1)认识无线路由器。

(2)会安装无线路由器。

(3)掌握配置无线路由器。

(4)掌握设置计算机中的网络配置。

二、操作步骤

1.硬件连接

(1)认识 TL-WR842N 无线路由器,如图 6.9.1 所示。

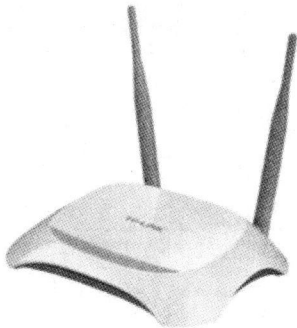

图　6.9.1

1)接口:4 个 10/100M 自适应 LAN 口,1 一个 10/100M 自适应 WAN 口。4 个 10/100M 自适应 LAN 口 4 个 10/100M 自适应 LAN 口。

2)按钮:QSS/Reset 复用按钮。

3)天线:2 根外置固定全向天线。

4)LED:SYS 系统指示,各端口 Link/Act 指示。

(2)有线连接。

1)局域网方式上网:局域网中网线连接无线路由器的 WAN 口。4 个 10/100M 自适应 LAN 口 4 个 10/100M 自适应 LAN 口。

2)宽带拨号方式上网:光纤/电话线连接 Modem,Modem 通过一根网线连接无线路由器的 WAN 口。

3)计算机通过一根网线与连接无线路由器的 LAN 口。

2.设置计算机网络配置

(1)单击"开始"按钮,在弹出的菜单中单击"控制面板",弹出"控制面板"对话框,如图 6.9.2所示。

图 6.9.2

(2)在"控制面板"对话框,选择大图标,单击"网络和共享中心",弹出"网络和共享中心"对话框,如图 6.9.3 所示。

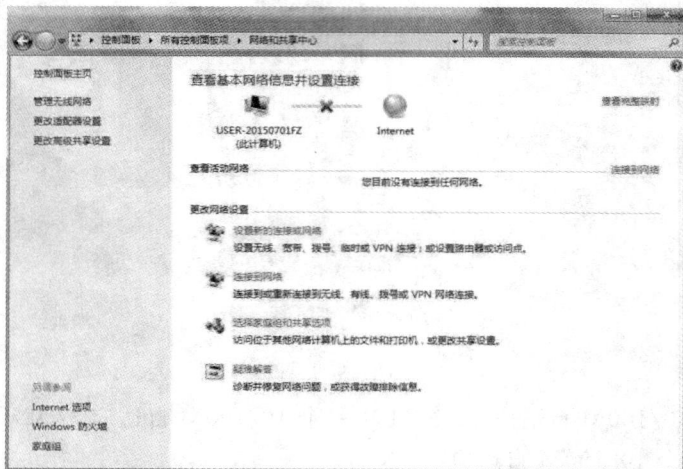

图 6.9.3

（3）在"网络和共享中心"对话框中单击"更改适配器配置"。右击"本地连接"，在弹出的快捷菜单中单击"属性"，如图 6.9.4 所示。

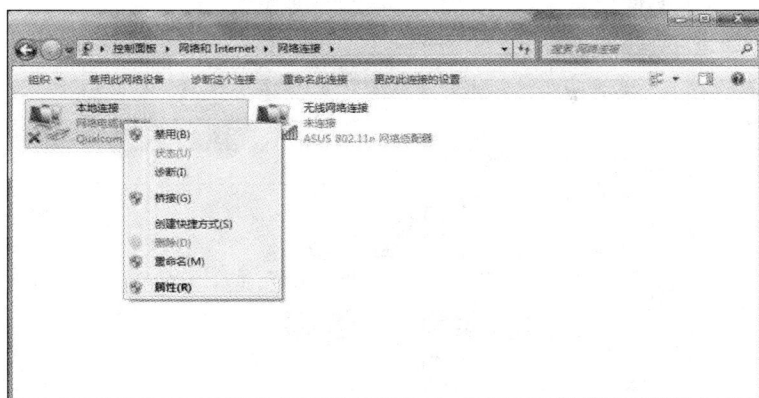

图　6.9.4

（4）双击"Internet 协议版本 4（TCP/IPv4）"，如图 6.9.5 所示。

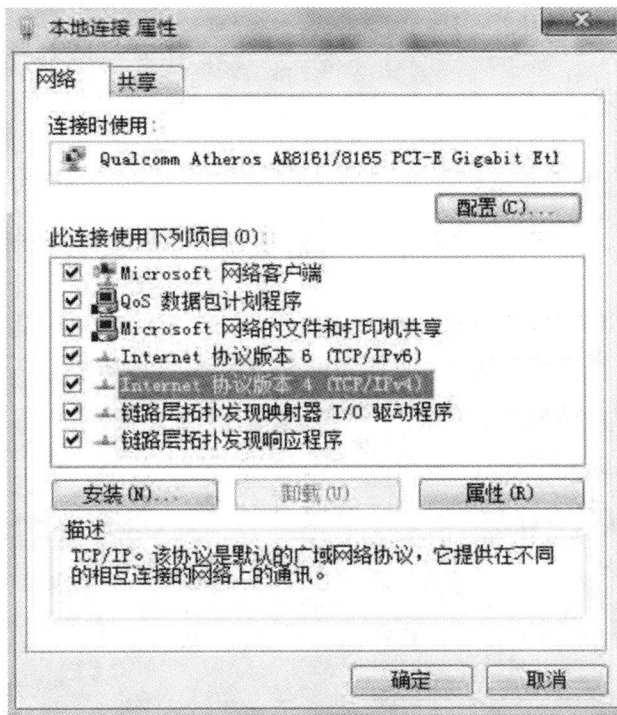

图　6.9.5

（5）选择"自动获得 IP 地址"和"自动获得 DNS 服务器地址"，或输入 DNS 服务器地址（如：202.102.192.68），如图 6.9.6 所示。单击"确定"，返回上一级界面，单击"确定"。

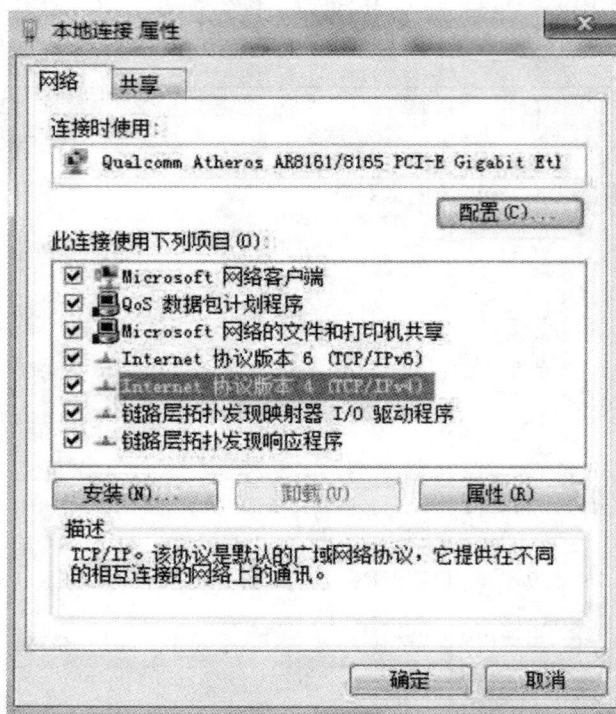

图 6.9.6

3.设置无线路由器

(1)打开 IE 浏览器,访问 tplogin.cn,设置登录密码,按照设置向导的指示即可完成路由器的设置。

(2)再次打开 IE 浏览器,访问 tplogin.cn,如图 6.9.7 所示。单击"进入"。

(3)在弹出的对话框中可以观察并且能够更改相应的设置,如图 6.9.8 所示。

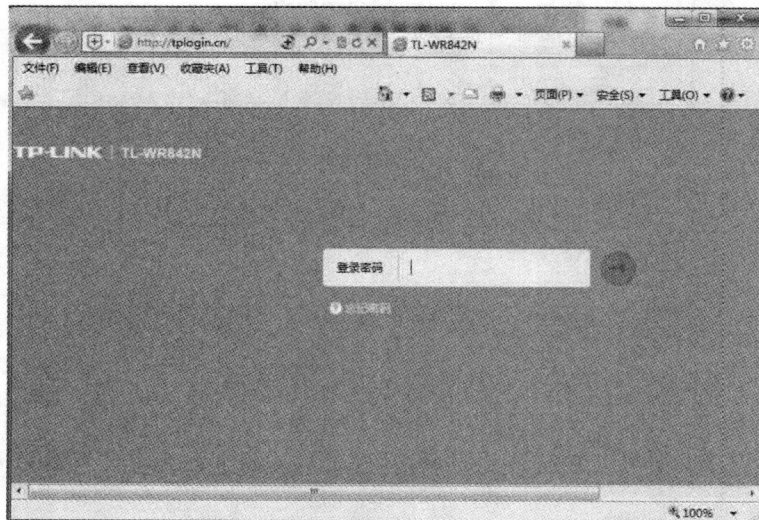

图 6.9.7

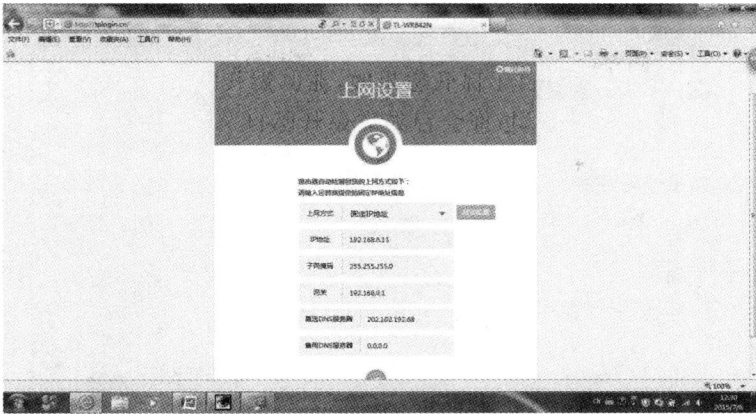

图　6.9.8

4.计算机无线网络连接

（1）单击桌面右下角的图标 ，在弹出的网络列表中选择要进行连接的无线网络，单击"连接"按钮，如图 6.9.9 所示。

图　6.9.9

（2）如图 6.9.10 所示，在空格内输入无线密码，单击"确定"按钮。

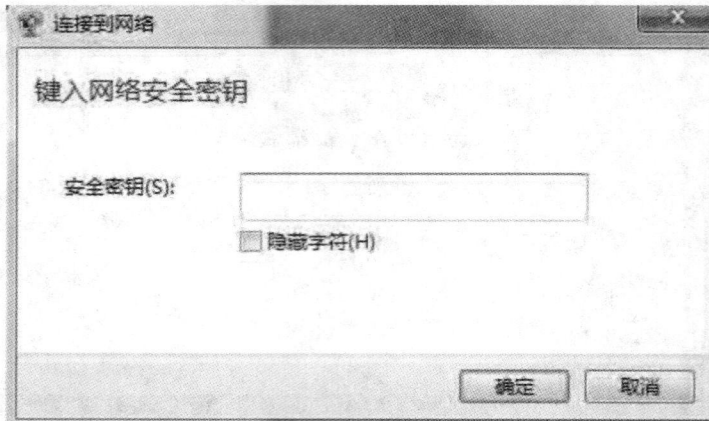

图　6.9.10

（3）当画面出现"已连接"时，表示计算机已经成功接入无线网络，如图6.9.11所示。

图　6.9.11

第 7 章 信 息 安 全

随着计算机应用的日益普及,互联网的出现给人们的生活带来无限便利的同时,也让人们不由自主的将个人隐私信息关联到互联网。其中计算机信息安全问题尤为突出,成为全社会共同关注的焦点。

7.1 信 息 安 全 概 述

信息安全是一门涉及计算机科学、网络技术、通信技术、密码技术、信息安全技术、应用数学、数论、信息论等多种学科的综合性学科。

7.1.1 信息安全的概念及属性

1. 信息安全的基本概念

随着计算机网络的迅速发展,使得信息的交换和传播变得非常容易。由于信息在存储、共识和传输中,会被非法窃听、截取、篡改和破坏,从而导致不可估量的损失。

信息安全是指保护信息和信息系统不被未经授权的访问、使用、泄露、中断、修改和破坏,为信息和信息系统提供保密性、完整性、可用性、可控性和真实性。(※考点:信息安全的基本概念)

2. 信息安全的基本属性

(1)保密性:是指确保信息不被未经授权者访问。

(2)完整性:是指防止信息被未经授权者篡改。信息的完整性主要通过报文摘要技术和加密技术来保证。

(3)可用性:是指确保那些信息及信息系统能被授权使用者所用。即信息及相关的信息系统在授权者需要的时候,可以立即获取到。

(4)可控性:是指能够控制使用信息资源的人或主体的使用方式。

(5)真实性:是指对信息和信息系统的使用和控制是真实可靠的,不可否认的,主要是通过身份认证技术(包括口令字、数字签名、指纹、视网膜、掌形、脸形等等)来保证的。

3. 网络信息安全

(1)信息传输安全。计算机网络系统内信息传输的安全,可根据实际需求与安全强度的区别,有多种解决方案。例如:链路层加密方案、IP层加密方案等等。

(2)信息存储安全。信息存储在计算机网络系统中主要包括纯粹的数据信息和各种功能信息,最典型的是以数据库信息的保护。为确保这些数据信息的安全,在进行计算机网络信息安全系统的设计是要考虑到以下几方面的内容:

1）防止非法拷贝和硬盘启动。

2）预防病毒。

3）用户身分鉴别。

4）保护数据完整性和机密性所采取的措施。

5）数据备份和恢复工具。

6）数据访问权限控制。

（3）信息审计。在计算机网络系统内，容纳了大量的敏感或涉密信息，假如这些信息被有意或无意泄露出去，后果将会很严重的。为了防止机密信息被泄露和不良信息的流入，可在计算机网络系统与 Internet 的连接处，对进出网络的信息流实施内容审计。

7.1.2　信息安全隐患及防范

1. 信息安全问题的种类

（1）从网络上截获信息：尽可能不影响计算机网络系统通讯的正常情况下，对网络上数据进行侦听、截获，通过把部分数据包存入数据库并进行有针对性的分析研究，及时发现有用的信息或恶意的攻击以及相关的安全隐患，从而达到获取信息和保障网络安全的目的。

（2）从网络上伪造信息：一些非法分子利用窃取口令等手段非法侵入计算机网络信息系统，伪造一些信息在网络上传播，恶意破坏计算机软硬件系统，从而实施贪污、盗窃等犯罪。

（3）从网络上窃听信息：利用一些软件窃取计算机网络用户的信息，威胁用户隐私和计算机安全。

（4）从网络上篡改信息：故意篡改网络上传送的报文。（※考点：信息安全隐患的种类）

2. 计算机及网络安全

（1）网络安全特征。

1）机密性：确保信息不泄露给未被授权的人或应用进程。

2）可用性：确保授权用户在需要时能访问数据。

3）可控性：对授权范围内的信息流向和行为方式进行控制。

4）完整性：只有获得授权的人或应用进程，才能修改数据，并能判断数据是否已被修改。

5）可审查性：当网络出现安全问题时，能提供相关调查的依据和手段。

（2）网络安全威胁：安全威胁可分为故意的和偶然的。

1）故意的威胁又可进一步可分为被动威胁和主动威胁两类。其中被动威胁对信息只进行监听，不进行修改和破坏，如搭线窃听、业务流分析等等，即威胁信息的保密性；而主动威胁对信息进行故意篡改和破坏，使合法用户不能获得有用信息，如假冒、篡改等，即威胁信息的完整性、可用性和真实性。

2）偶然的威胁如信息被发往错误的地址、误操作等等。

3. 信息安全防范

（1）信息安全保障体系。信息安全保障体系是指关于信息安全防范系统的最高层概念的抽象，它由各种信息安全防范单元组成，并按照一定的规则关系，能够有机集成起来，共同来实现信息安全目标。

（2）P^2DR 模型（见图 7.1.1）。P^2DR 模型包括 Policy（安全策略）、Protection（防护）、Detection（检测）和 Response（响应）4 个主要部分。检测、响应和防护组成了一个完整的、动态的安全循环,在安全策略的指导下保证信息系统的安全。

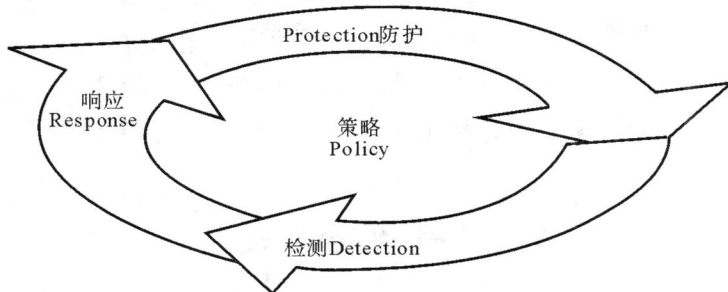

图　7.1.1

(3)网络安全的策略。网络安全是指保护计算机网络信息系统中的软件、硬件及信息资源,使之免受偶然或恶意的破坏、篡改和泄露,保证计算机网络信息系统的正常运行及计算机网络服务不中断,主要表现在以下几个方面:

1)物理网络安全:例如,保护网络关键设备(主机、集线器、交换机、网络打印机等等),制定严格的网络安全规章制度,采取防辐射、防火以及安装不同间断电源(UPS)等措施。

2)数据加密:通过对在网络上存储或传输的信息采取加密变换以防止第三者对信息的窃取,以此达到保护数据信息不被窃取的目的。

3)访问控制:对用户访问网络资源的权限进行严格的认证和控制。例如,进行用户身份认证,对口令加密、更新和鉴别,设置用户访问目录和文件的权限,控制网络设备配置的权限等等。

4)防火墙技术:防火墙"是指设置在可信任的内部网和不可信任的公众访问网之间的一道屏障,使一个网络不受另一个网络的攻击,实质上是一种隔离技术。目前防火墙的基本类型有应用网关、电路级网关、包过滤防火墙和安全状态检查的防火墙。但是要了解防火墙并不能彻底解决网络安全问题,它只是网络安全策略中的一个组成部分。

5)加强计算机病毒的防治:假如计算机网络一旦被感染病毒,那么将带来非常严重的后果,甚至能造成整个网络的瘫痪。防毒比杀毒显得更为重要,在整个计算机网络信息系统中要采取全方位、多层次的病毒防护措施。

6)构建实时的入侵检测系统:对计算机网络信息系统的安全防范其实就是网络攻防术,及时有效地发现外来攻击是非常重要的。入侵检测也就是对入侵行为的监控,它对网络或计算机系统中的若干关键点的信息进行收集并分析,从中发现网络或系统中是否存在违反安全策略的行为或被攻击的迹象。把入侵检测的软件与硬件进行组合就是入侵检测系统。※考点:信息安全的策略

3.信息安全发展趋势

动态、主动的信息安全体系成为发展的趋势。

(1)可信化:指从传统计算机安全理念过渡到以可信计算理念为核心的计算机安全。

(2)网络化:通信技术与计算机技术的进一步聚合。

(3)集成化:从单一功能的信息安全技术与产品,向多种功能融于某一个产品。

(4)标准化:是信息安全保障体系的重要组成部分。

(5)抽象化:指公理化研究方法逐步成为信息安全的基本研究工具。

通常所说的传统的加密、计算机安全和信息安全体系,这些都是一种静态的被动的防御体系,从信息安全保障体系起,人们就开始注重信息系统的动态主动防御能力。这些发展趋势是人们关注信息安全发展的关键点,只有很好地把握了信息安全发展的趋势,才会对信息安全做出正确的判断,在现实的科研和实际系统中才能更好地了解信息安全,建立满足现在和未来所需求的信息安全体系。

7.2　信息安全技术

信息安全体系就是将具有非法侵入信息倾向的人与信息隔离开。

计算机信息系统安全保护可分7个层次:信息、安全软件、安全硬件、安全物理环境、法律、规范、纪律、职业道德和人,如图7.2.1所示。其中最里层是信息本身的安全,人处于最外层,是最需要层层防范的。各逻辑层次的安全保护之间,是通过名界面相互支持、相互依赖的,外层向内层提供支持。信息处于被保护的核心,与安全软件和安全硬件均密切相关。

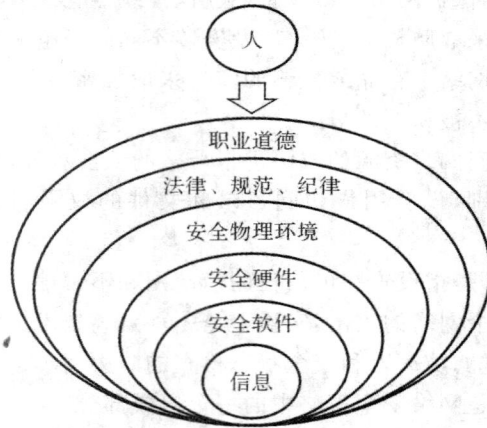

图　7.2.1

1.计算机信息的实体安全

(1)主要内容。

1)实体安全是指为了保证计算机信息系统安全可靠地运行,确保计算机信息系统在对信息进行采集、处理、传输、存储过程中,不至于受到人为或自然环境因素的危害,导致信息丢失、泄漏或破坏,而是对相关的设施采取适当的安全措施。

2)实体安全主要表现为环境安全、设备安全和媒体安全3个方面。

(2)基本要求:中心周围100m内没有危险建筑;设有监控系统;有防火、防水设施;机房环境(温度、湿度、洁净度)达到要求;防雷措施;配备有相应的备用电源;有防静电措施;采用专线供电;采取防盗措施等等。

2.计算机信息运行的安全技术

保证计算机信息运行的安全是计算机信息安全领域中最重要的环节之一。其中技术主要表现为风险分析、审计跟踪技术、应急技术和容错存储技术四个方面。

　　(1)风险分析。风险分析是用于估计威胁发生的可能性、以及由于系统容易受到攻击的脆弱性而引起的潜在损失的方法。风险分析最终目的是帮助选择安全防护,并将风险降低到可接受的程度。风险分析还有益于提高工作人员的风险意识,提高工作人员对信息安全问题的认识和重视。一般有(设计前和运行前)和动态分析(运行时),静态分析旨在发现对信息的潜在安全隐患;动态分析是跟踪记录运行过程,旨在发现运行期的安全漏洞;最后根据系统运行后的分析结果来得出系统脆弱性方面分析报告。

　　(2)审计跟踪技术。审计是对计算机信息系统的运行过程进行详细的监视、跟踪、审查、识别和记录,从中发现信息的不安全问题。审计主要可以防止信息从内部泄露,及时防止和发现计算机犯罪。审计的主要内容有:记录和跟踪信息处理时各种系统状态的变化;实现对各种安全事故的定位;保存、维护和管理日志。

　　(3)应急技术。应急技术是在风险分析和风险评估的基础上制定应急计划和应急措施。在制定应急计划时主要考虑紧急反应、备份操作和恢复措施 3 个方面的因素。

　　(4)容错存储技术。容错存储技术主要表现在信息备份与信息保护的应急措施中,是非常有效的信息安全保护技术。主要体现于自制冗余度、磁盘镜像、双工 3 个方面。

　　1)自制冗余度:通过双硬盘自动备份每日的数据,当工作硬盘损坏后,仅损失当天的数据,即可以减少信息的损失程度。

　　2)磁盘镜像:也称为热备份技术,在信息处理时,通过智能控制器和软件同时对两个物理驱动器进行信息的写入,这样当一个工作驱动器损坏时,不会有数据损失。由于两个驱动器的信息完全相同,称其为镜像。

　　3)磁盘双工:磁盘双工通过提供两个控制器来供信息处理和成对的驱动器记录信息,它比磁盘镜像更先进。

　　3.信息安全技术

　　计算机信息安全技术是指信息本身安全性的防护技术,以免信息被故意地和偶然地破坏。主要有以下几个安全防护技术:

　　(1)操作系统要加强安全保护。由于操作系统允许多用户和多任务访问系统资源,采用了共享存储器和并行使用的概念,很容易造成信息的破坏和泄密,因此操作系统应该从以下几方面加强安全性防范,以保护信息安全:

　　1)用户的认证:通过口令和核心硬件系统赋予的特权对身份进行验证。

　　2)存储器保护:拒绝非法用户非法访问存储器区域,加强 I/O 设备访问控制,限制过多的用户通过 I/O 设备进入信息和文件系统。

　　共享信息不允许损害完整性和一致性,对一般用户只提供只读访问。所有用户应得到公平服务,不应有隐蔽通道。操作系统开发时留下的隐蔽通道应及时封闭,对核心信息采用隔离措施。

　　(2)数据库的安全保护。根据数据库的安全性特点,要加强数据库系统的功能:构架安全的数据库系统结构,确保逻辑结构机制的安全可靠;强化密码机制;严格鉴别身份和进行访问控制,加强数据库使用管理和运行维护等等。

　　(3)访问控制。访问控制是限制合法进入系统的用户的访问权限,主要包括:授权、确定存取权限和实施权限。访问控制主要是指存取控制,它是维护信息运行安全、保护信息资源的重要手段。访问控制的技术主要有表现为目录表访问控制、访问控制表和访问控制矩 3 个方面。

（4）密码技术。密码技术是指对信息直接进行加密的技术，是维护信息安全的重要手段。通过某种变换算法将信息（明文）转化成别人看不懂的符号（密文），在需要时又可以通过反变换将密文转换成明文，这就是它的主要技术，前者称为加密，后者称为解密。

密码技术不仅是单机的信息安全技术，而且也是目前主要用于对用户通讯中的数据保护、存储中的数据保护、身份验证和数字签名等方面。在计算机网络系统上有极其重要的应用价值和意义。

7.3　计算机病毒与防治

计算机病毒的产生和传播速度快、危害大。只有正确地认识病毒，了解病毒的特征、传播途径和危害，才能有效地防治它。

7.3.1　计算机病毒的概念

1．计算机病毒的定义

计算机病毒：编制或者在计算机程序中插入的破坏计算机功能或者破坏数据，影响计算机使用并且能够自我复制的一组计算机指令或者程序代码。（※考点：计算机病毒的概念）

2．计算机病毒的产生

计算机病毒最早大约出现在 20 世纪 60 年代末；计算机病毒存在的理论依据来自于冯诺依曼结构及信息共享；计算机病毒产生的来源多种多样。总之，计算机病毒来源于计算机系统本身所具有的动态修改和自我复制的能力。

3．计算机病毒的特点

（1）破坏性：所有的计算机病毒都存在一个共同的危害，即占用系统资源，降低计算机系统的工作效率。

（2）传染性：计算机病毒可通过各种可能的渠道（如软盘、网络）进行传染。

（3）隐蔽性：可以在一个系统中存在很长时间而不被发现，在发作时才会使人们猝不及防，造成严重损失。

（4）潜伏性：病毒侵入后，一般不立即活动，需要等一段时间，条件成熟后才作用。

（5）可执行性：计算机病毒与其他合法程序一样，是一段可执行程序，但它不是一个完整的程序，而是寄生在其他可执行程序中。

（6）可触发性：病毒因某个事件或数值的出现，诱使病毒实施感染或进行攻击的特性。

（7）寄生性：病毒程序嵌入到宿主程序中，依赖于主程序的执行而生存，这就是计算机病毒的寄生性。病毒程度在侵入到宿主程序后，一般对宿主程序进行一定的修改，宿主程序一旦执行，病毒程序就被激活，从而可以进行自我复制和繁衍。

除了以上基本特征，计算机病毒还有其他一些性质，如攻击的主动性、病毒对不同操作系统的针对性、病毒执行的非授权性、病毒检测的不可预见性、病毒的欺骗性、病毒的持久性等。

4．计算机病毒的分类（※考点：计算机病毒的种类）

（1）传统病毒：主要表现在单机环境下。

1）引导型病毒：就是用病毒的全部或部分逻辑取代正常的引导记录，而将正常的引导记录隐藏在磁盘的其他地方，这样系统一启动病毒就获得了控制权。例如："大麻"病毒和"小球"病毒。

2）文件型病毒：病毒寄生在可执行程序体内，只要程序被执行，病毒也就被激活，病毒程序会首先被执行，并将自身驻留在内存，然后设置触发条件，进行传染。例如："CIH"病毒 。

3）宏病毒：寄生于文档或模板宏中的计算机病毒，一旦打开带有宏病毒的文档，病毒就会被激活，并驻留在 Normal 模板上，所有自动保存的文档都会感染上这种宏病毒，例如："Taiwan NO.1"宏病毒 。

4）混合型病毒：既感染可执行文件又感染磁盘引导记录的病毒。混合型病毒被依附在可执行文件上，当病毒文件执行时，首先感染硬盘的主引导扇区，并驻留在系统内存中，又对系统中的可执行文件进行感染。就这样重复上述过程，导致病毒的传播。

（2）现代病毒：主要表现在网络环境下。

1）蠕虫病毒：以计算机为载体，以网络为攻击对象，利用网络的通信功能将自身不断地从一个结点发送到另一个结点，并且能够自动启动的程序，这样不仅消耗了大量的本机资源，而且大量占用了网络的带宽，导致网络堵塞而使网络服务拒绝，最终造成整个网络系统的瘫痪。例如：2003 年 1 月爆发的"2003 蠕虫王"病毒，使全球 2 万多个网络服务器瘫痪。

2）"冲击波"病毒：利用 Windows 远程过程调用协议（Remote Process Call，RPC）中存在的系统漏洞，向远端系统上的 RPC 系统服务所监听的端口发送攻击代码，从而达到传播的目的。感染该病毒的机器会莫名其妙地死机或重新启动计算机，IE 浏览器不能正常地打开链接，不能进行复制粘贴操作，有时还会出现应用程序异常如 Word 无法正常使用，上网速度变慢，在任务管理器中可以找到一个"msblast.exe"的进程在运行。

3）木马病毒：是指在正常访问的程序、邮件附件或网页中包含了可以控制用户计算机的程序，这些隐藏的程序非法入侵并监控用户的计算机，窃取用户的账号和密码等机密信息。

例如："QQ 木马"病毒：该病毒隐藏在用户的系统中，发作时寻找 QQ 窗口，给在线上的 QQ 好友发送诸如"快去看看，里面有……好东西"之类的假消息，诱惑用户点击一个网站，如果有人信以为真点击该链接的话，就会被病毒感染，然后成为毒源，继续传播。

7.3.2　计算机病毒的防治

1.提高计算机病毒的防范意识

要加强思想防护，重视病毒对计算机安全运行带来的危害，提高警惕性，以便及时发现病毒感染留下的痕迹，采用有效的补救措施。

2.加强计算机病毒的防范管理

（1）尊重知识产权；

（2）采取必要的病毒检测、监控措施，制定完善的管理规则；

（3）建立计算机系统使用登记制度，及时追查、清除病毒；

（4）加强教育和宣传工作；

（5）建立有效的计算机病毒防护体系；

（6）建立、完善各种法律制度，保障计算机系统的安全性。

3.规范计算机的使用方法

（1）尽量使用硬盘启动计算机，且启动时不要把软盘插入在驱动器内；

（2）认识计算机病毒的破坏性和危害性，尽量不使用来历不明的软件；

（3）定期对计算机系统进行病毒检查；

(4)上网时开启病毒防火墙,不打开来路不明的邮件;

(5)定期对数据文件进行备份;

(6)发现计算机系统感染病毒,应采取有效措施清除病毒,及时进行修复;

(7)关注各种媒体提供的最新病毒报告和病毒发作预告,及时做好预防病毒的工作等等。

4.计算机犯罪及预防

(1)计算机犯罪。计算机犯罪对信息系统安全、国家安全和社会稳定、经济秩序和社会生活等构成严重的威胁。主要表现为下列行为:

1)利用互联网进行诈骗、造谣、诽谤、盗窃、敲诈勒索、贪污等等,发表、传播其他有害信息,危害国家安全和社会稳定。

2)故意制作、传播计算机病毒来影响计算机系统的正常运行。

3)非法截获、篡改、删除他人的电子邮件等其他数据资料,侵犯公民通信自由和通信密秘。

4)通过互联网窃取、泄露国家机密,情报或者军事密秘。

5)对计算机信息系统功能进行删除、修改、增加、干扰,造成计算机信息系统不能正常运行。

6)在互联网上传播淫秽书刊、影片、音像、图片或者建立淫秽网站、网页,并提供淫秽站点链接服务。

7)非法侵入国家事务、国防建设、尖端科技领域的计算机信息系统等等。

(2)预防计算机犯罪。

1)加强对计算机犯罪的防范能力。

2)采取适当的安全措施。

3)开展计算机道德和法制教育。

4)建立对重点部门的督查机制。

5)建立健全打击计算机犯罪的法律、法规及各种规章制度。

5.网络病毒的防治

(1)网络病毒的特征。

1)传染方式多

2)传染速度快

3)清除难度大

4)破坏性更强

(2)网络病毒防止管理措施。

1)尽量多用无盘工作站

2)尽量少用有盘工作站

3)尽量少用超级用户登录

4)严格控制用户的网络使用权限

5)对某些频繁使用或非常重要的文件属性加以控制,以免被病毒传染

6)对远程工作站的登录权限严格限制

(3)网络病毒清除方法。

1)立即使用 BROADCAST 命令,通知所有用户退网,关闭文件服务器。

2)用带有写保护的、"干净"的系统盘启动系统管理员工作站,并立即清除本机病毒。

3)用带有写保护的、"干净"的系统盘启动文件服务器,系统管理员登录后,使用 DISABLE

LOGIN 命令禁止其他用户登录。

4)将文件服务器的硬盘中的重要资料备份到"干净的"软盘上。

5)用杀毒软件扫描服务器上所有卷的文件,恢复或删除发现被病毒感染的文件,重新安装被删文件。

6)用杀毒软件扫描并清除所有可能染上病毒的软盘或备份文件中的病毒。

7)用杀毒软件扫描并清除所有的有盘工作站硬盘上的病毒。

8)在确信病毒已经彻底清除后,重新启动网络和工作站。

6.常用的防杀毒软件

卡巴斯基、迈克菲产品系列、诺顿、江民、瑞星、金山毒霸、360 杀毒软件等等。

(※考点:计算机病毒的防治)

7.4 职业道德及相关法规

不管是一名计算机操作人员,还是国家公务员,都应该培养高尚的道德情操,了解和掌握国内外信息安全的法律法规,养成良好的计算机道德规范,接受计算机信息系统安全法规教育,做信息社会的合格公民。

1.网络道德规范

(1)因特网的开放性和便捷性为人们参与网络传播提供了方便。它在增进我国同世界各国经济、科技、文化交流,学习和借鉴外国先进科技、优秀文化成果等方面提供了有利条件,为我们集中力量加快经济发展,增强综合国力提供了极为难得的机遇,也为我们加强社会主义精神文明建设提供了有利的条件。

(2)任何上网的人都应当遵守网络道德,遵守《全国人大常委会关于维护互联网安全的规定》及中华人民共和国其他各项有关法律法规,承担一切因自己的行为而导致的直接或间接民事或刑事法律责任。

(3)建立网络行为道德标准和法律规定,规范人们的网络行为。

(4)建立网络行为监督机制,保证网络道德标准和法律规定的切实执行。

(5)组建网络管理组织,提高网络执法队伍的管理、执法水平。

总之,在网络社会中,人们的需要和个性有可能得到更充分的尊重与满足。(※考点:计算机职业道德)

2.行为规范

(1)增强政治敏锐性和政治鉴别力,自觉抵制各种网上错误思潮。

(2)全国青少年网络文明公约,做到五"要":

要善于网上学习,不浏览不良信息;

要诚实友好交流,不侮辱欺诈他人;

要增强自护意识,不随意约会网友;

要维护网络安全,不破坏网络秩序;

要有益身心健康,不沉溺虚拟时空。

(3)不应该使用或复制你没有付钱的软件;

(4)不应该未经许可而使用别人的计算机资源;

（5）不应该盗用别人智力成果；

（6）应该考虑你所编的程序的社会后果；

（7）应该以深思熟虑和慎重的方式来使用计算机。 ※考点：计算机行为规范

3.信息安全法律法规

道德是自律的规范，法律是他律的规范。法律和道德，相辅相成，仅仅依靠道德或技术进行信息管理，规范人们在信息活动中的行为是不够的，对于一些已经造成重大危害的行为，必须通过法律的手段来制裁。

（1）必要性：法律是网络安全的第一道防线。

（2）基本内容：以法制强化网络安全。

（3）基本原则：法律、法规的建立必须在一定的原则下进行。

（4）我国信息安全的相关法律法规

1）相关法律：《中华人民共和国保守国家秘密法》、《全国人大常委会关于维护互联网安全的规定》、《中华人民共和国刑法》等。

2）相关法规：《计算机软件保护条例》、《中国公用计算机互联网国际联网管理办法》、《中华人民共和国计算机信息系统安全保护条例》等。 ※考点：计算机安全法规

7.5　实　训

理　论　实　训

一、单项选择题

1.不属于信息安全的领域是（　　）。

（A）计算机技术和网络技术　　　　　　　　（B）人身安全

（C）公共道德　　　　　　　　　　　　　　（D）法律制度

2.对于信息，下列说法不正确的是（　　）。

（A）信息是可以处理的

（B）信息是可以传播的

（C）信息是可以共享的

（D）信息可以不依附某种载体而存在

3.对信息来说，密码技术主要是用来（　　）。

（A）实现信息的可用性　　　　　　　　　　（B）实现信息的完整性

（C）实现信息的保密性　　　　　　　　　　（D）实现信息的可控性

4.拥有查杀木马、清理插件、修复漏洞、电脑体检等多种功能，并独创了"木马防火墙"功能的软件是（　　）。

（A）Office 软件　　　（B）微软浏览器　　　　（C）360 安全卫士　　　（D）迅雷

5.在以下人为的恶意攻击行为中，属于主动攻击的是（　　）。

（A）发送被篡改的数据　　　　　　　　　　（B）数据窃听

（C）数据流分析　　　　　　　　　　　　　（D）截获数据包

6.下列不属于网络安全服务的是( )。

(A)入侵检测技术 (B)防火墙技术

(C)身份认证技术 (D)语义完整性技术

7.被动攻击其所以难以被发现,是因为( )。

(A)它一旦盗窃成功,马上自行消失

(B)它并不破坏数据流

(C)它隐藏的手段更高明

(D)它隐藏在计算机系统内部大部分时间是不活动的

8.计算机安全的属性并不包括( )。

(A)要保证信息传送时,非授权方无法理解所发送信息的语义

(B)要保证合法的用户能得到相应的服务

(C)要保证信息使用的合理性

(D)要保证信息传送时,信息不被篡改和破坏

9.系统安全主要是指( )。

(A)应用系统安全 (B)操作系统安全

(C)硬件系统安全 (D)数据库系统安全

10.计算机安全中的实体安全主要是指( )。

(A)计算机物理硬件实体的安全 (B)操作员人身实体的安全

(C)数据库文件的安全 (D)应用程序的安全

二、填空题

1.信息安全的基本属性是指_____、_____、_____、_____、_____。

2.网络反病毒技术包括_____、检测病毒和消除病毒。

3.包过滤防火墙工作在_____层。

4.单机环境下的传统病毒分为引导型病毒、_____、宏病毒、_____。

5.机房的三度要求包括温度要求、湿度要求、_____。

三、简答题

1.什么是信息安全?

2.信息安全的基本属性有哪些?

3.网络安全的策略有哪些?

4. 什么是信息安全技术?

5.计算机病毒有哪些特征?

6.计算机病毒的分类有哪些?

上 机 实 训

实验一 360 杀毒软件

【实验目的与要求】

掌握 360 杀毒软件应用及其安装操作方法。

【实验内容与步骤】

1. 360 杀毒软件的使用

360 杀毒是 360 安全中心出品的一款免费的云安全杀毒软件。360 杀毒具有以下优点：查杀率高、资源占用少、升级迅速等等。同时，360 杀毒可以与其他杀毒软件共存，是一个理想杀毒备选方案。360 杀毒是一款一次性通过 VB100 认证的国产杀软。

(1)安装。要安装 360 杀毒，首先请通过 360 杀毒官方网站 sd.360.cn 下载最新版本的 360 杀毒安装程序。下载完成后，请运行您下载的安装程序，如图 7.5.1 所示。

图　7.5.1

通过"更改目录"，您可以选择将 360 杀毒安装到哪个目录下，如图 7.5.2 所示。

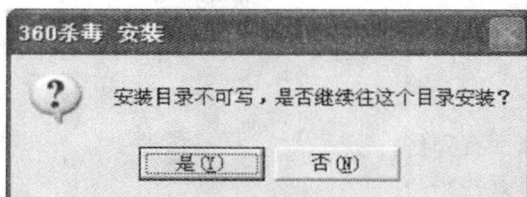

图　7.5.2

是否允许关闭自我保护？若允许单击"是"，不允许单击"否"，如图 7.5.3 所示。

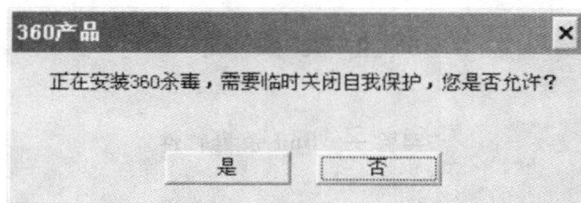

图　7.5.3

最后单击"立即安装"即可继续安装,如图 7.5.4 所示。

图　7.5.4

稍候 360 杀毒已经成功的安装到您的计算机上了。

(2)病毒查杀。360 杀毒具有实时病毒防护和手动扫描功能,为您的系统提供全面的安全防护。

实时防护功能在文件被访问时对文件进行扫描,及时拦截活动的病毒。在发现病毒时会通过提示窗口警告您。

360 杀毒提供了四种手动病毒扫描方式:快速扫描、全盘扫描、指定位置扫描及右键扫描,如图 7.5.5 所示。

图　7.5.5

1)快速扫描:扫描 Windows 系统目录及 Program Files 目录;

2)全盘扫描:扫描所有磁盘;

3)指定位置扫描:扫描您指定的目录;

4)右键扫描:集成到右键菜单中,当您在文件或文件夹上点击鼠标右键时,可以选择"使用360 杀毒扫描"对选中文件或文件夹,如图 7.5.6 所示。

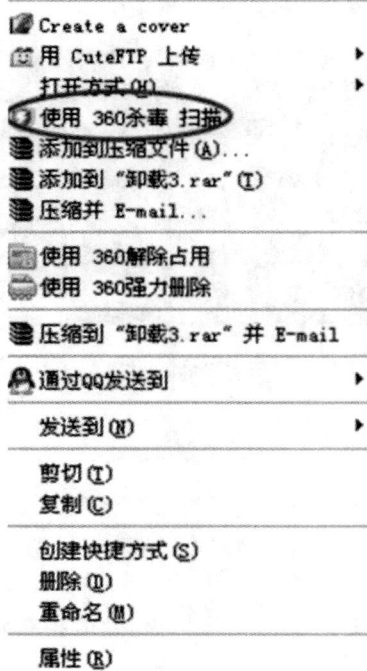

图 7.5.6

5)文件夹进行扫描。

　　其中前三种扫描都已经在 360 杀毒主界面中做为快捷任务列出,只需点击相关任务就可以开始扫描。

　　启动扫描之后,会显示扫描进度窗口。

　　在这个窗口中您可看到正在扫描的文件、总体进度,以及发现问题的文件,如图 7.5.7所示。

图 7.5.7

如果您希望 360 杀毒在扫描完电脑后自动处理关闭计算机,请选中"扫描完成后自动处理并关机"选项。

(4)升级。360 杀毒具有自动升级功能,如果您开启了自动升级功能,360 杀毒会在有升级可用时自动下载并安装升级文件。自动升级完成后会通过气泡窗口提示您。

如果您想手动进行升级,请在 360 杀毒主界面点击"升级"标签,进入升级界面,并点击"检查更新"按钮。升级程序会连接服务器检查是否有可用更新,如果有的话就会下载并安装升级文件:

升级完成后会提示您:"恭喜您!现在,360 杀毒已经可以查杀最新病毒啦!"

(5)卸载。从 Windows 的开始菜单中,点击"开始→所有程序→360 安全中心",点击"卸载 360 杀毒"菜单项,如图 7.5.8 所示。

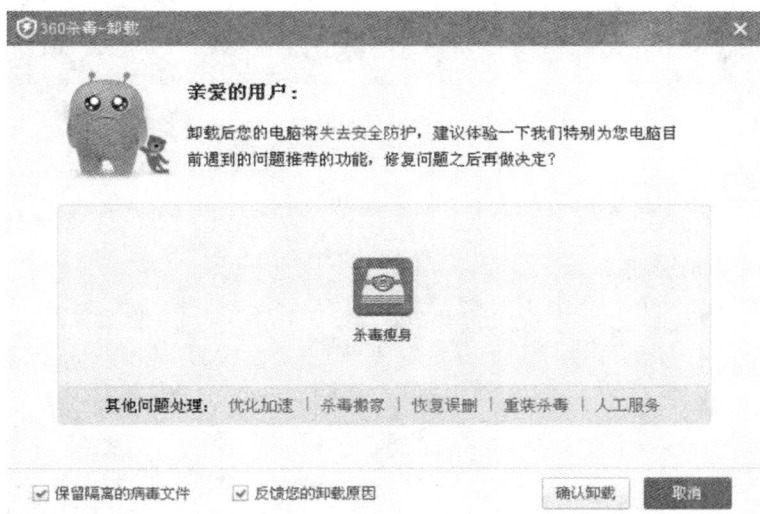

图　7.5.8

请点击"确认卸载"开始进行卸载,如图 7.5.9 所示。

正在卸载,请稍候...

图　7.5.9

卸载程序会开始删除程序文件,在卸载过程中,卸载程序会询问您是否删除文件恢复区中的文件。如果您是准备重装 360 杀毒，建议选择"否"保留文件恢复区中的文件，否则请选择"是"删除文件。

卸载完成后，会提示您重启系统。您可根据自己的情况选择是否立即重启还是稍后重启。

如果你准备立即重启，请关闭其他程序，保存您正在编辑的文档、游戏的进度等，点击"立即重启"按钮重启系统。重启之后，360 杀毒卸载完成。如图 7.5.10 所示。

图　7.5.10

2.360 安全卫士的使用

(1)双击桌面上的 360 安全卫士图标。

(2)首次运行 360 安全卫士，会进行第一次系统 全面检测，如图 7.5.11 所示。

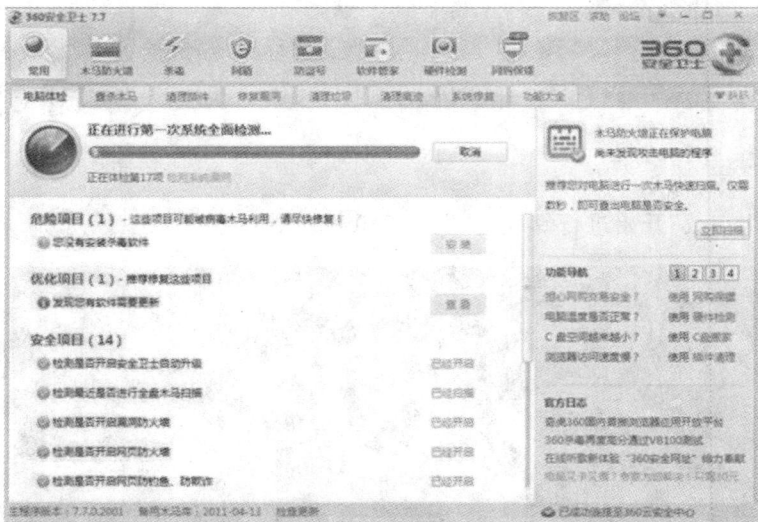

图　7.5.11

(3)我们可以看到 360 安全卫士界面集"电脑体检、查杀木马、清理插件、修复漏洞、清理垃圾、清理痕迹、系统修复"等多种功能为一身，并独创了"木马防火墙"功能，同时还具备开机加速、垃圾清理等多种系统优化功能，可大大加快电脑运行速度，内含的 360 软件管家还可帮助用户轻松下载、升级和强力卸载各种应用软件。并且还提供多种实用工具帮您解决电脑问题和保护系统安全,如图 7.5.12 所示。

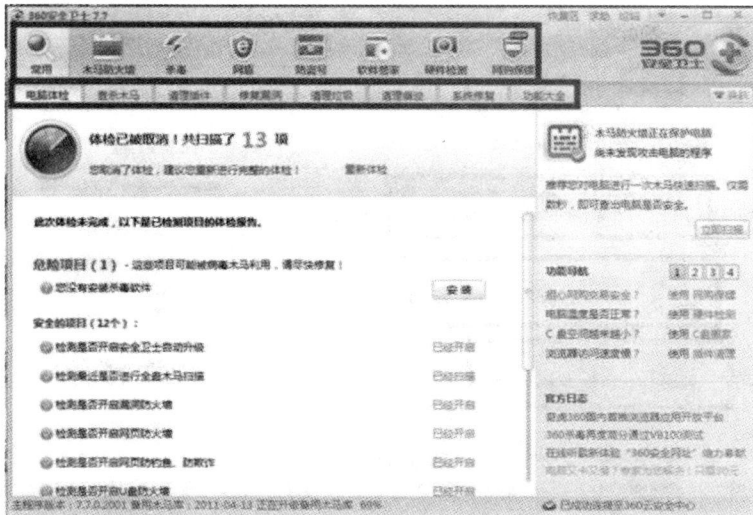

图 7.5.12

(4)在"常用"选项下拥有七大功能,下面分别进行介绍。

1)"电脑体验":对您的电脑系统进行快速一键扫描,对木马病毒、系统漏洞、差评插件等问题进行修复,并全面解决潜在的安全风险,提高您的电脑运行速度,如图 7.5.13 所示。

图 7.5.13

2)"查杀木马":先进的启发式引擎,智能查杀未知木马和云安全引擎双剑合一查杀能力倍增,如果您使用常规扫描后感觉电脑仍然存在问题,还可尝试 360 强力查杀模式,如图 7.5.14 所示。

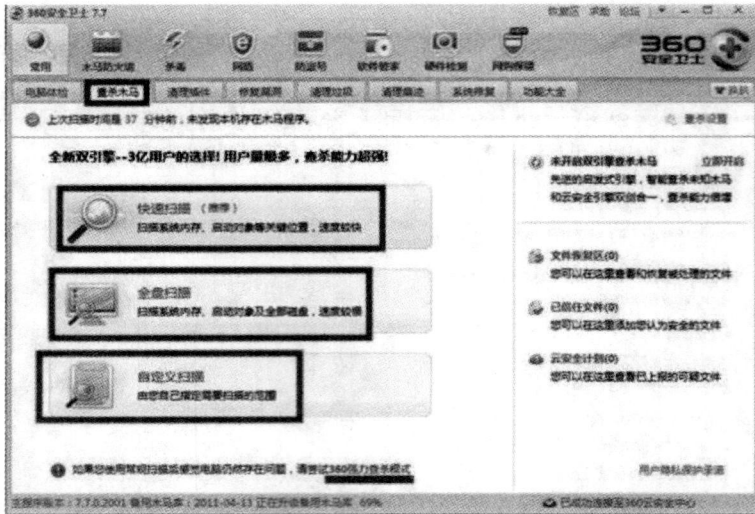

图　7.5.14

3)"清理插件"：可以给浏览器和系统瘦身，提高电脑和浏览器速度。您可以根据评分、好评率、恶评率来管理，如图 7.5.15 所示。

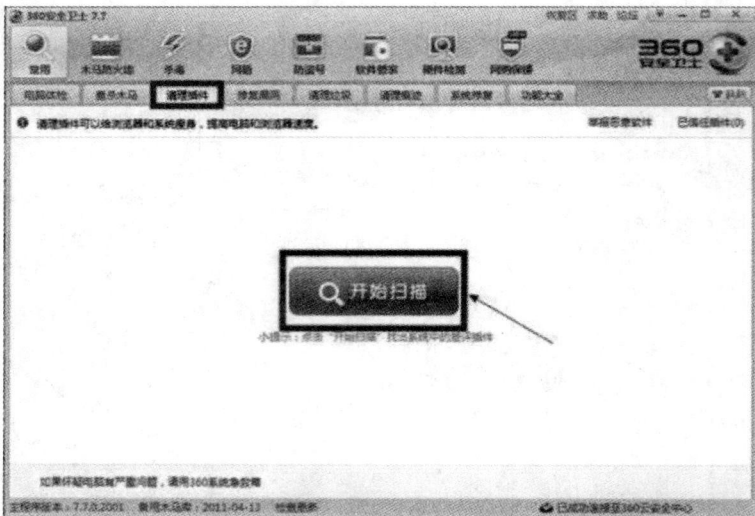

图　7.5.15

4)"修复漏洞"：为您提供的漏洞补丁均由微软官方获取。及时修复漏洞，保证系统安全，如图 7.5.16 所示。

5)"清理垃圾"：全面清除电脑垃圾，最大限度提升您的系统性能，还您一个洁净、顺畅的系统环境，如图 7.5.17 所示。

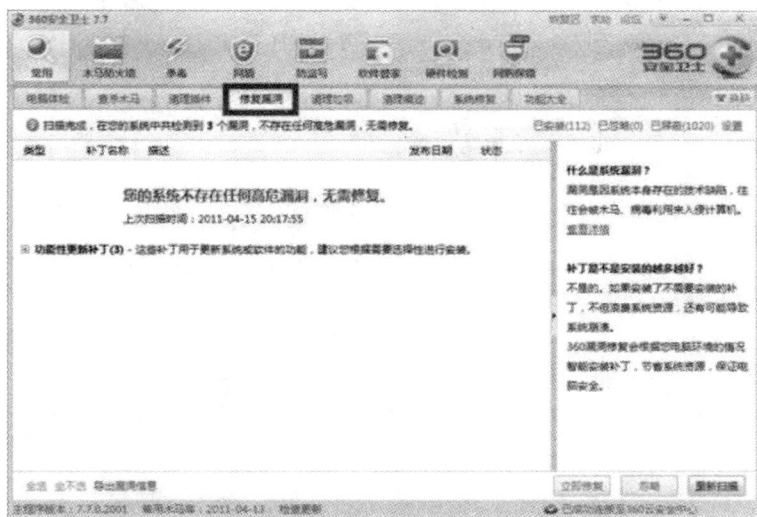

图　7.5.16

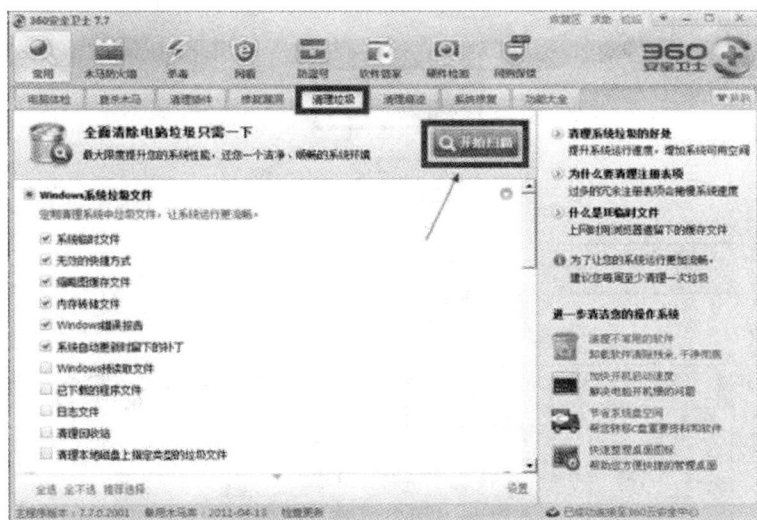

图　7.5.17

　　6)"清理痕迹":可以清理您使用电脑后所留下个人信息的痕迹,这样做可以极大的保护您的隐私,如图 7.5.18 所示。

　　7)"系统修复":一键解决浏览器主页、开始菜单、桌面图标、文件夹、系统设置等被恶意篡改的诸多问题,使系统迅速恢复到"健康状态",图 7.5.19 所示。

　　(5)IE 常用设置,如图 7.5.20 所示。

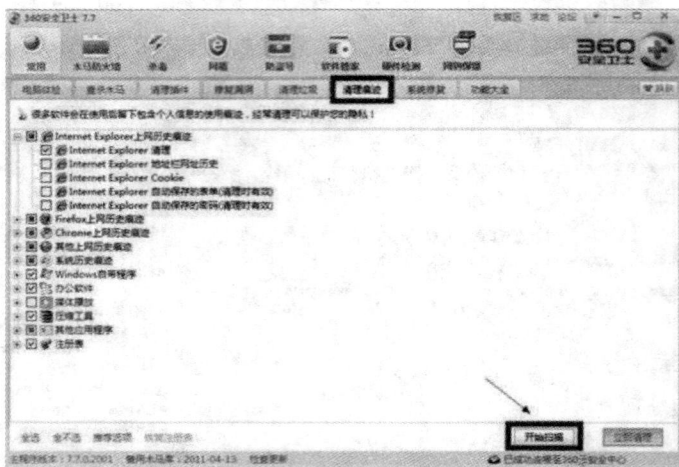

图 7.5.18

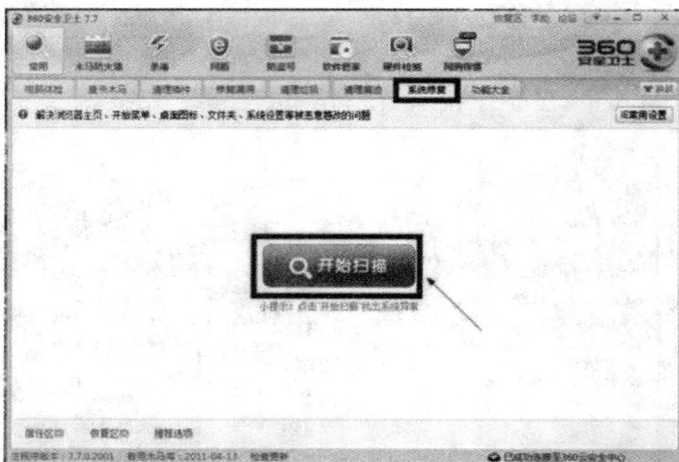

图 7.5.19

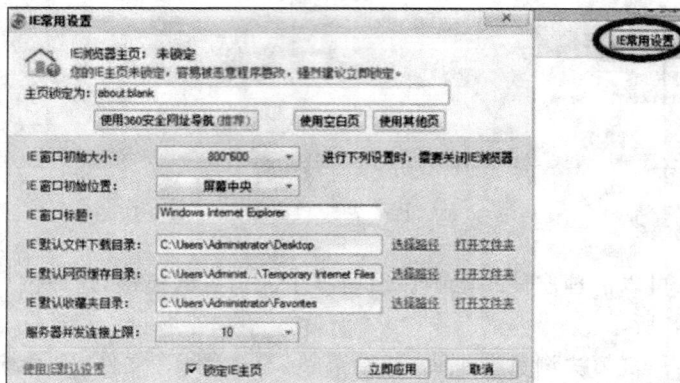

图 7.5.20

（6）"功能大全"：提供了多种功能强大的实用工具，有针对性的帮您解决电脑问题，提高电脑速度！如图 7.5.21 所示。

图　7.5.21

参 考 文 献

［1］ 黄国兴,等.计算机应用基础.北京:高等教育出版社,2012.

［2］ 张剑平,等.现代教育技术.北京:高等教育出版社,2012.

［3］ 黄林国,康志辉.计算机应用基础项目化教程.北京:清华大学出版社,2013.

［4］ 陈建莉.计算机应用基础.西安:西安交通大学出版社,2014.

［5］ 李秀,等.计算机文化基础.5 版.北京:清华大学出版社,2005.

［6］ 刘瑞新,等.计算机组装与维护.北京:机械工业出版社,2005.

［7］ 白中英,等.计算机组成原理.北京:科学出版社,2013.

［8］ 段云所,等.信息安全概论.北京:高等教育出版社,2003.

［9］ 唐凯麟,蒋乃平.职业道德与职业指导.北京:高等教育出版社,2001.

［10］ 程胜利,谈冉,熊文龙,等.计算机病毒与其防治技术.北京:清华大学出版社,2004.

［11］ 杨全胜.计算机专业职业道德培养的思考.北京:清华大学出版社,2006.